全国交通土建高职高专规划教材

路基路面检测技术

Luji Lumian Jiance Jishu

杨晓丰　李云峰　主编
周绪利[北京市道路工程质量监督站]　主审

人民交通出版社

内 容 提 要

本书为交通系统职业技术院校工程监理专业、工程检测专业、道路桥梁工程技术专业的规划教材之一,全书共分九章,主要介绍公路路基路面基层、底基层材料的性能检测、路基路面技术性能检测、工程质量检验评定方法、试验检测数据处理方法。书中每章后面附有本章小结及复习思考题,可供师生参考。

本书既可作为工程监理专业、工程检测专业教材,也可作为交通土建类相关专业及有关路桥工程技术人员学习参考用书。

图书在版编目(CIP)数据

路基路面检测技术/杨晓丰,李云峰主编. —北京:人民交通出版社,2006.7

全国交通土建高职高专规划教材

ISBN 7-114-06027-0

Ⅰ.①路… Ⅱ.①杨… ②李… Ⅲ.①公路路基—检测—高等学校:技术学校—教材②道路工程—路面—高等学校:技术学校—教材 Ⅳ.U416

中国版本图书馆 CIP 数据核字(2006)第 057329 号

书　　名:全国交通土建高职高专规划教材
　　　　　路基路面检测技术
著 作 者:杨晓丰　李云峰
责任编辑:卢仲贤　贾秀珍
出版发行:人民交通出版社
地　　址:(100011)北京市朝阳区安定门外外馆斜街 3 号
网　　址:http://www.ccpress.com.cn
销售电话:(010)59757973
总 经 销:人民交通出版社发行部
经　　销:各地新华书店
印　　刷:北京盈盛恒通印刷有限公司
开　　本:787 × 1092　1/16
印　　张:13.5
字　　数:334 千
版　　次:2006 年 6 月　第 1 版
印　　次:2013 年 8 月　第 4 次印刷
书　　号:ISBN 7 - 114 - 06027 - 0
印　　数:10001 - 12000 册
定　　价:25.00 元
(有印刷、装订质量问题的图书由本社负责调换)

总　　序

针对高职高专教材建设与发展问题，教育部在《关于加强高职高专教材建设的若干意见》中明确指出：先用2～3年时间，解决好高职高专教材的有无问题，再用2～3年时间，推出一批特色鲜明的高质量的高职高专教育教材，形成**一纲多本、优化配套**的高职高专教育教材体系。

2001年7月，由人民交通出版社发起组织，15所交通高职院校的路桥系主任和骨干教师相聚昆明，研讨交通土建高职高专教材的建设规划，提出了28种高职高专教材的编写与出版计划。后在交通部科教司路桥工程学科委员会的具体指导下，在人民交通出版社精心安排、精心组织下，于2002年7月前完成了28种路桥专业高职高专教材出版工作。

这套教材的出版发行，首先解决了交通高职教育教材的有无问题，有力支持了路桥专业高职教育的顺利发展，也受到了全国各高职院校的普遍欢迎。

随着高职教育教学改革的深入发展、高职教学经验的丰富与积累，以及本行业有关技术标准、规范的更新，本套教材在使用了2～3轮的基础上，对教材适时进行修订是十分必要的，时机也是成熟的。

2004年8月，人民交通出版社在新疆乌鲁木齐召开了有19所交通高职院校领导、系主任、骨干教师共41人参加的教材修订研讨会。会议商定了本套教材修订的基本原则、方法和具体要求。会议决定本套教材更名为"交通土建高职高专统编教材"，并成立了以吉林交通职业技术学院张洪滨为主任委员的"交通土建高职高专统编教材编审委员会"，全面负责本套教材的修订与后续补充教材的建设工作。

2005年6月，编委会在长春召开了同属交通土建大类、与路桥专业链接紧密的"工程监理专业、工程造价专业、高等级公路维护与管理专业"主干课程教材研讨会，正式规划和启动了这三个专业教材的编写出版工作。

2005年12月，教育部高等教育司发布了"关于申报普通高等教育'十一五'国家级规划教材"选题的通知（教高司函［2005］195号），人民交通出版社积极推荐本套教材参加了"十一五"国家级规划教材选题的评选。

2006年6月，经教育部组织专家评选、网上公示，本套教材中有十五种入选为"十一五"国家级规划教材，2008年1月，又有六种教材在"十一五"国家级规划教材补报中列选，共计21种，标志着广大参与本套教材编写的教师的辛勤劳动得到了社会的认可、本套教材的编写质量得到了社会的认同。

2006年7月，交通土建高职高专统编教材编审委员会及时在银川召开会议，有24所各省区交通高职院校或开办有交通土建类专业的高等学校系部主任、专业带头人、骨干教师以及人民交通出版社领导共39位代表出席了本次会议。会议就全面落实教育部"十一五"国家级规划教材的编写工作进行了研讨。与会代表一致认为必须以入选的十五种国家级规划教材为基本标准，进一步全面提升本套教材的编写质量，编审委员会将严格按照国家级规划教材的要求审稿把关，并决定本套教材更名为**"全国交通土建高职高专规划教材"**，原编委会相应更名为**"全国交通土建高职高专规划教材编审委员会"**。以期在全国绝大多数交通高职院校和开办有交通土建类专业的高等院校的参与、统筹、规划下，本套教材中有更多的进入"十一五"国家级规划教材行列。

2007年5月,编委会在湖南长沙召开工作会议,就“十一五”国家级规划教材主参编人员的确定和教材的编写原则作出了具体安排,全面启动“十一五”国家级规划教材的编写与出版工作。

2008年4月,编委会在广东珠海召开工作会议,研讨了**“工学结合”**高职高专教材编写思路,决定在“十一五”国家级规划教材编写过程中,注重高职教学改革新方向,注重工程实践经验的引入,倡导**“工学结合”**。

本套高职高专规划教材具有以下特色:

——顺应交通高职院校人才培养模式和教学内容体系改革的要求,按照专业培养目标,进一步加强教材内容的针对性和实用性,适应学制转变,合理精简和完善内容,调整教材体系,贴近模块式教学的要求;

——实施开放式的教材编审模式,聘请高等院校知名教授和生产一线专家直接介入教材的编审工作,更加有利于对教材基本理论的严格把关,有利于反映科研生产一线的最新技术,也使得技能培训与实际密切结合;

——全面反映2003年以来的公路工程行业已颁布实施的新标准、规范;

——服务于师生、服务于教学,重点突出,逐章均配有思考题或习题,并给出本教材的参考教学大纲;

——注重学生基本素质、基本能力的培养,教材从内容上、形式上力求更加贴近实际;

——为加强学生的实际动手能力,针对《工程测量》、《道路建筑材料》等课程,本套教材特别配套有实训类辅导教材;

——为方便教学,本套教材配套有《道路工程制图多媒体教材》、《公路工程试验实训多媒体教材》、《路基路面施工与养护技术多媒体教材》、《桥涵设计多媒体教材》、《桥涵施工技术多媒体教材》、《现代道路测量仪器与技术多媒体教材》等。

本套教材的出版与修订再版,始终得到了交通部科教司路桥工程学科委员会和全国交通职教路桥专业委员会的指导与支持,凝聚了交通行业专家、教师群体的智慧和辛勤劳动。愿我们共同向精品教材的目标持续努力。

向所有关心、支持本套教材编写出版的各级领导、专家、教师、同学和朋友们致以敬意和谢意。

全国交通土建高职高专规划教材编审委员会

人民交通出版社

2008年5月

前　言

《路基路面检测技术》是高等职业技术院校土木工程领域中工程监理、工程检测等专业的重要技术基础课。本课程涉及的内容广泛,并与工程实践密切联系,且具有一定的地区特点。

本书是根据新疆高职教材修订会的要求编写的。本书力争反映本领域最新的科学技术成就,以我国最新出版的有关工程技术标准、规范《公路工程技术标准》(JTG B01—2003)、《公路工程质量检验评定标准》(JTG F80/1—2004)等为依据,结合高等职业教育的特点,注重知识的实用意义和可操作性,重点突出行业岗位群对从业人员知识结构和职业能力的要求,充分体现高等职业教育的特点。

第一章、第三章、第四章(第五、六、七、八节)由辽宁交通高等专科学校李云峰编写,第二章、第四章(第一、二、三、四节)、第五章由黑龙江工程学院杨晓丰编写,第六章由山西交通职业技术学院秦迎春编写,第七章由新疆交通职业技术学院宿春燕编写,第八章、第九章由黑龙江工程学院于纪淼编写。

全书由黑龙江工程学院杨晓丰、辽宁交通高等专科学校李云峰主编,杨晓丰担任全书统稿工作,北京市道路工程质量监督站站长周绪利(教授级高工)主审。

在本书的编写过程中得到了主编院校、参编院校的大力支持,得到了人民交通出版社提供的大量参考资料,在此,向支持、关心、帮助本书编写的有关领导和专家致以衷心谢意。

由于编者水平有限、时间仓促,疏漏失误之处敬请批评指正。

编　者

2006年2月

目 录

第一章　绪　论

【本章学习要点】 公路工程质量的好坏直接影响到公路的使用性能。公路工程试验检测工作是公路工程质量管理的主要内容之一，是工程质量科学管理的重要手段。建立完善的工作制度和试验检测工作细则以及合理配置试验检测人员，是公路工程试验检测的重要保障。

本章着重介绍试验检测的目的和意义、工作细则和公路工程检测技术现状与发展趋势。

第一节　公路工程试验检测的目的和意义

随着我国交通事业的发展和公路技术等级的提高，公路建设已进入以提高为主的新阶段，人们对公路运输的服务水平提出了更高的要求。为了使公路满足使用要求，公路建设者必须在精心设计的基础上，严格按照设计文件和现行施工技术规范的要求认真组织施工，抓好原材料质量控制、施工控制参数确定、现场施工过程质量控制和分项分部工程交竣工验收四个关键环节，确保公路工程质量。因此，在现场施工的质量控制中，配备与质量控制和管理相匹配的常规标准试验仪器以及采用适宜的检测方法，进行必要的试验检测，是对工程质量检查、监督和控制的根本手段。

工程试验检测工作是道路和桥梁施工技术管理中的一个重要组成部分，也是施工质量控制和竣工验收评定工作中不可缺少的一个主要环节。通过试验检测能充分地利用当地原材料，能迅速推广应用新材料、新技术和新工艺，能用定量的方法科学地评定各种材料和构件的质量，能合理地控制并科学地评定工程质量。因此，工程质量检测工作在提高工程质量、加快工程进度、降低工程造价、推动道路与桥梁施工技术进步，将起到极为重要的作用。

公路工程检测技术是一门正在发展的新兴科学，它融试验检测基本理论和测试操作技能及相关基础知识于一体，是确定工程设计参数、施工质量控制、施工验收评定、养护管理决策的主要手段。随着公路技术等级的提高，各级公路管理部门和施工单位已对加强质量检测与施工质量控制和验收工作予以了高度重视，有效地推动了公路工程检测技术的发展。一方面，新的检测仪器和方法的研究开发不断深入，并得到了广泛的应用；另一方面，试验检测技术人员培养和培训工作不断加强，一个素质较高的专业化的试验检测队伍正在形成，公路工程试验检测体系不断得到完善。

因此，要切实提高道路工程施工质量、缩短施工工期、降低工程投资，在建立健全工程质量控制检查制度的同时，必须配备一定数量的试验检测设备和相应的专职试验检测技术人员。作为工程试验检测人员或质量控制管理人员，一方面要不断加强学习，及时掌握先进的试验检测技术和现代信息技术，提高自身的业务素质和试验检测水平；另一方面，在整个施工期间应吃透并领会设计文件，熟悉现行施工技术规范和试验检测规程，才能做好工程试验检测工作，为公路工程的科研、设计、施工和养护管理提供可靠的决策依据。

第二节　公路工程试验检测规程和细则

试验检测工作是试验检测机构工作中的一个关键环节，试验检测结果的准确性与可靠性将直接影响质检机构的工作质量。为了确保提供的数据准确可靠，要求试验检测人员在试验检测的全过程中必须严格遵照有关试验检测规程，并力求消除试验检测人为误差，提高试验检测精度。

一、现行国家试验检测规程名称

试验检测机构检测的依据是设计文件、技术标准及试验检测规程，特殊情况下也可由用户提供检测要求。目前，现行的部颁主要公路工程试验检测规程有：

(1)公路土工试验规程(JTJ 051—93)；

(2)公路工程沥青及沥青混合料试验规程(JTJ 052—2000)；

(3)公路工程水泥及水泥混凝土试验规程(JTG E30—2005)；

(4)公路工程岩石试验规程(JTG E41—2005)；

(5)公路工程水质分析操作规程(JTJ 056—84)；

(6)公路工程无机结合料稳定材料试验规程(JTJ 057—94)；

(7)公路工程集料试验规程(JTG E42—2005)；

(8)公路路基路面现场测试规程(JTJ 059—95)；

(9)公路土工合成材料试验规程(JTJ/T 060—98)。

另外与试验检测有关的标准还有：公路工程技术标准(JTG B01—2003)、公路工程质量检验评定标准(JTG F80—2004)、公路工程竣(交)工验收办法(2004 年)和公路工程施工技术规范及公路工程设计规范等。

二、试验检测工作细则

每项试验检测方法都应根据国家或部委颁布的现行最新技术标准、操作规程和行业规范制订详细的实施细则。

(一)实施细则的制订

由于有些标准、规范规定得不细，而有些试验检测机构的检测操作人员有可能是新手，他们虽然已通过本单位的考核，但不一定很熟练，更重要的是试验检测工作就像工厂生产产品一样，每步都应该按工艺要求仔细地实施，为此必须制订有关实施细则。

(二)实施细则的内容

(1)技术标准、规定要求、检测方法、操作规程等。

(2)抽样方法及样本大小。

(3)检测项目、被测参数大小及允许变化范围。

(4)检测仪器设备的名称、型号、量程、准确度、分辨率。

(5)检测人员组成和检测系统框图。

(6)对检测仪器的检查标定项目和结果。

(7)对检测仪器和样品或试件的基本要求。

(8)对环境条件等的检查及从保证计量检测结果可靠角度出发，允许变化范围的规定。

(9)在检测过程中发生异常现象的处理办法。

(10)在检测过程中发生意外事故的处理办法。

(11)检测结果计算整理分析方法。

凡要求对整体工程项目或新产品进行质量判断的检测项目,均应进行抽样检测。凡送样检测的产品,检测结果仅对样品负责,不对整体产品质量作评价。

(三)实施细则的有关方法

实施细则的有关方法直接影响质检机构的工作质量。为了确保提供的数据准确可靠,要求质检人员在试验检测的全过程中必须严格遵照有关试验检测规程,并力求消除试验检测人为误差,提高试验检测精度。

1.随机取样的方法

确定样本大小后,由委托试验检测单位提供编号进行随机抽样。原则上抽样人不得与产品直接见面,样本应在生产单位或使用单位已经检测合格的基础上抽取。特殊情况下,也允许在生产场所已经检测合格的产品中抽取。

抽样前,不得事先通知被检产品单位,抽样结束后,样品应立即封存,连同出厂检测合格证一并送往指定试验检测地点。

2.样本大小的确定方法

凡产品技术标准中已规定样本大小的,按标准规定执行;凡产品技术标准中未明确规定样本大小的,按试验检测规程或相应技术标准中的方法确定,也可按百分比抽样方法进行。百分比抽样的抽样基数不得小于样本的5倍;在生产场所抽样时,当天产量不得小于均衡生产时的基本日均产量;在使用现场抽样时,抽样基数不得小于样本的2倍。

3.样本的保管

样本确定后,抽样人应以适当的方式封存,由样本所在部门以适当的方式运往检测部门,运输方式应不损坏样本的外观及性能。样品箱、样品桶、样品的包装也应满足上述要求。

4.样品的登记

抽样结束后,由抽样人填写样品登记表。登记表应包括以下内容:产品生产单位;产品名称、型号;样品中单件产品编号及封样的编号;抽样依据、样本大小、抽样基数;抽样地点;运输方式;抽样日期;抽样人姓名、封样人姓名。

(四)注意事项

(1)对于比较重要的检测项目,若采用专用检测设备,应通过试验确定其检测数据的重复性。

(2)对于某些比较简单的试验检测项目,如果标准规定得很细,能满足上述要求时,可不必制订实施细则。

三、试验检测原始记录

试验检测原始记录是试验检测结果的如实记载,不允许随意更改,不许增删。

试验检测原始记录应印成一定格式的记录表,其格式根据检测的要求不同可以有所不同。试验检测原始记录表主要应包括:产品名称、型号、规格;产品编号、生产单位;检测项目、检测编号、检测地点;温度、湿度;主要检测仪器名称、型号、编号;检测原始记录数据、数据处理结果;检测人、复核人、试验日期等。

记录表中应包括所要求记录的信息及其他必要信息，以便在必要时能够判断检测工作在哪个环节可能出现差错。同时，根据试验检测原始记录提供的信息，能在一定准确度内重复所做的检测工作。

试验检测原始记录的填写一律采用碳素笔或黑墨水钢笔，不得用铅笔、圆珠笔、红或蓝色墨水的钢笔。同时，试验检测原始记录的内容应完整，并应有试验检测人员和计算校核人员的签名。

试验检测原始记录如果确需更改，作废数据应画两条水平线，将正确数据填在上方，盖更改人印章。试验检测原始记录应集中保管，保管期一般不得少于两年。试验检测原始记录也可用磁盘或光盘保存。试验检测原始记录经过计算后的结果即检测结果必须有人校核，校核者必须在本领域有五年以上工作经验。校核者必须在试验检测记录和报告中签字，以示负责。校核者必须认真核对检测数据，校核量不得少于所检测项目的5%。

第三节　公路工程试验检测技术现状与发展趋势

当今世界范围内对计算机、激光、GPS卫星定位及雷达等高科技的推广应用，使人类的生存环境与生活质量发生了巨大的变化。公路交通领域内的技术进步在近几十年呈飞跃式发展，尤其是尖端技术对公路行业的不断渗透，改变了人们多年的传统观念，有力地推动了公路工程检测技术的发展。

一、国内外公路工程检测技术现状

目前，在公路较发达的国家和地区，如美国、欧洲和日本，公路工程检测技术发展很快，达到了较高的水平。在路基路面压实度、承载力、平整度、弯沉以及路面病害综合检测等方面均研制了相应的自动化检测设备，有的检测设备还具有较为完善的数据自动处理功能。

相比之下，我国道路检测技术起步较晚，虽然近年来发展较快，但总体水平还比较落后。我国从“七五”计划开始，已陆续开展了一些路面检测技术的研究和产品的研发，基本已覆盖了各种主要的检测技术，形成了一定的基础研究力量；特别是20世纪80年代中后期从国外引进的各种工程检测仪器的应用，对先进技术已有了一定的了解，为公路工程检测新技术的研究开发与推广应用奠定了基础。有关研究部门经过十多年对进口设备技术的消化吸收，为交通部在颁布施行的测试规程和检验评定标准中编制相关设备和参数的规定起到了极大的促进作用。一些有能力的科研开发机构借鉴国外先进的制造技术和使用经验，已生产出相同类型的国产设备，自动弯沉仪、各类平整度测试仪、道路雷达探测仪、摩擦系数测试车等都有国产化产品，其性能和价格成本针对昂贵的进口仪器具有一定的优势。

我国现行规范中已经引入了一些较为先进且成熟的检测技术，但在工程实际中，由于受各种条件限制，这些新技术的推广和应用并未普及。特别是路基和路面压实度、厚度的测定，仍然依赖破坏性较大的取芯法和灌砂法；而在路面检测方面，贝克曼梁、三米直尺、摆式摩擦仪等仍是主要的检测工具。

我国公路工程检测体系已经建立起来，试验检测人员的队伍在不断扩大，但相对高速发展的公路建设而言，还远远不能适应形势的需要，特别是检测人员仍然比较缺乏。一些新上岗的试验检测人员虽然经过了系统的培训，但缺乏实际工作经验，技术素质有待进一步提高。

总体上看,我国在公路工程检测技术方面相对落后。深入系统地开展公路工程检测技术研究,发展我国自主知识产权的路基路面检测技术,提升我国路基路面检测技术的规范和行业标准,促进我国路基路面检测技术的发展、应用及实施,对于全面提高我国公路的施工管理和养护水平,具有重要意义。

二、公路工程检测技术的发展趋势

(一)公路工程检测技术发展总体趋势

近20年来,国际上公路工程的检测技术发展十分迅速,总体的发展趋势是:由人工检测向自动化检测技术发展,由破损类检测向无破损检测技术发展,由一般技术向高新技术发展。比如,机电一体化技术及高精度传感器被应用于弯沉检测,激光技术被用于路面断面检测,雷达技术被用于路基路面厚度和压实度检测,模式识别与图像处理技术被用于路面病害观测等。而传统的手工检测方式已经开始逐步被自动化的检测方式所取代,主要体现在检测测量的方式、检测数据的采集和数据的处理,检测工作安全性等方面的改善。高性能路基路面检测设备开发和应用所追求的目标是准确、高效及安全。具体来讲,就是以各种电子和机械自动化测量方式代替人工测量,并通过微机及专用软件实现测试数据的自动采集、记录和统计计算分析等功能。这样不仅避免了人为因素对测试结果的干扰,而且可以成倍提高测试速度和采样频率,极大地增强了工作效率和现场安全性。

路基路面工程自动化测试设备主要用来检测路基路面的施工质量和运营使用状况,尤其针对满足高速公路较为严格的技术性能标准和使用要求,采用高科技自动化测试技术具有测试数据准确、采样频率高、工作效率高、对路面结构无损害、安全性好等优点。特别是路面自动化测试设备除用在高速公路有上述优点外,其在公路建设领域其他方面也具有很多促进作用。

此外,运用计算机网络技术和数据挖掘技术对路基路面检测数据进行处理和分析,能改变以往公路工程试验检测数据方面的信息孤岛问题,对有效地检测和监控路基路面的工程质量有着十分重要的意义。

(二)公路检测设备和市场发展趋势

近年来,随着多种尖端技术的发展和应用,各国研制的公路专用路面检测设备也在不断改进,力求更好地满足现代高等级道路对诸多技术性能的要求。综合高速公路实际应用的需要,今后开发研制各类路基路面检测设备时将追求实现以下目标。

1. 高精度

随着新产品的研发,不断提高各类检测仪器的分辨率和测试精度。另外,在野外各种严酷环境中进行检测作业的条件下,提高设备的工作稳定性,尤其是使各种电子产品能够抵御诸如温度、湿度、振动及空中干扰波的影响,将进一步提高测试结果的准确性。

2. 实时化

能够对现场采集的大量数据进行实时的分析和统计计算,提高检测评价的时效性。此外,可利用宽带网实现测试数据的远程传送,实现室内工作站与测试现场保持同步监控。

3. 标准化

建立统一的标准体系,使检测同一指标的不同类型设备的测试结果具有相关可比性。

4. 智能化

针对检测对象的复杂变化,利用高性能计算机并编制完善的智能处理软件,使操作人员能够更为轻松灵活地运用自动化测试仪器进行工作。

5. 多功能

应用各类小型化、微型化和集成化的自动控制技术,将各种检测功能汇集在同一个系统中,提高测试效率。目前已出现能够同时测试路面平整度、纹理构造深度、车辙、横纵坡、弯道半径的多功能测试系统,以后有望在此基础上增加路况和雷达探测功能。

综上所述,今后的公路检测不管是对设备,还是对测试技术人员的要求都会不断提高。因此,公路检测将向专业化服务方向转变。目前在欧美发达国家就已存在许多专业检测公司长期为公路和城市道路的管理者提供各种路面检测与评价服务。凭借服务范围广泛开放,技术维护和追踪全面,以及可保持大量设备和技术人员,这类服务机构正在显现出其在道路检测领域的优势。我国在近年高速公路通车里程急剧增加的情况下,路面检测的发展趋势也将逐步向专业化方向转变。

本章小结

工程试验检测工作是道路和桥梁施工技术管理中的重要组成部分,是质检机构工作中的一个关键环节,试验检测结果的准确性与可靠性将直接影响质检机构的工作质量。为了确保提供的数据准确可靠,要求质检人员在试验检测的全过程中必须严格遵照有关试验检测规程和工作细则,并力求消除试验检测人为误差,提高试验检测精度。

作为一门正在迅速发展中的学科,总的发展趋势是:由人工检测向自动化检测技术发展,由破损类检测向无破损检测技术发展,由一般技术向高新技术发展,并逐步向专业化方向转变。高精度、实时化、标准化、智能化、多功能是公路工程检测技术研究者追求的目标。

复习思考题

1. 加强试验检测工作对工程质量控制有何意义?
2. 试验检测工作实施细则的内容是什么?
3. 简述现行试验检测规程的名称和相应内容。
4. 简述国内外公路工程检测技术的现状和发展趋势。
5. 试验检测原始记录有哪些要求?
6. 样本的大小如何确定?

第二章　试验数据的分析与处理

【本章学习要点】　工程质量的评价是以试验检测数据为依据的，试验检测采集得到的原始数据类多量大，有时杂乱无章，并且有各种各样的误差，甚至还有错误。因此，必须对原始数据进行分析处理，才能得到可靠的试验检测结果。本章以数理统计与概率论为基础，介绍试验检测数据的处理方法，其中包括：误差分析、数字的修约规则、数据的统计特征与分布规律、可疑数据的取舍方法、数据的表达方法、抽样检验与评价方法。

第一节　测定值的误差

一、误差的基本概念

试验时，即使使用极为精密的仪器，测定后得到的数据绝不可能与客观情况完全相同。

由于人们认识能力的局限、科学技术水平的限制，以及量测数值不能以有限位数表示(如圆周率 π)等原因，在对某一对象进行试验或量测时，所测得的数值与其真实值不会完全相等，这种差异即称为误差。但是随着科学技术的发展、人们认识水平的提高、实践经验的增加，量测的误差数值可以被控制到很小的范围，或者说量测值可更接近于其真实值。

根据量测的要求，可以用下列方式表示误差。

1．绝对误差

它表示量测的数值与它的真实值的差值。它可能为正，也可能为负。

$$\text{量测值} - \text{真实值} = \text{绝对误差}$$

但是，大多数情况下，真实值是无法得知的，从而真绝对误差也无法得到。一般只能应用一种更精密的量具或仪器进行量测，所得数值称为实际值，它更接近真实值。此时可表示为：

$$\text{量测值} - \text{实际值} = \text{绝对误差}$$

因此，可以了解绝对误差具有这样一些性质：

(1)它是有单位的，与量测时采用的单位相同。

(2)它能表示量测的数值是偏大还是偏小以及偏离多少。

(3)它不能表示量测所达到的精确程度如何。

2．相对误差

它是绝对误差与实际值的比值，以百分数表示：

$$\text{相对误差} = \frac{\text{绝对误差}}{\text{实际值}} \times 100\%$$

它不仅表示量测的绝对误差的大小，而且能反映出量测时所达到的精度。例如量测 100m 距离时误差为 10cm，量测 1000m 距离时误差也为 10cm，如果仅从绝对误差来考虑，则两者相同，如果引用相对误差的概念，则前者为：

$$\frac{10}{100 \times 100} \times 100\% = 0.1\%$$

后者为：
$$\frac{10}{1000 \times 100} \times 100\% = 0.01\%$$

很明显，后者的精度高于前者。因此相对误差具有这样一些性质：

(1)它是无单位的，通常以百分数表示。而且与量测所采用的单位无关。而绝对误差不然，量测单位改变，其值亦变。

(2)能表示误差的大小和方向，因为相对误差大时绝对误差亦大。

(3)能表示量测的精确程度。当量测所得绝对误差相同时，则量测的量大者精确度高。

为了表示一系列观测值中的相对误差的大小，还可以应用均方差的概念。

均方差，又可称为标准误差，其定义式为：

$$\lim_{n \to \infty}\sqrt{\frac{\sum \varepsilon^2}{n}} = \lim_{n \to \infty}\sqrt{\frac{\sum (x_i - a)^2}{n}}$$

式中：a——真值，实际上是无法知道的，只能以系列实测的平均值 $\overline{x}$ 来代替 a。

$$\sigma = \sqrt{\frac{\sum (x_i - \overline{x})^2}{n}} \tag{2-1}$$

当观测次数有限时
$$\sigma' = \sqrt{\frac{\sum (x_i - \overline{x})^2}{n-1}} \tag{2-2}$$

因此均方差表示观测值偏离均值的程度。

上述公式的另一种形式为：

$$\sigma = \sqrt{\frac{\sum_1^n x_i^2 - (\sum_1^n x_i)^2 / n}{n-1}}$$

在误差理论中也可用 C_V 系数来表示相对误差，表示为 $C_V = \frac{\sigma}{\overline{x}}$，即将均方差表示为算术平均值的百分数。

例如观测某一数列为 0.73，0.69，0.70，0.77，0.75，0.66，0.80，0.75，0.70，0.72，则 $\overline{x} = 0.72$；$n = 10$；平均方差 $\sigma = 0.04164$；算术平均值均方差 $\sigma' = \frac{\sigma}{\sqrt{n}} = \frac{0.04164}{\sqrt{10}} = 0.0132$，$C_V = \frac{\sigma'}{\overline{x}} = \frac{0.0132}{0.72} = 0.0182 = 1.82\%$，即表示其精确度为 1.82%。

此外，在某些量测计量中，还采用其他一些方式表示误差，此处从略。

二、误差分类

按误差本身的性质，可分为系统误差、随机(偶然)误差和粗差(差错)三大类。

(一)系统误差

当试验或量测过程中产生一系列误差，若这些误差是随某种(或某几种)因素变化而有规律地变化，则称这种误差为系统误差，这种误差可分为：

1. 常数系统误差(重复误差)

这种误差可使量测的结果改变一个与被量的量无关的同一数值。它可以为正常数系统误差和负常数系统误差。这种误差很可能与量测所采用(仪器)装置的特性有一定关系，例如仪表的标定零位不准，则每次量测均能引入一个常数的系统误差。

2. 外界系统误差

在量测过程中由于外界因素的影响，使量测所得结果产生误差，随着被量测的量而改变，但又缺乏确定的规律性。例如在工程中量测一段地面起伏的路段长度，量测的结果可能较真实距离(真值)为大，它与地面起伏的程度有关。

3. 规律系统误差

假若系统误差按某种规律性变化，即误差 ε 可以表示为某种或某几种因素的函数，则称为规律系统误差。例如：

$$\varepsilon = f(t, T, P\cdots) \tag{2-3}$$

式中：t, T, P——表示时间、温度、气压等因素。

由于上述因素的影响，使得产生的系统误差呈确定的规律性。产生系统误差的来源可能是仪器误差、试验人员的心理误差、环境误差(例如温度变化的误差等)或理论不妥当引起的误差等。由于系统误差是偏离真值的一侧，因此即使多次试验也不能消除。由此可以得知系统误差具有下述基本性质：

(1)系统误差可能是一个常数，或是某种因素的函数。

(2)多次重复量测，系统误差可重复出现，并且正负符号不变。

(3)量测所得结果经过修正，可接近实际值(真值)。

(二)随机误差(又称偶然误差)

当量测同一个量时，在尽力修正系统误差之后仍产生不规则的或正或负的误差，则称这种误差为随机误差。当只进行一次量测时是无法估计随机误差的大小及正负符号的，但经过多次量测，这种随机误差的平均值由于正负抵消而趋近于零。随机误差的特点是：

(1)它的出现并无确定的规律性，并且是预先无法知道的，大多具有偶然性。

(2)随着量测次数的增多，随机误差的平均值趋近于零。

(3)数量相等、符号相反的随机误差出现的频率大致相等。

(4)值小的随机误差比值大的随机误差出现的频率要大些。

随机误差的来源：产生这种误差的大多数因素与系统误差的相同，但随机误差是多种因素微小波动共同作用的结果。同时可以理解为由于影响的因素太多，或各种因素影响太微弱，以致无法掌握其真实规律，因而产生的误差具有偶然性。因此我们可以得知，随机误差只能在同一条件下，对同一量进行多次重复量测才能发现。

最大误差与保证率：在误差理论中，可以把不同倍数的均方差看作估计观测数列精度的一种方法，即：$\Delta = C\sigma$。

例如 $C = 1.0$ 时，偶然误差不超过 $\pm 1.0\sigma$ 的偶然率为68.27%；$C = 2.0$ 时，偶然率为95.45%；$C = 3.0$ 时，偶然率为99.73%，称为最大误差。保证率则定义为误差大于$(\bar{x} + C\sigma)$的偶然率。

例如：$C = 1.0$ 时，保证率为 84.13%；

$C = 2.0$ 时，保证率为 97.73%；

$C = 3.0$ 时，保证率为 99.86%。

这就意味着在 1000 次观测中，观测值大于均值加上三倍均方差的次数，只有 1.4 次。

(三)过失误差(粗差或差错)

由于人为的因素致使量测的结果明显地而且较大范围地偏离真值，则称这种误差为粗差，即差错或错误。例如野外测量中对错标志、读错记错数据，或未按测量规程进行，因而所得结果不符合要求。发现这种情况时,所测数据应予剔除。

三、精密度、准确度、精确度

精密度、准确度、精确度,这几个术语的运用,过去一直比较混乱,尽管它们都可以描述误差,但概念不同,各有所指,不可混淆。

精密度:表示测量结果中随机误差大小的程度。换句话说,是指在一定测量条件下,对某量值进行多次重复测量时,各次测量结果相符合的程度。若各次的测量结果差异很小,说明随机误差小,精密度高。

准确度:表示测量结果中系统误差大小程度。测量结果中系统误差小时,则称准确度高。

精确度:是测量结果中随机误差与系统误差的综合结果,表示测量结果与真值的一致程度。

对于试验和测量来说,精密度高而准确度不一定高,但精确度高时则要求精密度、准确度都高。

精密度、准确度、精确度之间的关系与区别,可由下面打靶的实例加以说明。靶心是每个射手的射击目标,射手追求的目的是每次射击都击中靶心,显然,靶心就代表真值。由图 2-1 射击结果可以看出:

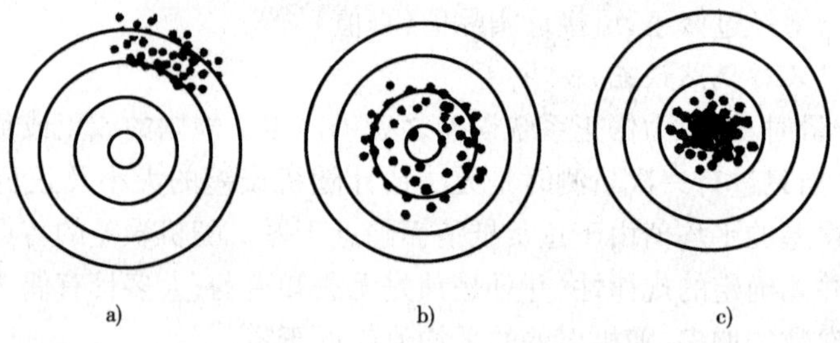

图 2-1　精密度、准确度与精确度示意图

(1)系统误差大而随机误差小,说明准确度差但精密度高,即随机误差小,综合结果是欠精确;

(2)随机误差大而系统误差小,即准确度高而欠精密,综合后结果亦欠精确;

(3)系统误差与随机误差都很小,说明准确度与精密度好,即精确度高。

与上述情况相对应的统计概念示于图 2-2 中,图中 μ 表示真值; μ_m 表示用某一测量方法对同一试样多次重复测量时的平均值; σ_m 的大小表示数据波动的程度。图 2-2a)相对于图 2-2b),因 σ_m 较小,精密度较高,但 μ_m 与 μ 的偏差大,准确度低;图 2-2b)准确度较图 2-2a)的高,但精密度比图 2-2a)低;图 2-2c)准确度和精密度均高,即精确度高。

由此可见,可用分布位置的偏移,或者用 μ_m 和 μ 之差的大小说明精密度的高低,用分布幅度的宽窄(即 σ_m 的大小)表示准确度。

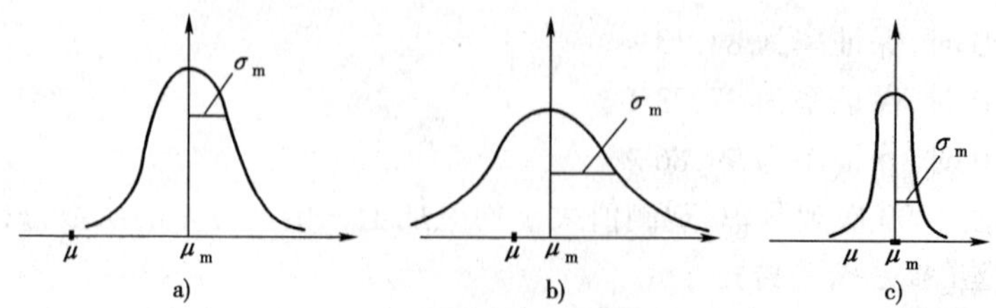

图 2-2　精密度、准确与精确度的统计含义图

测定后的最终结果应是随机误差与系统误差联合作用下的综合效应。在实际测量中，精密度高是保证结果精确度高的先决条件。在科学试验中，我们总是希望得到一个精确度高的测量结果。

第二节　试验数据的统计方法

一、抽样检验

1. 总体与样本

在工程质量检验中，对无限总体中的个体，逐一考察其某个质量特性显然是不可能的；对有限总体，若所含个体数量虽不大，但考察方法往往是破坏性的，同样不能采用全数考查。所以，通过抽取总体中的一小部分个体加以检测，以了解和分析总体质量状况，这是工程质量检验的主要方法。因此，除特殊状况外，大多采用抽样检验，这就涉及到总体与样本的概念。统计分析中我们把所要研究对象的全体称为总体，又称母体。组成整体的每个单元称为个体。检验是质量管理工作的重要内容之一，常称质量检验，其主要功能是对产品的合格性进行控制。

2. 抽样检验的意义

在产品检验中，全数检验的应用场合很少，大多数情况下是采取抽样检验。这是因为：由于无破损检验仪具器械的种类少，性能难以稳定，在不采用无破损性检验时，就得采用破坏性检验，而破坏性检验是不可能对全部产品都作检验的；当检验对象为连续性物体或粉块混合物时(如油、沥青、水泥等)，在一般情况下可能对全体物品的质量特性进行检测试验。

由于产品批次的质量往往有所波动，尤其是在产品量大、金额高、检验项目多的场合，采用全数检验实际上做不到，用无损检验也有可能由于产品不良品率高而带来重大经济损失。此时，抽样检验则十分必要。

此外，抽样检验由于检验的样本较少，因而可以收集质量信息，提高检验的全面程度和促进产品质量的改善。

二、数据统计的特征量

用来表示统计数据分布及其某些特性的特征量分为两类：一类表示数据的集中位置，例如算术平均值、中位数等；一类表示数据的离散程度，主要有极差、标准离差、变异系数等。

1. 算术平均值

算术平均值是一组数据集中位置最有用的统计特征量，通常用样本的算术平均值来代表总体的平均水平。样本的算术平均值用 $\overline{x}$ 来表示，样本用 x 来表示。如果 n 个样本数据为 x_1，x_2，x_3，…，x_n，那么，样本的算术平均值为：

$$\overline{x}=\frac{1}{n}(x_1+x_2+x_3+\cdots+x_n)=\frac{1}{n}\sum_{i=1}^{n}x_i \tag{2-4}$$

【例 2-1】　某路段沥青混凝土面层抗滑性能检测，摩擦系数的检测值共有 10 个测点，分别为：58，56，60，53，48，54，50，61，57，55(摆值)。求摩擦系数的平均值。

解：摩擦系数的平均值为：

$$\bar{F}_B = \frac{1}{10}(58 + 56 + 60 + 53 + 48 + 54 + 50 + 61 + 57 + 55) = 55.2(\text{摆值})$$

2. 中位数

在一组数据 $x_1,x_2,x_3,\cdots,x_n$ 中,按其大小顺序排列,以排在正中间的一个数表示总体的平均水平,称之为中位数,或称中值,用 $\tilde{x}_i$ 表示。n 为奇数时,正中间的数只有一个;n 为偶数时,正中间的数有两个,则取两个数的平均值为中位数,即:

$$\tilde{x} = x_{\frac{n+1}{2}} \qquad (n\ \text{为奇数}) \tag{2-5a}$$

$$\tilde{x} = \frac{1}{2}(x_{\frac{n}{2}} + x_{\frac{n}{2}+1}) \qquad (n\ \text{为偶数}) \tag{2-5b}$$

【例 2-2】 检测值同上,求中位数。

解:检测值按大小次序排列为:61、60、58、57、56、55、54、53、50、48(摆值),则中位数为:

$$\tilde{F}_B = \frac{F_{B(5)} + F_{B(6)}}{2} = (56+55)/2 = 55.5(\text{摆值})$$

3. 极差与标准偏差

平均值虽然给出了数据分散的位置,但不能给出分散的大小。我们可以得到具有相同平均值的两组试验资料,如 A 组:24,21,20,19,16;B 组:25,23,18,16,18。

虽然 A、B 两组的平均值都是 20,但是它们的分散程度是不一样的。如果观测值远离平均值,表示分散程度大;如果靠近平均值,表示分散程度小。常用标准偏差和极差来表示试验资料的分散程度。

在一组数据中最大值与最小值之差,称为极差,记作 R:

$$R = x_{max} - x_{min} \tag{2-6}$$

【例 2-3】 上例中检测数据的极差为:

$$R = F_{max} - F_{min} = 61 - 48 = 13(\text{摆值})$$

极差没有充分利用数据的信息,但计算十分简单,仅使用于样本容量较小($n<10$)的情况。

标准偏差有时也称标准离差、标准差或称均方差,它是衡量样本数据波动性(离散程度)的指标。在质量检验中,总体的标准差 σ 一般不易求得。样本的标准偏差 S 按下式计算:

$$S = \sqrt{\frac{(x_1-\bar{x})^2 + (x_2-\bar{x})^2 + \cdots + (x_n-\bar{x})^2}{n-1}} = \sqrt{\frac{\sum_{i=1}^{n}(x_i-\bar{x})^2}{n-1}} \tag{2-7}$$

【例 2-4】 求上例中的标准差 S。

解: $S = \sqrt{\frac{(58-55.2)^2 + (56-55.2)^2 + (60-55.2)^2 \cdots + (55-55.2)^2}{10-1}} = 4.13(\text{摆值})$

4. 变异系数

标准偏差是反映样本数据的绝对波动状况。当测量较大量值时,绝对误差一般较大;而测量较小量值时,绝对误差一般较小。因此,用相对波动的大小,即变异系数更能反映样本数据的波动性。

变异系数用 C_v 表示,是标准偏差和算术平均值的比值,即:

$$C_v(\%) = \frac{S}{\bar{x}} \times 100\% \tag{2-8}$$

【例 2-5】 若甲路段沥青混凝土路面面层的摩擦系数算术平均值为 55.2(摆值),标准偏差为4.13(摆值);乙路段的摩擦系数算术平均值为 60.8(摆值),标准偏差为 4.27(摆值),则两段路的变异系数为:

甲路段　　　　$C_v = 4.13/55.2 = 7.48\%$

乙路段　　　　$C_v = 4.27/60.8 = 7.02\%$

甲路段的标准差 < 乙路段的标准差,但甲路段的变异系数 > 乙路段的变异系数,说明甲路段的摩擦系数相对波动比乙路段的大,面层抗滑稳定性较差。

三、数据的统计方法

(一)直方图

直方图即质量分布图,是把收集到的工序质量数据,用相等的组距进行分组,按要求进行频数(每组中出现数据的个数)统计,再在直角坐标系中以组界为顺序、组距为宽度在横坐标上描点,以各组的频数为高度在纵坐标上描点,然后画成长方形(柱状)连接图。下面结合实例说明绘制直方图的方法与步骤。

【例 2-6】 某沥青混凝土拌和过程中,油石比的抽检结果列于表 2-1 中,试绘制该检测结果的直方图。

1. 收集数据

一般应不少于 50 ~ 100 个数据,本例为 100 个数据。

2. 数据分析与处理

从收集的数据中找出最大值与最小值,并计算其极差。

本例中最大值: $x_{max} = 6.4$,最小值: $x_{min} = 5.5$,极差:

$$R = x_{max} - x_{min} = 6.4 - 5.5 = 0.9$$

油石比检测数据　　表 2-1

顺　序	数	据									最大	最小	极差
1	6.1	6.3	5.8	5.9	5.9	6.1	6.0	6.0	5.8	5.8	6.3	5.8	0.5
2	5.8	6.2	5.9	5.8	5.9	6.0	6.0	6.2	6.2	5.9	6.2	5.8	0.4
3	5.7	5.6	5.9	5.7	5.8	5.9	5.9	5.8	5.7	6.0	6.0	5.6	0.4
4	6.0	6.0	6.1	6.0	5.9	5.7	6.1	5.8	5.8	5.9	6.1	5.7	0.4
5	5.9	5.9	5.6	6.0	6.1	6.1	6.3	5.7	6.2	5.7	6.3	5.6	0.7
6	5.6	5.7	5.8	5.6	6.0	6.1	6.0	5.9	6.0	6.1	6.1	5.6	0.5
7	6.1	5.8	6.3	5.5	6.2	6.0	6.0	5.9	6.1	6.0	6.3	5.5	0.8
8	5.9	5.9	6.0	5.9	6.0	5.8	6.0	6.0	6.1	5.8	6.1	5.8	0.3
9	5.9	6.4	5.9	5.9	5.9	6.0	6.0	6.2	6.1	6.1	6.4	5.9	0.5
10	6.1	5.8	6.0	5.5	6.3	6.2	6.2	6.3	6.1	6.0	6.3	5.5	0.8

3. 确定组数与组距

通常先定组数,后定组距。组数用 B 表示,应根据收集数据总数而定。当数据总数为 50 以下时 $B = 5 \sim 7$ 组;总数为 50 ~ 100 时,$B = 6 \sim 10$ 组;总数为 100 ~ 250 时,$B = 7 \sim 12$ 组;总数为 250 以下时,$B = 10 \sim 20$ 组。

组距用 h 表示,其计算公式: $h = \dfrac{R}{B-1}$。本例中取组数 $B = 10$,则组距 $h = \dfrac{0.9}{10-1} = 0.1$。

4. 确定组界值

为避免数据恰好在组界上，组界值要比原数据的精度高一位。

第一组的下界值 = $x_{\min} - \frac{h}{2}$

第一组的上界值 = $x_{\min} + \frac{h}{2}$

第一组的上界值就是第二组的下界值，第二组的下界值加上组距 h 即为第二组的上界值，其余依次类推。

本例中第一组的组界值为：$\left(5.5 - \frac{0.1}{2}\right) \sim \left(5.5 + \frac{0.1}{2}\right) = 5.45 \sim 5.55$

5. 统计频数

组界值确定后按组号来统计频数、频率（相对频数）。

本例的统计结果列于表 2-1 中。

6. 绘制直方图

以横坐标为质量特征，纵坐标为频数（或频率）作直方图，见图 2-3。

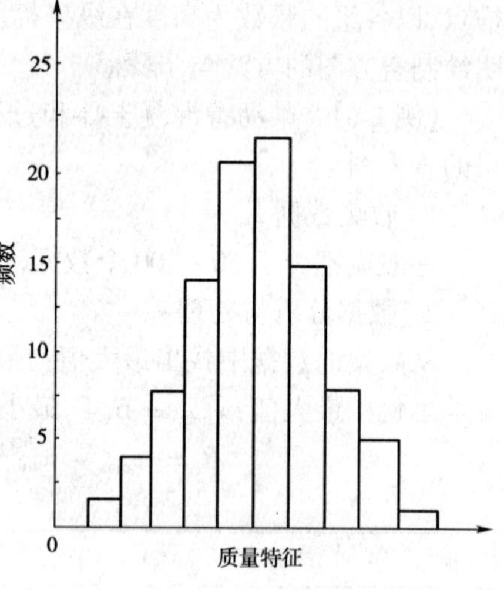

图 2-3　直方图

由图 2-3 可知，如果收集的检测数据量愈来愈多，分组愈来愈细，即当样本大小 n 充分大时，直方图将愈呈对称，而台阶形的折线也将趋于一条光滑曲线。这条曲线称为概率分布曲线。这条曲线有如下四个特点：

（1）单峰性，即曲线在均值处有极大值；

（2）对称性，即曲线有一对称轴，轴的左右两侧曲线是对称的；

（3）有一水平渐近线，即曲线两头将无限接近于横轴；

（4）在对称轴左右两边曲线上离对称轴等距离的某处，各有一个拐弯的点（拐点）。

概率分布曲线的形式很多，在公路工程质量检验与评价中的用途主要有：估计可能出现的不合格率、考察工序能力、判断质量分布状态和判断施工能力等。

（二）正态分布

设连续型随机变量的概率密度为：

$$f(x) = \frac{1}{\sqrt{2\pi} \cdot \sigma} e^{-\frac{(x-\mu)^2}{2\sigma^2}} \quad (-\infty < x < +\infty) \tag{2-9}$$

式中：μ、$\sigma(\sigma > 0)$——常数，则称 X 服从参数为 σ 的正态分布，记为 $X \sim N(\mu, \sigma^2)$，μ 均值，σ 为均方差。

$f(x)$ 的图形如图 2-2 所示，它具有如下的性质：

（1）曲线关于 $x = \mu$ 对称，表明对于任意 $h > 0$，有：

$$P\{\mu - h < x \leqslant \mu\} = P\{\mu < x \leqslant \mu + h\}$$

（2）当 $\mu = x$ 时取到最大值，即：

$$f(\mu) = \frac{1}{\sqrt{2\pi} \cdot \sigma}$$

x 离 μ 越远，$f(x)$ 的值越小。这表明对于同样长度的区间，当区间离 μ 越远，x 落在这个区间上的概率越小。

在 $x = \mu \pm \sigma$ 处曲线有拐点,曲线以 x 轴为渐近线。

另外,如果固定 σ,改变 μ 的值,则图形沿着 x 轴平移,而不改变其形状,如图 2-4,可见正态分布的概率密度曲线 $y = f(x)$ 的位置完全由参数 μ 所确定,μ 称为位置参数。

如果固定 μ,改变 σ,由于最大值 $f(\mu) = \dfrac{1}{\sqrt{2\pi}\cdot\sigma}$,可知当 σ 越小时图形变得越尖(图 2-5),因而 x 落在 μ 附近的概率越大。

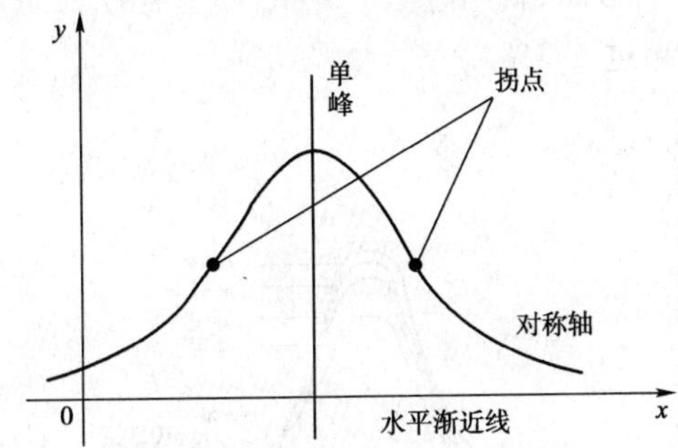

图 2-4　正态分布的概率密度曲线图

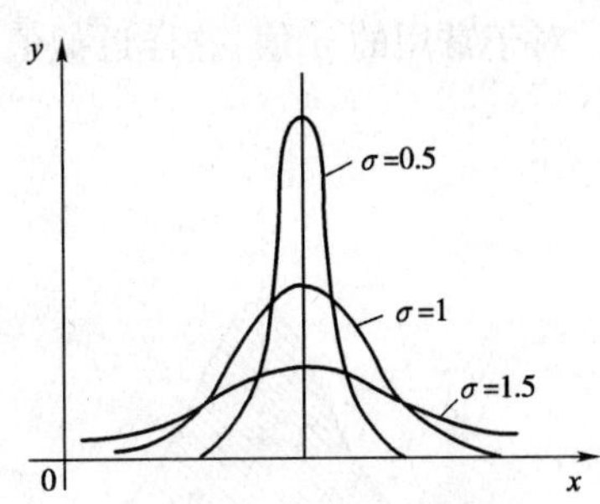

图 2-5　正态分布

特别指出,当 $\mu = 0$ 时,称 X 服从标准正态分布。其概率密度和分布函数分别用 $f(x)$、$\phi(x)$ 表示,即有:$f(x) = \dfrac{1}{\sqrt{2\pi}}e^{-\frac{x^2}{2}}$, $\phi(x) = \dfrac{1}{\sqrt{2\pi}}\int_{-\infty}^{x} e^{-\frac{t^2}{2}}\mathrm{d}x$。$\phi(x)$ 可根据编制好的函数表查用。一般,若 $X \sim N(\mu,\sigma^2)$,我们可通过一个线性变换将它化成标准正态分布,即若 $X \sim N(\mu,\sigma^2)$,则 $Z = \dfrac{X-\mu}{\sigma} \sim N(0,1)$。

对于任意区间的 (x_1, x_2),有:

$$P\{x_1 < X \leqslant x_2\} = \phi\left(\frac{x_2-\mu}{\sigma}\right) - \phi\left(\frac{x_1-\mu}{\sigma}\right)$$

利用上式,可以求得双边置信区间的几个重要数据:

$$P\{\mu-\sigma < x < \mu+\sigma\} = 68.26\%$$

$$P\{\mu-2\sigma < x < \mu+2\sigma\} = 95.44\%$$

$$P\{\mu-3\sigma < x < \mu+3\sigma\} = 99.73\%$$

$$P\{\mu-1.96\sigma < x < \mu+1.96\sigma\} = 95.00\%$$

如图 2-6 所示。我们通常称 σ 为保证率系数(也有的用 Z_n 表示),其取值与公路的等级有关,而且常常用样本的平均值 $\bar{x}$、标准差 S 分别代替上述公式 μ 与 σ。

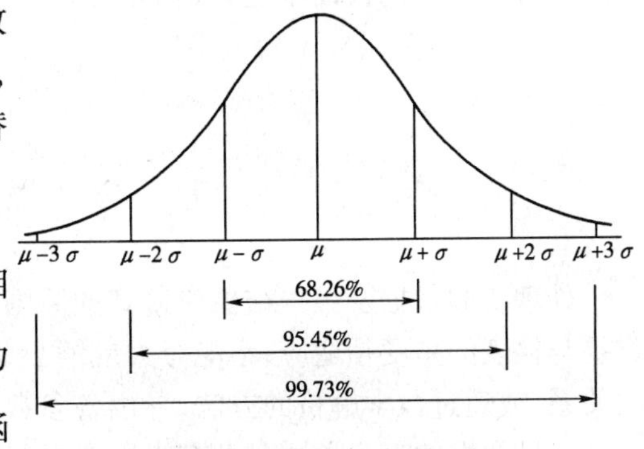

图 2-6　正态分布与置信区间

(三)t 分布

设 $X \sim N(0,1)$, $Y \sim x^2(n)$,并且 X 与 Y 相互独立,则称随机变量 $T = \dfrac{X}{\sqrt{Y/n}}$ 服从自由度为 n 的 t 分布,记为 $T \sim t(n)$;t 分布的概率密度函数为:

$$h(x,n)=\frac{\Gamma[(n+1)/2]}{\sqrt{\pi n}\Gamma(n/2)}\left((1+\frac{t^2}{n}\right)^{-(n+1)/2} \qquad (-\infty<t<\infty) \tag{2-10}$$

当 n 足够大时分布近似于 $N(0,1)$ 分布。但对于较小的 n，t 分布与 $N(0,1)$ 分布相差很大。对于给定的 $a(0<a<1)$，对称满足条件：

$P\{t>t_a(n)\}=\int_{a(n)}^{\infty}h(x)\mathrm{d}x=a$ 的点 $t_{a(n)}$ 为 $t(n)$ 分布的上 a 分位点，如图 2-7。

由 t 分布上 a 分位点的定义及 $h(t)$ 图形的对称性知：$t_{1-a}(n)=-t_a(n)$。

分布的上 a 分位点可从 t 分布表中查得。在 $n>45$ 时，就用近似 t 分布(如图 2-8)，$t_a(n)\approx z_a$。对于常用的 a 值，这样近似值相对误差最大不超过 1.3%。

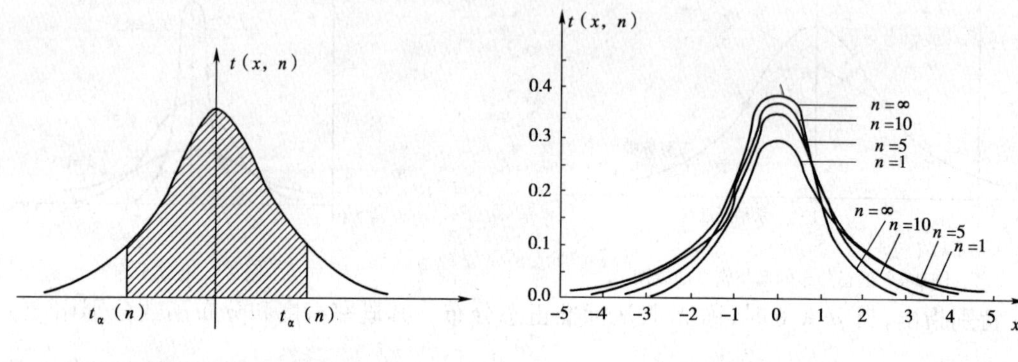

图 2-7　t 分布分位点　　图 2-8　t 分布

在施工质量评价中，常需要解决总体标准偏差 σ 未知时如何估计平均值置信区间的问题，为解决这一问题，就是利用样本标准偏差 S 代替总体标准偏差 σ。

若 $x_1,x_2,x_3\cdots,x_n$，n 是总体 $N(\mu,\sigma^2)$ 的样本，$\overline{x}$，S^2 分别是样本均值和样本方差，则有：

$$\frac{\overline{x}-\mu}{S/\sqrt{n}}\sim t(n-1) \tag{2-11}$$

因此，根据给定的 β 和自由度 $n-1$，由分布概率系数表查，由此得到平均值 μ 的双边置信区间：

$$\left(\overline{x}-t_{1-\beta/2}(n-1)\frac{S}{\sqrt{n}},\overline{x}+t_{1-\beta/2}(n-1)\frac{S}{\sqrt{n}}\right) \tag{2-12}$$

同理可得平均值的单边置信区间：

$$\mu<\overline{x}\pm t_{1-\beta}(n-1)\frac{S}{\sqrt{n}} \tag{2-13}$$

第三节　数据的表达方法

处理实验数据及报告结果应遵守的原则是：用来表示测定结果，计算值所能达到的精度一定要与仪表的精度相适应，不能夸大或缩小，并要对数据进行深入分析，以便得到各参数之间的关系，或通过数学解析的方法，导出各参数之间的函数关系，这是数据处理的任务之一。

测量数据的表达方法通常有表格表示法、图形表示法和经验公式法三种。下面介绍这三种方法，并介绍一元线性回归处理方法。

(一)表格表示法

简称表格法,这是大家比较熟悉的一种方法,在自然科学和工程技术上用得特别多。在科学试验中一系列测量结果通常是先列成表格后,再进行分析。表格有两种:一种是试验检测数据记录表,另一种是试验检测结果表。表格法应用广泛,但存在下列缺点:

(1)尽管测定次数多,步长已经相当小,但表格法总不能给出所有自变量对应的函数值。

(2)表格法不易看出变量间变化规律,而只能大致估计该函数的递增或是递减。

(3)表格法对试验数据不易进行数学解析。

因此,只有当各变量的函数关系无需获得,或为了便于计算,才将数据列成表格。若想得出未测定的某位时,可用内插法估计。

(二)图形表示法

函数图形是坐标系中一些测试数据点的轨迹,工程领域中把数据绘制成图形几乎是一种普遍而又重要的工具。图形法的显著优点,就是醒目,极易从图形上看出函数的变化规律。但是,对图形进行数学解析也相当困难,同时想从图形上得到某点对应的函数值时,误差常常会显得过大。

(三)数学公式法

1)该法利用试验数据,根据某种数学原理和原则建立试验方程——经验公式。该法的优点是:

(1)结构紧凑,能用一个较简单的公式代替全部及尚未测定但在试验范围内的所有数据。

(2)凡在公式中所表示出的具有实际意义的自变量值,都可求得对应的函数值。

(3)利用该公式可进行必要的解析与运算,与理论公式具有同等的作用和效能。

2)根据一系列测量数据,如何建立公式,建立怎样的公式,是这个方法中最基本的问题。建立公式的基本步骤大致可以归纳如下:

(1)描绘曲线。以自变量为横坐标,函数量为纵坐标,将测量数据描绘在坐标纸上,并把数据点描绘成测量曲线。

(2)对所描绘的曲线进行分析,确定公式的基本形式。

①如果数据点描绘的基本上是直线,则可用一元线性回归方法确定直线方程。

②如果数据点描绘的是曲线,则要根据曲线的特点判断曲线属于何种类型。判断时可参考现成的数学形状加以选择,对选择的曲线则按一元非线性回归方法处理。

③如果测量曲线很难判断属于何种类型,则可按多项式回归处理。

(3)曲线化直。如果测量数据描绘的曲线被确定为某种类型的曲线,则可先将该曲线方程变换为直线方程,然后按一元线性回归方法处理。

(4)确定公式中的常量。代表测量数据的直线方程或经曲线化直后的直线方程表达式为 $y = a + bx$,可根据一系列测量数据确定方程中的常量 a 和 b,其方法一般有图解法、端值法、平均法和最小二乘法。

(5)检验所确定公式的准确性,即用测量数据中自变量值代入公式计算出函数值,看它与实际测量值是否一致,如果差别很大,说明所确定的公式基本形式可能有错误,则应建立另外形式的公式。

(四)一元线性回归

1. 一元线性回归基本概念

(1)一个变量为非随机变量,另一个变量为随机变量,找出这两个变量之间的关系,在统计学上称为回归分析。

(2)两个变量均是随机变量,而寻求其相互关系,这在统计上称为相关分析。

对上述两种分析往往不加区分,或统称为回归分析,或统称相关分析,但在多数著作中均称为回归分析。

2. 回归分析的目的

回归分析的目的主要有以下几点:

(1)找出给定变量之间合适的数学表达式,进行相关显著性及其他项目的统计检验,确定变量之间是否存在相关关系以及这种关系的密切程度。

(2)利用回归方程式,根据一个或几个变量的值,预测或控制另一个变量在一定概率要求下的取值。如果两个变量之间的相关程度很大,则对其中一个变量的直接观察可以代替对另一个变量的观察,从而达到简便或节约的目的。

(3)对多元回归分析进行因素分析,在多个自变量中,找出对试验结果有重要影响的因素以及这些因素之间的关系。

(4)根据预测和控制所提出的要求,选择试验点,对试验进行设计。

一元回归处理的是两个变量之间的关系。两个变量 x 和 y 之间如果存在一定的关系,则通过观测所得数据,找出两者之间的关系式。如果两个变量的关系大致是线性的,那就是一元线性回归问题。

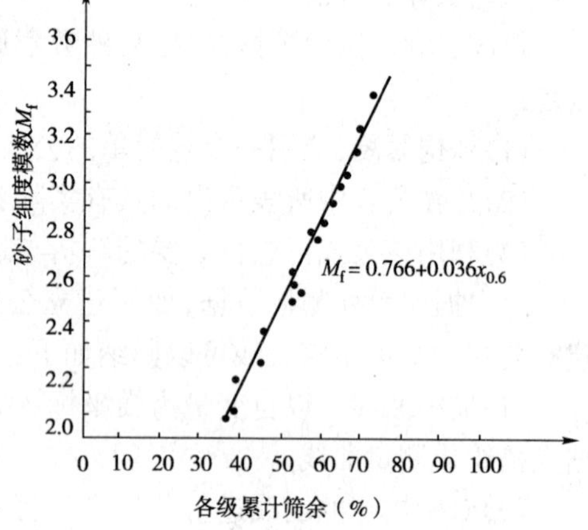

图 2-9　0.6mm 筛网累计筛余与细度模数散布图及回归直线

3. 线性回归分析

线性回归分析的表达式为 $y = a + bx$,式中 a 称为常数项,b 称为回归系数。回归分析的首要任务是通过统计方法求出直线方程中的 a 和 b。

为了直观地看出变量 a 与 b 间的关系,常以 x 为横坐标,y 为纵坐标,将相应的数据绘制成散布图(见图 2-9)。从图中可以看出,所有的点是围绕一条直线散布的。显然,这样的直线在图上可以画出许多条,但我们可以用最小二乘法原理,找出反映各点散布状态最佳的一条。a 与 b 的计算如下:

$$y = \overline{a} + \overline{b}x \tag{2-14}$$

$$b = [\sum_{i=1}^{n}(x_i - \overline{x})(y_i - \overline{y})] / \sum_{i=1}^{n}(x_i - \overline{x})^2 \tag{2-15}$$

式中:$[\sum_{i=1}^{n}(x_i - \overline{x})(y_i - \overline{y})]$——$x$ 与 y 偏差乘积之和,常用 L_{xy} 表示;

$\sum_{i=1}^{n}(x_i - \overline{x})^2$——$x$ 偏差的平方和,常用 L_{xx} 表示。

即有:

$$L_{xx} = \sum_{i=1}^{n}(x_i - \overline{x})^2 = \sum_{i=1}^{n}x_i^2 - \frac{1}{n}(\sum_{i=1}^{n}x_i)^2 \tag{2-16}$$

$$L_{xy} = \sum_{i=1}^{n}(x_i - \overline{x})(y_i - \overline{y}) = \sum_{i=1}^{n}x_i y_i - \frac{1}{n}\sum_{i=1}^{n}x_i\sum_{i=1}^{n}y_i$$

故 b 值计算公式简写为:

$$b = L_{xy}/L_{xx} \tag{2-17}$$

【例 2-7】 人工砂各级累计筛余与细度模数测值列于表 2-2。

人工砂各级累计筛余及细度模数测值 表 2-2

组别	人工砂细度模数 M_f	各级累计筛余(%)					
		5mm	2.5mm	1.2mm	0.6mm	0.3mm	0.15mm
1	2.70	1.59	13.74	31.21	52.47	81.35	89.22
2	2.44	1.80	8.30	22.64	46.74	77.59	37.86
3	3.38	4.49	27.12	45.77	71.56	91.96	97.16
4	2.24	0.17	2.53	12.75	37.99	79.52	90.60
5	2.83	1.12	14.50	33.94	58.59	83.80	91.06
6	2.51	0.47	6.87	22.06	48.42	81.80	91.70
7	2.99	3.66	19.24	36.70	60.08	85.73	93.10
8	3.44	11.08	31.20	47.69	71.37	88.79	93.18
9	3.16	3.29	21.39	42.83	68.46	87.64	92.32
10	2.31	0.22	5.36	15.39	45.28	78.05	86.83
11	3.04	4.07	23.05	36.73	63.06	85.24	91.66
12	2.64	2.14	15.46	27.50	52.45	78.58	88.04
13	3.29	5.46	26.99	45.31	67.77	89.19	94.20
14	2.12	0.20	4.74	10.33	34.90	73.08	88.64
15	2.09	0.17	4.49	13.63	37.86	72.56	79.90
16	2.62	1.03	11.06	25.34	53.01	82.34	89.46
17	3.11	3.74	23.30	28.12	64.04	87.99	93.88
18	2.79	1.15	14.45	25.79	59.60	85.83	91.79
19	2.58	1.02	9.85	20.96	53.04	82.07	90.79
20	3.00	2.24	20.14	28.95	63.16	85.08	90.36

人工砂 0.6mm 筛网累计筛余与细度模数回归直线计算列于表 2-3 中。将表中的 L_{xx}、L_{xy} 等值代入公式得：

$$b = L_{xy}/L_{xx} = 85.392/2368.5664 = 0.036$$

$$a = \overline{y} - b\overline{x} = 2.764 - 0.036 \times 55.4925 = 0.766$$

回归方程为：

$$y = 0.766 + 0.036x$$

人工砂 0.6mm 筛网累计筛余与细度模数回归直线计算 表 2-3

组别	0.6mm 筛网累计筛余 (%) x	细度模数 M_f y	xy	x^2	y^2
1	52.47	2.70	141.6690	2753.1009	7.29
2	46.74	2.44	114.0456	2184.6276	5.9536
3	71.56	3.38	241.8728	5120.8336	11.4244
4	37.99	2.24	85.0976	1443.2401	5.0176
5	58.59	2.30	165.8097	3432.7881	8.0089
6	48.42	2.51	121.5342	2344.4964	6.3001
7	60.08	2.91	197.6392	3609.6964	8.9401
8	71.37	3.44	154.5128	5093.6769	11.8336
9	68.46	3.16	216.3336	4886.7716	9.9856
10	45.28	2.31	104.5968	2050.2784	5.3361
11	63.06	3.04	191.7024	3976.5636	9.2416
12	52.45	2.64	138.4680	2751.0025	6.9696
13	67.77	3.29	222.9633	4592.9929	10.8241
14	34.90	2.12	73.9880	1218.0100	4.4944
15	37.86	2.09	79.1274	1433.3796	4.3681
16	53.01	2.62	138.8862	2810.0601	6.8644
17	64.04	3.11	199.1644	4101.1216	9.6721
18	59.60	2.79	166.2840	3552.1600	7.7841
19	53.04	2.58	16.8432	2813.2416	6.6564
20	63.16	3.00	189.4800	3989.1856	9.0000
总和	1109.85	55.28	3153.0182	63956.9175	155.9648

续上表

组别	0.6mm 筛网累计筛余(%) x	细度模数 M_f y	xy	x^2	y^2
$\sum x = 1109.85$ $\overline{x} = 55.4925$ $\sum x^2 = 63956.9175$ $(\sum x)^2 = 1231767.022$ $L_{xx} = \sum x^2 - (\sum x)^2/n$ $= 63956.9175 - 1231767.022/20$ $= 2368.5664$		$\sum y = 55.28$ $\overline{y} = 2.764$ $\sum y^2 = 155.9648$ $(\sum y)^2 = 3055.8784$ $L_{yy} = \sum y^2 - (\sum y)^2/n$ $= 155.9643 - 3055.8784/20$ $= 3.17088$		$n = 20$ $\sum xy = 3153.0182$ $\sum x \sum y$ $= 61352.508$ $L_{xy} = \sum xy - \sum x \sum y/n$ $= 3153.0182 - 61352.508/20$ $= 85.3928$	

根据回归直线方程绘制的回归直线如图 2-9 所示。其他各级累计筛余与细度模数回归直线计算从略，计算结果列入表 2-4 中。

各级累计筛余与细度模数回归直线方程 表 2-4

筛号	变量	回归直线方程	相关系数 γ	剩余标准差 S_k
5mm	$M_f \sim x$	$M_f = 2.448 + 0.130x$	0.831	0.255
2.5mm	$M_f \sim x$	$M_f = 2.056 + 0.047x$	0.975	0.138
1.2mm	$M_f \sim x$	$M_f = 10761 + 0.034x$	0.972	0.079
0.6mm	$M_f \sim x$	$M_f = 0.766 + 0.036x$	0.985	0.072
0.3mm	$M_f \sim x$	$M_f = -3.381 + 0.074x$	0.950	0.132
0.15mm	$M_f \sim x$	$M_f = -5.540 + 0.029x$	0.850	0.262

4. 相关系数——线性关系的显著性检验

回归直线方程求得后，还需解决一个问题：x 与 y 是否真有线性关系？或者说 x 与 y 的线性相关程度如何？为了回答这个问题，需要建立一个检验法，即相关系数检验法。称统计量 γ 为样本相关系数，用公式表示为：

$$\gamma = \sum(x_i - \overline{x})(y_i - \overline{y})/\sqrt{\sum(x_i - \overline{x})^2\sum(y_i - \overline{y})^2} = L_{xy}/\sqrt{L_{xx}L_{yy}} \tag{2-18}$$

式中：L_{yy}——y 偏差平方和，$L_{yy} = \sum_{i=1}^{n}(y_i - \overline{y})^2 = \sum_{i=1}^{n}y_i^2 - (\sum_{i=1}^{n}y_i)^2/n$。

若 x 与 y 完全为线性无关时，$|\gamma| = 0$；当 x 与 y 完全线性相关时，$|\gamma| = 1$；当 x 与 y 线性相关程度介于中间状态时，有 $0 < |\gamma| < 1$。因此，γ 值是衡量 x 与 y 线性相关程度的量。当 $|\gamma|$ 接近于 1 时，即认为 y 与 x 线性相关。那么当 $|\gamma|$ 接近于 1 的程度如何时才能认为是线性相关的呢？对于给定的置信度 α 可在相关系数临界值表（见附录三）中查出临界值 γ_0。当由样本算出 γ 值大于临界值 γ_0 时，就认为 y 与 x 存在线性相关关系，或者认为线性相关关系显著；当 γ 值小于或等于临界值 γ_0 时，则认为 y 与 x 不存在线性相关关系，即线性相关关系不显著。查附录三时，自由度是用样本容量减去变量数目。

【例 2-8】 实测人工细度模数 20 组，变量数目为 2，所以自由度为 $20 - 2 = 18$。当置信度 $\alpha = 0.01$ 时，查附录三得 $\gamma_0 = 0.561$。

样本相关系数计算：见表2-3。

已知 $L_{xx}=2368.5664$，$L_{yy}=3.17088$，$L_{xy}=85.3928$ 代入公式(2-18)得：$\gamma=L_{xy}/\sqrt{L_{xx}L_{yy}}=85.3928/\sqrt{2368.5664\times3.17088}=85.3928/86.6628=0.985$

即有 $|\gamma|>\gamma_0$，故砂子细度模数与0.6 mm筛网累计筛余的线性相关关系是显著的。从表2-4可知，6个回归直线方程中，以0.6mm筛网累计筛余与砂子细度模数的相关系数 γ 最接近1，故施工现场常用0.6mm筛网累计筛余求砂子细度模数。

第四节　数据的处理方法

一、数据的修约规则

(一)有效数字

有效数字的概念可表述为：由数字组成的一个数，除最末一位数字是不确切值或可疑值外，其他数字皆为可靠值或确切值，则组成该数的所有数字包括末位数字称为有效数字，除有效数字外其余数字为多余数字。

对于“0”这个数字，它在数中的位置不同，可能是有效数字，也可能是多余数字。

整数前面的“0”无意义，是多余数字。对纯小数，在小数点后、数字前的“0”只起定位、决定数量级的作用(相当于所取的测量单位不同)，所以，也是多余数字。

处于数中间位置的“0”是有效数字。处于数后面位置的“0”是否算有效数字可分三种情况：

(1)数后面的“0”，若把多余数字的“0”用10的乘幂来表示，使其与有效数字分开，这样在10的乘幂前面所有数字包括“0”皆为有效数字；

(2)作为测量结果并注明误差值的数值，其表示的数值等于或大于误差值的所有数字，包括“0”皆为有效数字；

(3)上面两种情况外的数后面的“0”则很难判断是有效数字还是多余数字，因此，应避免采用不确切的表示方法。

一个数的有效数字占有的数位，即有效数字的个数，为该数的有效位数。

为弄清有效数字的概念，举例如下：

00289，0.0614，9.04，9.05×10^2，这四个数的有效位数均为3，有效数字都是3个。

再如，测量某一试件，得其有效面积 $A=0.0501502\text{m}^2$，测量极限误差 $\delta_{min}=0.000005\text{m}^2$，则测量结果应表示为 $A=(0.050150\pm0.000005)\text{m}^2$。误差的有效数字为一位，即5；而有效面积的有效数字为5个，即50150；因为尾数2小于误差的数量级，故为多余数字。

若给出的数值为71 300，则为不确切的表示方法。它可能是 713×10^2，也可能是 7.13×10^4。即有效数字可能是3个、4个或5个。若无其他说明，则很难判定其有效数字究竟是几个。

在测量或计量中应取多少位有效数字，可根据下述准则判定：

(1)对不需要标明误差的数据，其有效位数应取到最末一位数字为可疑数字(也称不确切或参考数字)；

(2)对需要标明误差的数据，其有效位数应取到与误差同一数量级。

（二）数字修约规则

1．修约间隔

修约间隔是指确定修约保留位数的一种方式。修约间隔的数值一经确定，修约值即应为该数值的整数倍。

2．数值修约进舍规则

我国国家标准《数值修约规则》(GB 8170—87)，对修约方法分别作了规定：

(1)拟舍数字的最左一位数字小于5时，则舍去，即保留的各位数字不变。

如：将13.2476修约到一位小数，得13.2。

如：将13.2476修约成两位有效位数，得13。

(2)拟舍数字最左一位数字大于5或者是5，而且后面数字并非全部为0时，则进1，即保留末位数字加1。

如：将1167修约到“百”数位，得12×10^2(特定时可写1200)。

将1167修约成三位有效位数，得11.7×10^2(特定时可写为1170)。

将10.502修约到“个”位数，得11。

(3)拟舍弃数字的最左一位数字为5，而后面无数字或全部为0时，若所保留的数字末位数字为奇数(1,3,5,7,9)则进1，如为偶数(2,4,6,8,0)则舍弃。

例如，将下列各数字修约只留一位小数时，其拟舍去的数字中最左面的第一位数字是5，5后面无数字，根据所留末位数的奇偶关系，结果为：

15.05修约为15.0(因为“0”是偶数)

15.15修约为15.2(因为“1”是奇数)

15.25修约为15.2(因为“2”是偶数)

15.45修约为15.4(因为“4”是偶数)

(4)拟舍去的数字并非单独的一个数字时，不得对该数值连续进行修约，应按拟舍去的数字中最左面的第一位数字的大小，照上述各条一次修约完成。

如：25.4547修约整数，不应该25.4547→25.455→25.46→25.5→25.6这样修约，而是25.4547→25这样一次修约完成。

上述数值修约规则(有时称之为“奇升偶舍法”)与以往用的“四舍五入”的方法区别在于，用“四舍五入”法对数值进行修约，从很多修约后的数值中得到的均值偏大，用上述修约规则，进舍的状况具有平衡性，进舍误差也具有平衡性，若干数值经过这种修约后，修约值之和变大的可能性与变小的可能性是一样的。

为便于记忆，将上述规则归纳为以下几句口诀：四舍六入五考虑，五后非零则进一，五后为零视奇偶，奇升偶舍要注意，修约一次要到位。

二、可疑数据的取舍

由于质量的波动，自然会引起质量检测数据的参差不齐，有时还会发现一些明显过大或过小的数据，我们称这些数据为特异数据或可疑数据。特殊数据出现的原因有多种，可能是试验条件的变化，也可能是检测对象质量分布不均匀，或者由于测试操作者缺少经验等。如果有特异数据混入整个质量检测数据之中，将可能导致对检测结果分析判断得出完全不同的结论。因此，在进行数据分析以前，必须对这些特异数据作个别处理或将其从整个数据中剔除。处理特异数据的准则如下：

（一）3 σ 准则（拉依达法）

如果检测质量数据的总体服从正态分布 $X \sim N(\mu,\sigma^2)$，对于每个质量数据落在区间 $(\mu-3\sigma,\mu+3\sigma)$ 内的概率为 99.73%，而落在这个区间外面的概率仅为 0.27%，即 1000 次测量中只可能出现 3 次。因此，在有限的测量中发生这种情况的可能性是很小的，而且一旦有这样的数据出现，则可认为它是可疑数据，应予以剔除。

当总体的标准差 σ 未知时，以样本标准差 S 估计 σ，并以 $3S$ 代替 3σ。3 σ 准则比较适用于样本容量 $n>50$ 的情况。

判断方法如下：

设 $x_1,x_2,\cdots,x_k,\cdots,x_n$ 是从总体中抽取的样本，其中 x_k 为过大或过小值。

(1)计算数据的平均值 $\overline{x}$，如总体标准偏差 σ 未知时，同时求出样本标准差 S；

(2)计算 $|x_k-\overline{x}|$，如果 $|x_k-\overline{x}|>3\sigma$（$\sigma$ 未知时以 S 估计 σ），则将 x_k 剔除，否则保留。

（二）肖维纳特准则

设 $x_1,x_2,\cdots,x_n$ 是从总体抽取的样本。

判断方法如下：

(1)计算样本平均值 $\overline{x}$，如总体标准偏差 σ 未知时，同时求出样本标准偏差 S；

(2)对每个样本值 x_i，计算 $|x_i-\overline{x}|$，如果 $|x_i-\overline{x}|>K_x\sigma$（$\sigma$ 未知时以 S 估计 σ），则将 x_i 剔除，否则保留。上式中凡是与样本容量 n 有关的系数，可查表 2-5。

肖维纳特准则 K_x 表 2-5

n	K_x	n	K_x	n	K_x
5	1.65	19	2.22	50	2.58
6	1.73	20	2.24	60	2.64
7	1.79	21	2.26	70	2.69
8	1.80	22	2.28	80	2.73
9	1.92	23	2.30	90	2.78
10	1.96	24	2.31	100	2.81
11	2.00	25	2.33	150	2.93
12	2.04	26	2.34	185	3.00
13	2.07	27	2.35	200	3.02
14	2.10	28	2.37	250	3.11
15	2.13	29	2.38	500	3.29
16	2.16	30	2.39	1000	3.48
17	2.18	35	2.45	2000	3.66
18	2.20	40	2.50	5000	3.89

（三）格拉布斯准则

设 $x_1,x_2,\cdots,x_k,\cdots,x_n$ 是从总体中抽取的样本。

判断方法如下：

(1)计算样本平均值 $\overline{x}$，如总体标准偏差 σ 未知时，同时求出样本标准偏差 S；

(2)对每个样本 x_i 值，计算 $|x_i-\overline{x}|$，如果 $|x_i-\overline{x}|>g_0(a,n)\sigma$（$\sigma$ 未知时以 S 估计 σ），则将 x_i 剔除，否则保留。

上式中 $g_0(a,n)$ 是一个与样本容量 n 及给定的检验水平 a（即把不是可疑的数据错判为可疑数据而被剔除的概率)有关的系数。a 通常取 0.05 和 0.01，$g_0(a,n)$ 的值列于表 2-6 中。

格拉布斯准则 $g_0(a,n)$ 表 2-6

n	a		n	a		n	a	
	0.01	0.05		0.01	0.05		0.01	0.05
3	1.15	1.15	12	2.55	2.28	21	2.91	2.58
4	1.49	1.46	13	2.61	2.33	22	2.94	2.60
5	1.75	1.67	14	2.66	2.37	23	2.96	2.62
6	1.94	1.82	15	2.70	2.41	24	2.99	2.64
7	2.10	1.94	16	2.75	2.44	25	3.01	2.66
8	2.22	2.03	17	2.78	2.48	30	3.10	2.74
9	2.32	2.11	18	2.82	2.50	35	3.18	2.81
10	2.41	2.18	19	2.85	2.53	40	3.24	2.87
11	2.48	2.23	20	2.88	2.56	50	3.34	2.96

格拉布斯准则比较适用于样本容量 $n \leqslant 25$ 的情况。

(四)狄克松准则

前面三种在总体标准差 σ 未知时，均需求出样本标准差 S，实际应用中比较麻烦，本准则用极差比的方法，可得到简捷而严密的结果。

判断方法如下：

设 $x_1,x_2,\cdots,x_k,\cdots,x_n$ 是从总体中抽取的样本。

(1)将 n 个样本观测值按从小到大的次序排列如下：

$$x(1) \leqslant x(2) \leqslant \cdots \leqslant x(n)$$

其中 $x(i)(i = 1,2,3,\cdots,n)$ 表示按值大小将样本观测值重新排列后，处于第 i 位置的样本值；

(2)对于不同的样本容量 n，从表 2-7 中查出相应的统计量 γ_{ij}，并且判断样本值的最大值 $x(n)$ 是否为可疑数据，例如 $n = 12$ 时，采用统计量：

$$\gamma_{21} = [x(n) - x(n-2)]/[x(n) - x(2)]$$

狄克松准则统计量 γ_{ij} 表 表 2-7

N范围	检验 $x(1)$	检验 $x(n)$
$3 \leqslant n \leqslant 7$	$\gamma_{10} = \dfrac{x(2) - x(1)}{x(n) - x(1)}$	$\dfrac{x(n) - x(n-1)}{x(n) - x(1)}$
$8 \leqslant n \leqslant 10$	$\gamma_{10} = \dfrac{x(2) - x(1)}{x(n-1) - x(1)}$	$\gamma_{10} = \dfrac{x(n) - x(n-2)}{x(n) - x(2)}$
$11 \leqslant n \leqslant 13$	$\gamma_{10} = \dfrac{x(3) - x(1)}{x(n-1) - x(1)}$	$\gamma_{10} = \dfrac{x(n) - x(n-2)}{x(n) - x(2)}$
$14 \leqslant n \leqslant 25$	$\gamma_{10} = \dfrac{x(3) - x(1)}{x(n-2) - x(1)}$	$\gamma_{10} = \dfrac{x(n) - x(n-2)}{x(n) - x(3)}$

(3)由给定的检验水平 a 从表 2-8 之中查出临界值 γ_{ija}，如 $n = 12$，$a = 0.05$ 时，由该表查出临界值 $\gamma_{ija} = 0.546$。

狄克松准则统计量 γ_{ija} 表　　表 2-8

统计量	n	0.05	0.01	统计量	n	0.05	0.01
γ_{10}	3	0.94	0.988	γ_{22}	14	0.546	0.641
	4	0.765	0.889		15	0.525	0.616
	5	0.642	0.780		16	0.507	0.577
	6	0.560	0.698		17	0.490	0.561
	7	0.507	0.637		18	0.475	0.547
γ_{11}	8	0.554	0.683		19	0.462	0.535
	9	0.512	0.635		20	0.450	0.524
	10	0.477	0.597		21	0.440	0.514
γ_{21}	11	0.576	0.679		22	0.430	0.505
	12	0.546	0.642		23	0.421	0.497
	13	0.521	0.615		24	0.413	0.487
					25	0.406	0.489

(4)由样本观测值计算 γ_{ij}，如果 $\gamma_{ij} > \gamma_{ija}$，则判断 $x(n)$ 或 $x(1)$ 是可疑数据时，应剔除，否则保留。如 $n = 12, a = 0.05$ 时，由样本观测值计算 γ_{21}，当 $\gamma_{21} > \gamma_{21,0.05} = 0.546$ 时，将 $x(n)$ 剔除，否则保留。

应用上述四种判断准则时应注意以下几点：

①剔除可疑数据时，首先应对样本观测值中的最小值和最大值进行判断，因为这两个值极有可能是可疑数据；

②可疑数据每次只能剔除一个，然后按剩下的样本观测值重新计算，再做第二次判断，如此逐个地剔除，直到所有剩下的值不再是可疑数据为止；不允许一次同时剔除多个样本观测值；

③采用不同准则对可疑数据进行判断时，可能会出现不同的结论，此时要对所选用准则的适用范围，给定的检验水平的合理性，以及产生可疑数据的原因等作进一步的分析。

【例 2-9】 对一盘混凝土，取 15 个试件进行抗压强度试验，测试结果如下(单位：MPa)：31.2，33.1，30.5，31.0，32.3，31.2，29.4，24.0，30.4，33.0，32.2，31.0，28.6，29.2，30.3，试判断这些数据中是否混有可疑数据。

解：分别用不同准则进行判断，以此进行比较。

①3 σ 准则：

$$n = 15, x_{max} = 33.1, x_{min} = 24.0$$

首先，怀疑最小值 24.0，对数据进行统计计算，得 $\bar{x} = 30.49, S = 2.23, 3S = 6.69$

$$|24.0 - 30.49| = 6.49 < 6.69 = 3S$$

说明此值在 $3S$ 内，不应剔除。

其次，怀疑最大值 33.1。同上计算，得知 33.1 应保留，全部数据均无需剔除。

②肖维纳特准则：

由 $n = 15$，查表 2-5 得 $K_x = 2.13$，并计算出：$\bar{x} = 30.49, S = 2.23$

$$K_xS = 2.13 \times 2.23 = 4.75$$

首先，怀疑最小值 24.0，由于 $|24.0 - 30.49| = 6.49 > 4.75 = K_xS$

故认为特异数据 24.0 应剔除。

对剩下的 14 个样本观测值重新计算得 $\overline{x'}=30.96$，$S'=1.37$，由 $n=14$，在表 2-5 中查出 $K_x=2.10$，并算出 $K_xS'=2.10\times1.37=2.88$。再对其中的最大值 33.1 和最小值 28.6 怀疑。因为 $|33.1-30.96|=2.14<2.88$ 及 $|28.6-30.96|=2.36<2.88$，所以认为 33.1 和 28.6 均应保留。

至此，全部数据中已不再含有可疑数据。

采用格拉布斯准则和狄克松准则也可得出应剔除特异数据 24.0，而保留其他数据的结论。

由此例计算结果表明，3 σ 准则相对于其他准则在特异数据取舍方面偏于保守。

第五节　抽样检验基础

检验可以分为全数检验和抽样检验两种方法。全数检验是对待检的全体对象的每个个体都进行检验，然后对其质量状况进行评定。抽样检验是从待检的全体对象中抽取一部分个体进行检验，然后对整体的质量状况进行推断评定。

全数检验的可靠性较好，但是耗费人力物力，工作量大，通常不采用这种方法。抽样检验方法以数理统计学为理论基础，具有科学性及可实施性，大多数情况下，我们都采用抽样检验。

在公路工程中，采用的质量检测手段通常都具有一定的破坏性，因而更不可能使用全数检验法，只有抽样检验才是最佳选择。抽样检验的过程就是从待检工程中抽取部分有代表性样本，通过对样本的检验及其数据的分析，可以推断出整个工程的质量状况，从而做出合理的评定。

质量检验的目的在于正确判断工程的质量状况，以监督施工单位提高工程质量。其有效性取决于检验方法的可靠性，而检验的可靠性则与质量检测手段的可靠性、抽样检验方法和抽样检验方案的科学性紧密相关。本节将讨论抽样检验方法在工程应用中的相关知识。

(一)抽样检验的类型

抽样是从总体中抽取样本的过程，并通过样本来了解总体。总的来说，抽样检验分为非随机抽样与随机抽样两类。

1. 非随机抽样

进行人为的有意识的挑选取样即为非随机抽样。在非随机抽样中，人的主观因素占主导作用，由此所得到的质量数据，往往会对总体做出错误的判断。因此采用非随机抽样方法所得到的检验结论，可信度较低。

2. 随机抽样

随机抽样排除了人的主观因素，使得待检总体中的每一个个体具有同等机会被抽取。只有随机抽取的样本才能客观反映总体的质量状况。这类方法所得到的数据代表性强，质量检验的可靠性得到基本保证。因此，随机抽样是以数理统计为科学基础，根据样本取得的质量数据来推测判断总体的一种抽样检验方法，因而被广泛使用。

(二)随机抽样的方法

从检查的一批产品中抽取样本的方法称为抽样方法。抽样方法的正确性包括抽样的代表性和随机性，代表性反映样本与批质量的接近程度，而随机性反映检查批中单位产品被抽入样本纯属偶然，即由随机因素所决定。

在对总体质量状况一无所知的情况下，显然不能以主观的限制条件去提高抽样的代表性，抽样应当是完全随机的，这时采用简单随机抽样最为合理。在对总体质量构成有所了解的情况下，可以采用分层随机抽样或系统抽样来提高抽样的代表性。在采用简单随机抽样有困难的情况下，可以采用有代表性和随机性较差的分段随机抽样或整群随机抽样。这些抽样方法除了简单随机抽样外，都是带有主观限制条件的随机抽样法。通常，只要不是有意识地抽取质量好或坏的产品，尽量从全体的各部分抽样，都可以近似认为是随机抽样。

这里，先举例说明随机抽样的方法。假如有一批产品，共100箱，每箱20件，从中选取200个样品。一般有以下几种抽样方法：

(1)从整批中，任意抽取200件；

(2)从整批中，先分成10组，每组为10箱，然后分别从各组中任意抽取20件；

(3)从整批中，分别从每箱任意抽取2件；

(4)从整批中，任意抽取10箱，对这10箱进行全数检验。

以上四种方法，分别称为简单随机抽样、系统随机抽样、分层随机抽样、整群随机抽样。随机抽样的方法虽然有多种，但适合公路工程质量检验的随机抽样方式一般采用的是以下三种：

1. 简单随机抽样

在总体中，直接抽取样本的方法即为简单随机抽样。这是一种完全随机化的抽样方法。

要实现简单随机抽样，应对总体中各个个体进行编码。随机抽样并不意味着随便地、任意地取样，而是应采取一定的方式获取随机数，以确保抽样的随机性。而随机数可以利用随机数表来获得，也可利用掷骰子和抽签的方法获得。

2. 系统随机抽样

有系统地将总体分为若干部分，然后从每一个部分抽取一个或若干个个体，组成样本。这一方法称之为系统抽样。在工程质量控制中，系统抽样的实现主要有三种方式。

(1)将比较大的工程分为若干部分，再根据样本容量的大小，在每部分按比例进行简单随机抽样，将各部分抽取的样品组合成一个样本。

(2)间隔定时法。每隔一定时间，从工作面中抽取一个或若干个样品，该法适合于工序质量控制。

(3)间隔定量法。每隔一定数量产品，抽取一个或若干个样品，该法主要适合于工序质量控制。

3. 分层随机抽样

一项工程或工序往往是由若干不同的班组施工的。分层抽样法，就是根据此类情况，将工序或工程分为若干层。如：同一个班组施工的工程或工序作为一层，若某项工程或工序是由3个不同的班组施工的，则可分为三层，然后按一定比例确定每层应抽取的样品数，对每层则按简单随机抽样法抽取样品。分层时，应尽量使层内均匀，而层间不均匀。分层抽样法，便于了解每层的质量状况，分析每层产生质量问题的原因。

(三)路基路面现场随机取样方法

为了公正、合理地反映工程质量状况，取样的位置不应带有任何倾向性，应根据随机数表来确定现场取样的具体位置，详见《公路路基路面现场测试规程》(JTJ 059—95)。

本章小结

误差根据表示方法不同有绝对误差和相对误差之分；根据其性质可分为系统误差、随即误差、过失误差。

有效数字及数据修约规则的有关知识对处理测量数据有重要的意义。

数理统计特征量有：算术平均值、中位数、极差和标准偏差以及变异系数，在公路工程试验数据处理中起到非常重要的作用。

在检测试验中对可疑数据的处理采用拉依达判据（3σ 准则）、肖维纳特准则、格拉布斯准则。其中 3σ 法偏于保守，但该法简便、迅速，无需查阅数学表格。

测量数据的表达方法通常有表格法、图形法和经验公式法三种。

道路工程的试验工作中，需要经常整理有关试验资料，选择恰当的经验公式，确定变量之间的相互关系等，这就需要用到回归分析的方法。回归分析的任务就是根据一组试验数据，定出两者之间近似的定量关系。

复习思考题

1. 什么是误差、绝对误差与相对误差？

2. 误差按其性质，可分为哪几类？各有什么特征？

3. 什么是有效数字？

4. 何谓总体、样本？

5. 何谓抽样检验？随机抽样检验有哪几种？

6. 按要求修约有效数字：

27.4537（保留两位小数）；355.555（保留整数）；17.7528（保留一位小数）；29.9998（保留两位小数）；10.050001（保留一位小数）；27.3875（保留三位小数）；22.25（保留一位小数）。

7. 弯沉检测时，某测点的百分表初读数为 66.5（0.01mm），终读数为 32.0（0.01mm），请问读数的有效数字有几个？该测点弯沉值又有几个有效数字？

8. 某路段路基施工质量检查中，用标准轴载测得 10 点的弯沉值（单位：0.01mm）分别为 101、100、102、110、95、98、93、96、103、104，试计算该路段路基弯沉值的算术平均值、中位数、极差、标准偏差和变异系数；并计算该路段的代表性弯沉值（保证率系数 $Z_a = 2.0$）。

9. 某新建高速公路路基施工中，对其中某一路段压实质量进行检查，压实度检测结果分 96.6%、95.4%、93.2%、97.6%、96.4%、95.8%、95.9%、96.8%、95.4%、95.9%，请按保证率 95% 计算该路段的代表性压实度，并判断该路段的压实质量是否符合要求（压实度标准为 $K_0 = 95\%$）。

10. 某一级公路水泥稳定砂砾基层压实厚度检测值为 21cm、22cm、20cm、19cm、18cm、20cm、21cm、21cm、22cm、19cm，试计算其厚度代表值（保证率为 99%）。

11. 某路段二灰碎石基层无侧限抗压强度试验结果（单位：MPa）为：0.792、0.306、0.968、0.804、0.447、0.894、0.702、0.424、0.498、1.075、0.815，请分别用拉依达法、肖维纳特法和格拉布斯法对上述数据进行取舍判别。

第三章　路基检测技术

【本章学习要点】　路基是公路的主要结构物，在公路建设中，路基工程施工改变了沿线原有的自然状况，填挖借弃土石方的数量比较大，路基的强度和稳定性与土石的类别、物理力学性质及路基压实后的土体工程性质密切相关，评定路基压实质量的指标有压实度、回弹模量、现场 CBR 值等。本章主要介绍路基土含水量的测定、最大干密度、压实度、路基的回弹模量和 CBR 值的检测试验方法。

第一节　土的含水量试验方法

一、概述

土的工程性质之所以复杂，其主要原因是含水量在土的三相物质中形成一不确定的因素，含水量的变化将使土的一系列物理力学性质随之而异。土中含水量的不同，可使土成为坚硬的、可塑的或流动的土；反映在土的力学性质方面，能使土的结构强度、孔隙压力、有效应力及稳定性发生变化。因此，无论是在研究土的物理力学性质方面，还是在施工控制和工程质量检测工作中，测定土的含水量都是一项不可缺少的内容。

二、含水量的基本概念

土中的水可分为强结合水、弱结合水及自由水，一般认为，在 105 ~ 110℃温度下能将土中自由水蒸发掉。工程上将含水量定义为土中自由水的质量与土粒质量之比的百分数，其定义式为：

$$w = \frac{m_w}{m_s} \times 100 \tag{3-1}$$

式中：w——含水量，%；

m_w——土中水的质量，g；

m_s——干土质量，g。

三、土的含水量测定方法

(一)烘干法

烘干法是测定含水量的标准方法，适用于粘质土、粉质土、砂类土和有机质土类。

1. 仪器设备

(1)烘箱：可采用电热烘箱或温度能保持 105 ~ 110℃的其他能源烘箱，也可用红外线烘箱。

(2)天平：感量 0.01g。

(3)其他：干燥器、称量盒等。

2. 试验步骤

(1)取具有代表性试样，细粒土 15 ~ 30g，砂类土、有机土为 50g，放入称量盒内，立即盖好盒盖,称质量。称量时,可在天平一端放上与该称量盒等质量的砝码,移动天平游码,平衡后称量结果即为湿土质量。

(2)揭开盒盖,将试样和盒放入烘箱内,在温度 105~110℃恒温下烘干。烘干时间对细粒土不得少于 8h,对砂类土不得少于 6h。对含有机质超过 5%的土,应将温度控制在 65~70℃的恒温下烘干。

(3)将烘干后的试样和盒取出,放入干燥器内冷却(一般只需 0.5~1h 即可)。冷却后盖好盒盖,称质量,准确至 0.01g。

3. 结果整理

按下式计算含水量:

$$w = \frac{m - m_s}{m_s} \times 100 \tag{3-2}$$

式中:w——含水量,%;

m——湿土质量,g;

m_s——干土质量,g。

4. 精密度和允许差

本试验须进行二次平行测定,取其算术平均值,允许平行差值应符合表 3-1 中规定。对于粗粒土,称量盒可采用铝制饭盒、瓷盆等,相应的土样也应多些。

含水量测定的允许平行差值 表 3-1

含水量(%)	允许平行差值(%)	含水量(%)	允许平行差值(%)
5 以下	0.3	40 以上	≤2
40 以下	≤1		

5. 报告

(1)土的鉴别分类和代号。

(2)土的含水量。

(二)酒精燃烧法

1. 原理及适用范围

酒精燃烧法适用于快速简易测定细粒土(含有机质的除外)的含水量,在施工现场检测含水量多用此法。

2. 仪器设备

(1)称量盒(定期调整为恒质量)。

(2)天平:感量 0.01g。

(3)酒精:纯度 95%以上。

(4)滴管、火柴、调土刀等。

3. 试验步骤

(1)取代表性试样(粘质土 5~10g,砂类土 20~30g),放入称量盒内,称湿土质量。

(2)用滴管将酒精注入放有试样的称量盒中,直至盒中出现自由液面为止。为使酒精在试样中充分混合均匀,可将盒底在桌面上轻轻敲击。

(3)点燃盒中酒精,燃至火焰熄灭。

(4)将试样冷却数分钟,按本试验步骤 3 至步骤 4 方法再重新燃烧两次;

(5)待第三次火焰熄灭后,盖好盒盖,立即称干土质量,准确至 0.01g。其余同烘干法。

4．注意事项

(1)上一次的酒精燃烧熄灭后，必须确认完全熄灭时，才能加下一次酒精，以免发生危险。

(2)本法适用于无粘性土和一般粘性土，不适用于含有机土、含盐量较多的土和重粘土。

(三)含水量的其他测试方法

1．炒干法

用锅将试样炒干，适用于砂土及含砾较多的土。

2．微波加热法

微波加热器可用家用微波炉，一批土样一般几分钟就可烘干。经试验对比多数土的测试结果与标准烘干法相对误差小于1.5%。但对一些含金属矿物质的土不适用，因为一些金属物质本身在微波作用下发热，其温度会超过100℃，从而损坏微波炉。

3．碳化钙气压法

碳化钙为吸水剂。将一定量的湿土样和碳化钙置于体积一定的密封容器中，吸水剂与土中的水发生化学反应，产生乙炔气体，乙炔气体在密封容器中产生的压强与土中水分子质量成正比。压力使指针转动，通过与烘箱标定，由压力表盘转换为含水量百分数表盘，直接读出含水量。

美国1967年就将此法列入公路规程，我国现行《公路土工试验规程》(JTJ 051—93)也列入了此法。此法的缺点是要用一种性能稳定但不易购置的电石粉。

4．核子密度仪法

核子密度仪是目前公路路基施工中常用的检测路基土密度和含水量的仪器，具体方法见本章第三节。值得注意的是，用该方法进行含水量测定时，需要用烘干法或酒精燃烧法进行标定，即建立如下回归方程：

$$y_{标} = ax_{核} + b \tag{3-3}$$

式中：$y_{标}$——推算的烘干或酒精燃烧法的含水量；

$x_{核}$——用核子密度仪测定的含水量；

a,b——回归系数，按以下公式计算：

$$b = \frac{\sum_{i=1}^{n} x_i \cdot \sum_{i=1}^{n} y_i - n\bar{x}\cdot\bar{y}}{(\sum_{i=1}^{n} x_i)^2 - n\bar{x}^2} \tag{3-4}$$

$$a = \bar{y} - b\bar{x} \tag{3-5}$$

$$\bar{x} = \frac{\sum_{i=1}^{n} x_i}{n} \tag{3-6}$$

$$\bar{y} = \frac{\sum_{i=1}^{n} y_i}{n} \tag{3-7}$$

式中：x_i——用核子密度仪测定的含水量；

y_i——用烘干或酒精燃烧法测定的含水量。

(四)特殊土的含水量测试方法

1．含石膏土和有机质土的含水量测试方法

含石膏土和有机质土的烘干温度在110℃时，对含石膏土会失去结晶水，对含有机质土其有机成分会燃烧，测试结果将与含水量定义不符。这种试样的干燥宜用真空干燥箱在近乎1个大气压作用下将土干燥，或将烘箱温度控制在60～70℃，干燥8h以上为好。

2．无机结合料稳定土的含水量测试法

无机结合料在与水拌和后要发生水化作用，在较高温度下水化作用发生较快。因此，如将水泥稳定混合料放在原为室温的烘箱内，再启动烘箱升温，则在升温过程中水泥与水的水化作用发生放热反应，使得出的含水量往往偏小，所以应提前将烘箱升温到111℃，使放入的水泥混合料一开始就能在105～110℃的环境下烘干。另外，烘干后冷却时应用硅胶作干燥剂，详见第五章第三节。

第二节　路基土的击实试验

一、概述

土作为筑路材料时，需要在模拟现场施工条件下，获得路基土压实的最大干密度和相应的最佳含水量，用以评价土的压实程度和指导施工。击实试验就是为了这种目的利用标准化的击实仪具，测定土的密度和相应的含水量的关系，所以击实试验是控制路基压实质量不可缺少的重要试验项目。

用击实试验模拟现场土的压实，这是一种半经验方法。由于土的现场填筑碾压和室内击实试验具有不同的工作条件，两者之间的关系是根据工程实践经验求得的，但要求室内试验的击实功应相当于现场施工的压实功，因此很多国家以及一个国家的不同部门就可能有其自用的击实试验方法和仪器。

二、试验方法

1．适用范围

本试验分轻型击实和重型击实。小试筒适用于粒径不大于25mm的土，大试筒适用于粒径不大于38mm的土。

2．仪器设备

(1)标准击实仪(图3-1、图3-2)。轻、重型试验方法和设备的主要参数应符合表3-2中规定。

击实试验方法种类　　表3-2

试验方法	类别	锤底直径(cm)	锤质量(kg)	落高(cm)	试筒尺寸			层数	每层击数	击实功(kJ/m³)	最大粒径(mm)
					内径(cm)	高(cm)	容积(cm³)				
轻型 I法	I.1	5	2.5	30	10	12.7	997	3	27	598.2	25
	I.2	5	2.5	30	15.2	12	2177	3	59	598.2	38
重型 II法	II.1	5	4.5	45	10	12.7	997	5	27	2687.0	25
	II.2	5	4.5	45	15.2	12	2177	3	98	2677.2	38

(2)烘箱及干燥器。

(3)天平：感量0.01g。

(4)台秤：称量10kg，感量5g。

(5)圆孔筛：孔径38mm、25mm、19mm和5mm各1个。

(6)拌和工具：400mm×600mm、深70mm的金属盘、土铲。

(7)其他:喷水设备、碾土器、盛土盘、量筒、推土器、铝盒、修土刀、平直尺等。

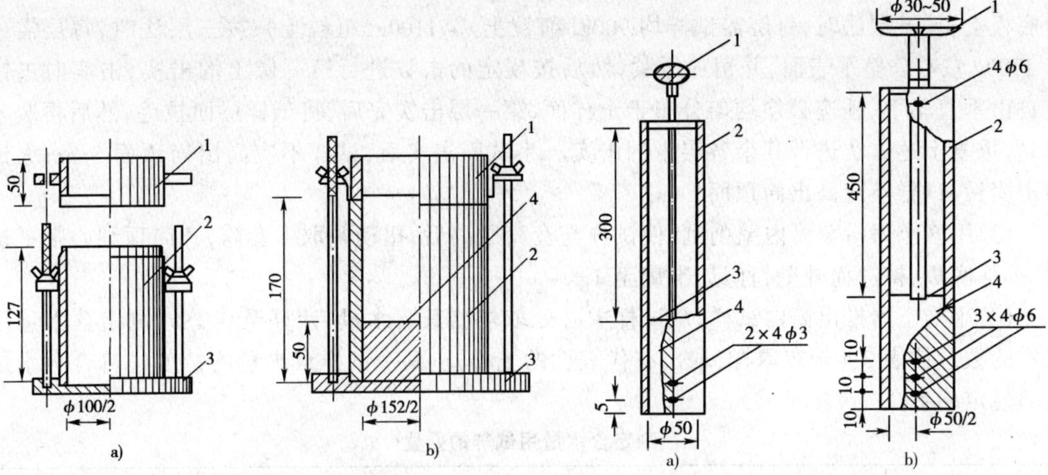

图 3-1 击实筒(尺寸单位:mm)

a)小击实筒;b)大击实筒

1-套筒;2-击实筒;3-底板;4-垫块

图 3-2 击锤和导杆(尺寸单位:mm)

a)2.5kg 击锤(落高 30cm);b)4.5kg 击锤(落高 45cm)

1-提手;2-导筒;3-硬橡皮垫;4-击锤

3. 试样

本试验可分别采用不同的方法准备试样,各方法可按表 3-3 准备试样。

试 料 用 量 表 3-3

使用方法	类别	试筒内径(cm)	最大粒径(mm)	试料用量(kg)
干土法 试样重复使用	a	10 10 15.2	5 25 38	3 4.5 6.5
干土法 试样不重复使用	b	10 15.2	至 25 至 38	3(至少 5 个试样) 6(至少 5 个试样)
湿土法 试样不重复使用	c	10 15.2	至 25 至 38	3(至少 5 个试样) 6(至少 5 个试样)

(1)干土法(土重复使用)将具有代表性的风干或在 50℃温度下烘干的土样放在橡皮板上,用圆木棍碾散,然后过不同孔径的筛(视粒径大小而定)。对于小试筒,按四分法取筛下的土约 3kg;对于大试筒,同样按四分法取样约 6.5kg。

估计土样风干或天然含水量,如风干含水量低于开始含水量太多时,可将土样铺于一不吸水的盘上,用喷水设备均匀地喷洒适当用量的水,并充分拌和,闷料一夜备用。

(2)干土法(土不重复使用)按四分法至少准备 5 个试样,分别加入不同水分(按 2% ~ 3% 含水量递增),拌匀后闷料一夜备用。

(3)湿土法(土不重复使用)对于高含水量土,可省略过筛步骤,用手拣除大于 38mm 的粗石子即可。保持天然含水量的第一个土样,可立即用于击实试验。其余几个试样,将土分成小土块,分别风干,使含水量按 2% ~ 3% 递减。

4. 试验步骤

(1)根据工程要求,按表 3-2 规定选择轻型或重型试验方法。根据土的性质(含易击碎风化石数量多少,含水量高低)按表 3-3 规定选用干土法(土重复或不重复使用)或湿土法。

(2)将击实筒放在坚硬的地面上,取制备好的土样分 3 ~ 5 次倒入筒内。小试筒按三层法时,每次约 800 ~ 900g(其量应使击实后的试样等于或略高于筒高的 1/3);按五层法时,每次约 400 ~ 500g(其量应使击实后的土样等于或略高于筒高的 1/5)。对于大试筒,先将垫块放入筒内底板上;按五层法时,每层需试样均 900g(细粒土) ~ 1100g(粗粒土);按三层法时,每层需试样 1700g 左右。整平表面,并稍加压紧,然后按规定的击数进行第一层土的击实,击实时击锤应自由垂直落下,锤迹必须均匀分布于土样面,第一层击实完后,将试样层面拉毛,然后再装入套筒,重复上述方法进行其余各层土的击实。小试筒击实后,试样不应高出筒顶面 5mm;大试筒击实后,试样不应高出筒顶面 6mm。

(3)用修土刀沿套筒内壁削刮,使试样与套筒脱离后,扭动并取下套筒,齐筒顶细心削平试样,拆除底板,擦净筒外壁,称量,准确至 1g。

(4)用推土器推出筒内试样,从试样中心处取样测其含水量,计算至 0.1%,测定含水量用试样的数量按表 3-4 规定取样(取出有代表性的土样)。两个试样含水量的精度应符合含水量试验规定。

测定含水量用试样的数量 表 3-4

最大粒径(mm)	试样质量(g)	个数	最大粒径(mm)	试样质量(g)	个数
< 5	15 ~ 20	2	约 19	约 250	1
约 5	约 50	1	约 38	约 500	1

(5)对于干土法(土重复使用),将试样搓散,然后按本试验的方法进行洒水、拌和,但不需闷料,每次约增加 2% ~ 3% 的含水量,其中有两个大于和两个小于最佳含水量,所需加水量按下式计算:

$$m_w = \frac{m_i}{1 + 0.01 w_1} \times 0.01(w - w_1) \tag{3-8}$$

式中:m_w——所需的加水量,g;

m_i——含水量 ω_1 时土样的质量,g;

w_1——土样原有含水量,%;

w——要求达到的含水量,%。

按上述步骤进行其他含水量试样的击实试验。

对于干土法(土不重复使用)和湿土法,按前所述准备各个试样,分别按上述步骤进行击实试验。

5. 结果整理

(1)计算各含水量下的干密度。按下式计算击实后各点的干密度:

$$\rho_d = \frac{\rho}{1 + 0.01 w} \tag{3-9}$$

式中:ρ_d——干密度,g/cm^3;

ρ——湿密度,g/cm^3;

w——含水量,%。

(2)求最大干密度和最佳含水量:

①图解法。以干密度为纵坐标,含水量为横坐标,绘制干密度与含水量的关系曲线(图 3-3),曲线上峰值点的纵、横坐标分别为最大干密度和最佳含水量。如曲线不能绘出明显的峰值点,应进行补点或重做。

②三点二次插值法(抛物线插值法)。大量试验结果表明,击实试验所要求的最大干密度(ρ_{dm})就在该组试验数据中的最大值的附近。同时,ρ_d-w 曲线的形状是一抛物线,所以,选取该

组数据中 ρ_d 较大的三点(w_1,ρ_{d1}),(w_2,ρ_{d2}),(w_3,ρ_{d3})作为插值节点,其中 $w_1 > w_2 > w_3$,按下述的三点二次插值法即可以求得最大干密度和最佳含水量。该方法的 n 次插值公式如下:

$$L(w)=\frac{(w-w_2)(w-w_3)}{(w_1-w_2)(w_1-w_3)}\rho_{d0}+\frac{(w-w_1)(w-w_3)}{(w_2-w_1)(w_2-w_3)}\rho_{d1}+\frac{(w-w_1)(w-w_2)}{(w_3-w_1)(w_3-w_2)}\rho_{d2} \tag{3-10}$$

对式(3-10)求导,得到下式并令该式等于零得:

$$L'(w)=\frac{2w-(w_2+w_3)}{(w_1-w_2)(w_1-w_3)}\rho_{d0}+\frac{2w-(w_1+w_3)}{(w_2-w_1)(w_2-w_3)}\rho_{d1}+\frac{2w-(w_1+w_2)}{(w_3-w_1)(w_3-w_2)}\rho_{d2}=0 \tag{3-11}$$

解此方程即可求出 w,该值即最佳含水量 $w_o = w$。

将 w 代入式(3-10),得到 $\rho_{dmax} = L(w)$。

注:此方法摘自《长安大学学报(自然科学版)》2002 年第 3 期,第 10~13 页,“标准击实试验最佳含水量和最大干密度的理论计算”。

(3)按下式计算空气体积等于零的等值线,并将该等值线绘在含水量与干密度的关系图上,以资比较(图 3-3)。

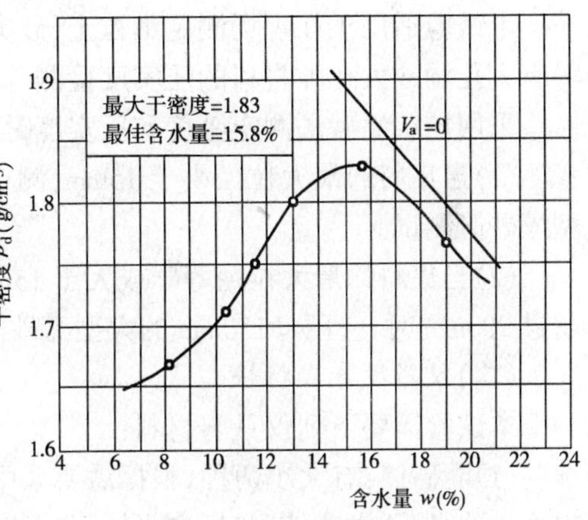

图 3-3 含水量与干密度的关系曲线

$$\rho_d=\frac{1-0.01V_a}{\dfrac{1}{G_s}+\dfrac{w}{100}} \tag{3-12}$$

式中:ρ_d——试样的干密度,g/cm³;

V_a——空气体积,%;

G_s——试样比重,对于粗粒土,则为土中粗细颗粒的混合比重;

w——试样的含水量,%。

(4)当试样中有大于 38mm 颗粒时,应先取出大于 38mm 颗粒,并求得其百分率 p,把小于 38mm 部分作击实试验,按下面公式分别对试验所得的最大干密度和最佳含水量进行校正(适用于大于 38mm 颗粒的含量小于 30%时)。

最大干密度按下式校正:

$$\rho'_{dm}=\frac{1}{\dfrac{(1-0.01p)}{\rho_{dm}}+\dfrac{0.01p}{G'_s}} \tag{3-13}$$

式中:ρ'_{dm}——校正后的最大干密度,g/cm³;

ρ_{dm}——用粒径小于 38mm 的土样试验所得的最大干密度,g/cm³;

p——试料中粒径大于 38mm 颗粒的百分数,%;

G'_s——粒径大于 38mm 颗粒的毛体积比重,计算至 0.01。

最佳含水量按下式校正:

$$w'_o = w_o(1-0.01p)+0.01p\cdot w_2 \tag{3-14}$$

式中:w'_o——校正后的最佳含水量,%;

w_o——用粒径小于 38mm 的土样试验所得的最佳含水量,%;

p——试料中粒径大于 38mm 颗粒的百分数,%;

w_2——粒径大于 38mm 颗粒的吸水量,%。

第三节　路基压实度检测方法

现场压实质量用压实度表示，对于路基土及路面基层，压实度是指工地实际达到的干密度与室内标准击实试验所得的最大干密度的比值，其现行的检测方法主要包括灌砂法、环刀法、水袋法和核子法，其他有路用雷达法、瑞利法等快速无破损的检测方法尚在研究阶段，尚未正式推广使用。这里只介绍灌砂法、环刀法和核子法。

一、挖坑灌砂法测定压实度试验

(一)目的和适用范围

本试验适用于在现场测定细粒土、砂类土和砾石土路基压实度检测，但不适用于填石路堤等有大孔洞或大孔隙材料的压实度检测。

采用挖坑灌砂法测定密度和压实度时，应符合下列规定：

(1)当集料的最大粒径小于 15mm，测定层的厚度不超过 150mm 时，宜采用 Φ100mm 的小型灌砂筒测试。

(2)当集料的最大粒径等于或大于 15mm，但不大于 40mm，测定层的厚度超过 150mm，但不超过 200mm 时，应用 Φ150mm 的大型灌砂筒测试。

(二)仪器设备和材料

本试验需要下列仪具与材料：

(1)灌砂筒：有大小两种，根据需要采用。型式和主要尺寸见图 3-4 及表 3-5。当尺寸与表中不一致，但不影响使用时，亦可使用。储砂筒筒底中心有一个圆孔，下部装一倒置的圆锥形漏斗，漏斗上端开口，直径与储砂筒的圆孔相同。漏斗焊接在一块铁板上，铁板中心有一圆孔与漏斗上开口相接。在储砂筒筒底与漏斗顶端铁板之间设有开关。开关为一薄铁板，一端与筒底及漏斗铁板铰接在一起，另一端伸出筒身外。开关铁板上也有一个相同直径的圆孔。

灌砂仪的主要尺寸　　表 3-5

结　构			小型灌砂筒	大型灌砂筒
储砂筒	直径	(mm)	100	150
	容积	(cm^3)	2120	4600
流砂孔	直径	(mm)	10	15
金属标定罐	内径	(mm)	100	150
	外径	(mm)	150	200
金属方盘基板	边长	(mm)	350	400
	深	(mm)	40	50
	中孔直径	(mm)	100	150

注：如集料的最大粒径超过 40mm，则应相应地增大灌砂筒和标定罐的尺寸，如集料的最大粒径超过 60mm，灌砂筒和现场试洞的直径应为 200mm。

(2)金属标定罐：用薄铁板制作的金属罐，上端周围有一罐缘。

(3)基板；用薄铁板制作的金属方盘，盘的中心有一圆孔，小型灌砂筒时为 100mm，大型灌砂筒时对应为 150mm。

(4)玻璃板；边长约 500～600mm 的方形板。

(5)试样盘:小筒挖出的试样可用饭盒存放,大筒挖出的试样可用300mm×500mm×40mm的搪瓷盘存放。

(6)天平或台秤:称量10~15kg,感量不大于1g。用于含水量测定的天平精度,对细粒土、中粒土、粗粒土宜分别为0.01g,0.1g,1.0g。

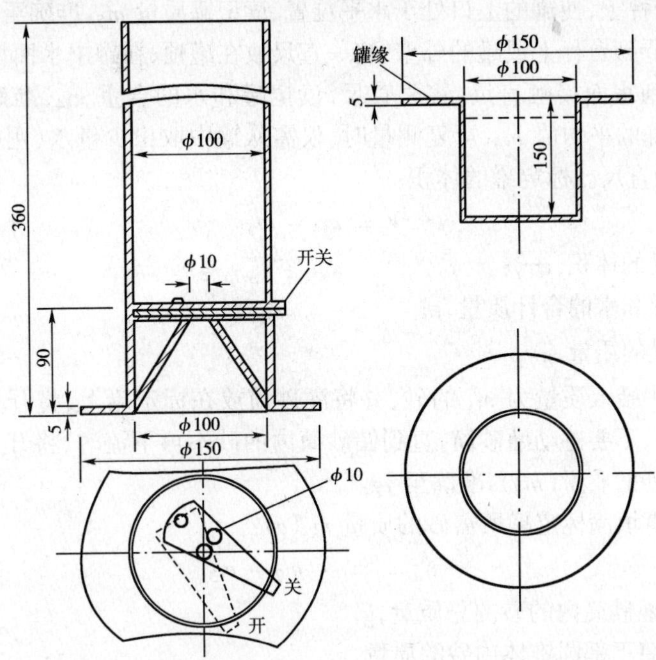

图3-4 灌砂筒和标定罐(尺寸单位:mm)

(7)含水量测定器具:如铝盒、烘箱等。

(8)量砂:粒径0.30~0.60mm或0.25~0.50mm清洁干燥的均匀砂,约20~40kg,使用前须洗净、烘干,并放置足够的时间,使其与空气的湿度达到平衡。

注:通常,量砂烘干后存放7d,就足以使砂的含水量与空气的湿度相平衡。不要将砂放在密闭的容器内,在使用前应该将砂彻底拌和。

(9)盛砂的容器:塑料桶等。

(10)其他:凿子、改锥、铁锤、长把勺、长把小簸箕、毛刷等。

(三)仪器的标定

1. 确定灌砂筒下部圆锥体内砂的质量

其步骤如下:

(1)在灌砂筒中装满砂。筒内的高度与筒顶的距离不超过15mm。称取筒内砂的质量m_1,准确至1g。以后每次标定及试验都应该维持装砂高度与质量不变。

(2)将开关打开,使灌砂筒筒底的流砂孔、圆锥形漏斗上端开口圆孔及开关铁板中心的圆孔上下对准,让砂自由流出,并使流出砂的体积与工地所挖试坑内的体积相当(或等于标定罐的容积),然后关上开关。

(3)不晃动储砂筒的砂,轻轻地将灌砂筒移至玻璃板上,将开关打开,让砂流出,直到筒内砂不再下流时,将开关关上,并细心地取走灌砂筒。

(4)收集并称量留在玻璃板上的砂或称量筒内的砂,准确至1g。玻璃板上的砂就是填满筒下部圆锥体的砂(m_2)。

(5)重复上述测量三次，取其平均值。

2. 确定量砂的单位质量 $\rho_s(g/cm^3)$

其步骤如下：

(1)用水确定标定罐的容积 V，准确至 $1cm^3$。

将空罐放在台秤上，使罐的上口处于水平位置，读记罐质量 m_5，准确至1g。向标定罐中灌水，注意不要将水弄到台秤上或罐的外壁，将一直尺放在罐顶，在罐中水面快接近直尺时，用滴管向罐中加水，直到水面接触直尺，移去直尺，读记罐和水的合重 m_4，准确至1g。重复测量5～6次，以获得精确的平均值 m_4，重复测量时，仅需从罐中取出少量水(用吸管)，并用滴管重新将水加满到接触直尺。标定罐的体积：

$$V = m_4 - m_5 \tag{3-15}$$

式中：V——标定罐的体积，cm^3；

m_4——标定罐和水的合计质量，g；

m_5——标定罐的质量，g。

(2)在储砂筒中装入质量为 m_1 的砂，并将灌砂筒放在标定罐上，将开关打开，让砂流出。在整个流砂过程中，不要碰动灌砂筒，直到储砂筒内的砂不再下流时，将开关关闭。取下罐砂筒，称取筒内剩余砂的质量(m_3)，准确至1g。

(3)按下式计算填满标定罐所需砂的质量 m_a(g)：

$$m_a = m_1 - m_2 - m_3 \tag{3-16}$$

式中：m_1——装入灌砂筒内的砂的总质量，g；

m_2——灌砂筒下部圆锥体内砂的质量，g；

m_3——灌砂入标定罐后，筒内剩余砂的质量，g。

(4)重复上述测量三次，取其平均值。

(5)计算量砂的单位质量 $\rho_s(g/cm^3)$：

$$\rho_s = \frac{m_a}{V} \tag{3-17}$$

式中：ρ_s——量砂的单位质量，g/cm^3；

V——标定罐的体积，cm^3。

3. 注意问题

由上述标定的原理可知，在以下情况下，必须进行仪器的标定：

(1)量砂密度已知的情况下，首次使用某灌砂筒时，必须进行锥体内砂的质量的标定；

(2)在灌砂筒不变的情况下，量砂发生变化时，必须进行锥体内砂的质量和量砂密度的标定。

因此，量砂和灌砂筒无论哪个发生变化都应该进行标定。为了保证试验精度，应加强对仪器标定工作的管理。

(四)试验步骤

(1)在试验地点，选一块平坦表面，并将其清扫干净，其面积不得小于基板面积。

(2)将基板放在平坦表面上。当表面的粗糙度较大时，则将盛有量砂(m_5)的灌砂筒放在基板中间的圆孔上，将灌砂筒的开关打开，让砂流入基板的中孔内，直到储砂筒内的砂不再下流时关闭开关。取下灌砂筒，并称量筒内砂的质量(m_6)，准确至1g。

注：需要检查厚度时应先测量厚度后再进行这一步骤。

(3)取走基板，并将留在试验地点的量砂收回，重新将表面清扫干净。

(4)将基板放回清扫干净的表面上(尽量放在原处),沿基板中孔凿洞(洞的直径与灌砂筒一致)。在凿洞过程中,应注意不使凿出的材料丢失,并随时将凿松的材料取出装入塑料袋中,不使水分蒸发。也可放在大试样盒内,试洞的深度应等于测定层厚度,但不得有下层材料混入,最后将洞内的全部凿松材料取出。对土基或基层,为防止试样盘内材料的水分蒸发,可分几次称取材料的质量。全部取出材料的总质量为 m_w,准确至1g。

(5)从挖出的全部材料中取有代表性的样品,放在铝盒或洁净的搪瓷盘中,测定含水量(w ,以%计)。样品的数量如下:用小灌砂筒测定时,对于细粒土,不少于100g,对于各种中粒土,不少于500g。用大灌砂筒测定时,对于细粒土,不少于200g;对于各种中粒土,不少于1000g。对于粗粒土、石灰、粉煤灰等无机结合料稳定材料,宜将取出的全部材料烘干,且不少于2000g,称其质量(m_d),准确至1g。

(6)将基板安放在试坑上,将灌砂筒安放在基板中间(储砂筒内放满砂到要求质量 m_1),使灌砂筒的下口对准基板的中孔及试洞,打开灌砂筒的开关,让砂流入试坑内。在此期间,应注意勿碰动灌砂筒。直到储砂筒内的砂不再下流时,关闭开关。仔细取走灌砂筒,并称量筒内剩余砂的质量(m_2),准确至1g。

(7)如清扫干净的平坦表面的粗糙度不大,也可省去步骤(2)和步骤(3)的操作。在试洞挖好后,将灌砂筒直接对准放在试坑上,中间不需要放基板。打开筒的开关,让砂流入试坑内。在此期间,应注意勿碰动灌砂筒。直到储砂筒内的砂不再下流时,关闭开关。仔细取走灌砂筒,并称量剩余砂的质量(m_4),准确至1g。

(8)仔细取出试筒内的量砂,以备下次试验时再用。若量砂的湿度已发生变化或量砂中混有杂质,则应该重新烘干、过筛,并放置一段时间,使其与空气的湿度达到平衡后再用。

(五)计算

1. 计算填满试坑所用的砂的质量 m_b(g)

(1)灌砂时,试坑上放有基板时:

$$m_b = m_1 - m_4 - (m_5 - m_6) \tag{3-18}$$

(2)灌砂时,试坑上不放有基板时:

$$m_b = m_1 - m'_4 - m_2 \tag{3-19}$$

上两式中:m_b——填满试坑的砂的质量,g;

m_1——灌砂前灌砂筒内砂的质量,g;

m_2——灌砂筒下部圆锥体内砂的质量,g;

m_4, m'_4——灌砂后,灌砂筒内剩余砂的质量,g;

$(m_5 - m_6)$——灌砂筒下部圆锥体内及基板和粗糙表面间砂的合计质量,g。

2. 计算试坑材料的湿密度 ρ_w(g/cm^3)

$$\rho_w = \frac{m_w}{m_b} \times \gamma_s \tag{3-20}$$

式中:m_w——试坑中取出的全部材料的质量,g;

γ_s——量砂的单位质量,g/cm^3。

3. 计算试坑材料的干密度 ρ_d(g/cm^3)

$$\rho_d = \frac{\rho_w}{1 + 0.01w} \tag{3-21}$$

式中:w——试坑材料的含水量(%)。

当为水泥、石灰、粉煤灰等无机结合料稳定土场合时，可按下式计算干密度 $\rho_d(g/cm^3)$：

$$\rho_d = \frac{m_d}{m_b} \times \gamma_s \tag{3-22}$$

式中：m_d——试坑中取出的稳定土的烘干质量，g。

4．计算施工压实度 K

$$K = \frac{\rho_d}{\rho_c} \times 100 \tag{3-23}$$

式中：K——测试地点的施工压实度，%；

ρ_d——试样的干密度，g/cm^3；

ρ_c——由击实试验得到的试样的最大干密度，g/cm^3。

注：试坑材料组成与击实试验的材料有较大差异时，可以试坑材料作标准击实求取实际的最大干密度。

5．填写压实度检测报告

将检测和计算数据填入表3-6，各种材料的干密度均应准确至 $0.01g/cm^3$。

路基工程压实度试验记录表

表3-6

承包单位：××高等级公路建设总公司　　检测路段：K111+110～K111+500

监理单位：××交通监理有限公司　　工程部位：第3层　　日期：2002年7月14日

桩号				K111+330		K111+380	
测点位置				左14m		右11m	
试坑深度(cm)				15		16	
湿密度	灌砂筒+原有砂重(g)	(1)		7300		7300	
	圆锥体内砂重(g)	(2)		750		750	
	粗糙面耗砂重(g)	(3)		0		0	
	灌砂筒+剩余量砂重(g)	(4)		4040		3685	
	试坑内耗砂重(g)	(5)	(5)=(1)-(2)-(3)-(4)	2510		2865	
	量砂密度(g/cm^3)	(6)		1.41		1.41	
	试坑容积(cm^3)	(7)	(7)=(5)÷(6)	1780		2032	
	湿试样质量(g)	(8)		3827		4389	
	试样湿密度(g/cm^3)	(9)	(9)=(8)÷(7)	2.15		2.16	
含水量	盒号	(10)		279	201	186	255
	盒重(g)	(11)		39.94	40.99	40.78	39.18
	盒+湿土重(g)	(12)		150	150	150	150
	盒+干土重(g)	(13)		137.20	136.80	136.90	136.75
	水质量(g)	(14)	(14)=(12)-(13)	12.80	13.20	13.10	13.25
	干土质量(g)	(15)	(15)=(13)-(11)	97.26	95.81	96.12	97.57
	试样含水量(%)	(16)	(16)=(14)÷(15)	13.16	13.78	13.63	13.58
	平均含水量(%)	(17)		13.5		13.6	
压实度	试样干密度(g/cm^3)	(18)		1.89		1.90	
	最大干密度(g/cm^3)	(19)		1.96		1.96	
	压实度(%)	(20)	(20)=(18)÷(19)	96.4		96.8	

试验：×××　　计算：×××　　复核：×××

二、核子仪测定压实度试验方法

(一)目的和适用范围

(1)本方法适用于现场用核子密度湿度仪以散射法或直接透射法测定路基或路面材料的密度和含水量,并计算施工压实度。

(2)本方法适用于施工质量的现场快速评定,不宜用作仲裁试验或评定验收的依据。

(二)仪具与材料

本试验需要下列仪具与材料;

(1)核子密度湿度仪:符合国家规定的关于健康保护和安全使用标准,密度的测定范围为 $1.12 \sim 2.73 g/cm^3$,测定误差不大于 $\pm 0.03 g/cm^3$。含水率测量范围为 $0 \sim 0.64 g/cm^3$,测定误差不大于 $\pm 0.015 g/cm^3$。它主要包括下列部件:

①γ 射线源:双层密封的同位素放射源,如铯-137、钴-60 或镭-226 等。

②中子源:如镅(241)-铍等。

③探测器:γ 射线探测器,如 G-M 计数管、氦-3、闪烁晶体或热中子探测器等。

④读数显示设备:如液晶显示器、脉冲计数器、数率表或直接读数表。

⑤标准板:提供检验仪器操作和散射计数参考标准用。

⑥安全防护设备:符合国家规定要求的设备。

⑦刮平板、钻杆、接线等。

(2)细砂:0.15 ~ 0.3mm。

(3)天平或台秤。

(4)其他:毛刷等。

(三)方法与步骤

本方法用于测定土基或基层材料的压实密度及含水量时,打孔后用直接透射法测定,测定层的厚度不宜大于 20cm。测定沥青混合料面层的压实密度时,在表面用散射法测定,所测定沥青面层的层厚应不大于根据仪器性能决定的最大厚度。

1. 准备工作

(1)每天使用前按下列步骤用标准板测定仪器的标准值:

①接通电源,按照仪器使用说明书建议的预热时间,预热测定仪。

②在测定前,应检查仪器性能是否正常。在标准板上取 3 ~ 4 个读数的平均值建立原始标准值,并与使用说明书提供的标准值核对,如标准读数超过仪器使用说明书规定的限界时,应重复此项标准测量;若第二次标准计数仍超出规定的限界时,需视作故障并进行仪器检查。

(2)在进行沥青混合料压实层密度测定前,应用核子仪对钻孔取样的试件进行标定;测定其他材料密度时,宜与挖坑灌砂法的结果进行标定。标定的步骤如下:

①选择压实的路表面,按要求的测定步骤用核子仪测定密度、读数;

②在测定的同一位置用钻机钻孔法或挖坑灌砂法取样,量测厚度,按规定的标准方法测定材料的密度;

③对同一种路面厚度及材料类型,在使用前至少测定 15 处,按下式求取两种不同方法测定的密度的相关关系,其相关系数应不小于 0.9。

即建立如下回归方程:

$$y_{标} = a x_{核} + b \tag{3-24}$$

式中：$y_{标}$——推算的用钻机钻孔法或挖坑灌砂法的容重；

$x_{核}$——用核子密度仪测定的容重；

a，b——回归系数，按如下公式计算：

$$b = \frac{\sum_{i=1}^{n} x_i \cdot \sum_{i=1}^{n} y_i - n\overline{x} \cdot \overline{y}}{(\sum_{i=1}^{n} x_i)^2 - n\overline{x}^2} \tag{3-25}$$

$$a = \overline{y} - b\overline{x} \tag{3-26}$$

$$\overline{x} = \frac{\sum_{i=1}^{n} x_i}{n} \tag{3-27}$$

$$\overline{y} = \frac{\sum_{i=1}^{n} y_i}{n} \tag{3-28}$$

x_i——用核子密度仪测定的容重；

y_i——用烘干或酒精燃烧法测定的容重。

(3)测试位置的选择：

①按照随机取样的方法确定测试位置，但与距路面边缘或其他物体的最小距离不得小于30cm。核子仪距其他的射线源不得少于10m；

②当用散射法测定时，应按图3-5的方法用细砂填平测试位置路表结构凸凹不平的空隙，使路表面平整，能与仪器紧密接触；

③当使用直接透射法测定时，应按图3-6的方法在表面上用钻杆打孔，孔深略深于要求测定的深度，孔应竖直圆滑并稍大于射线源探头。

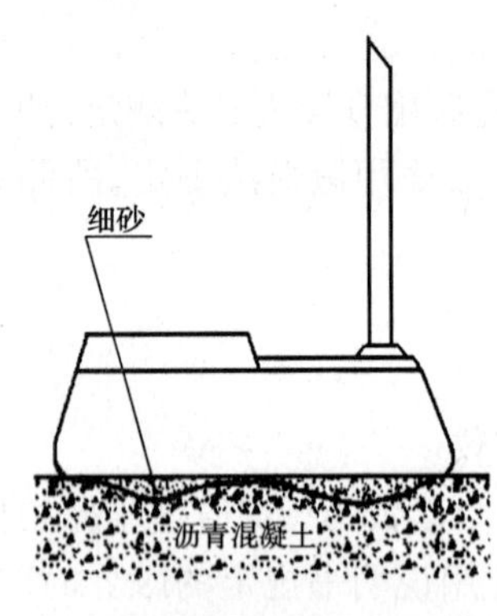

图3-5　用细砂填平路基表面的方法

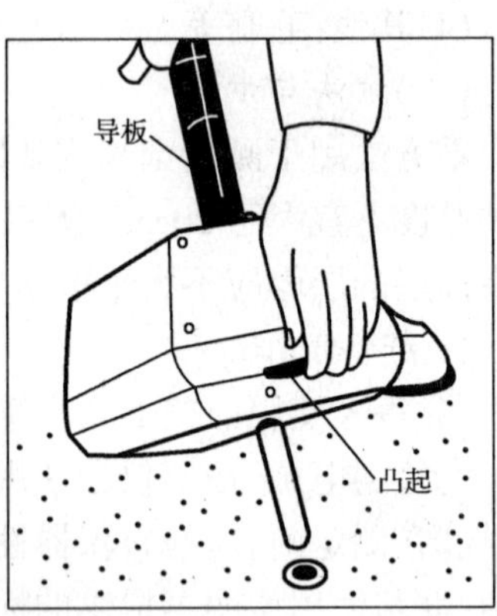

图3-6　在路基表面打孔的方法

(4)按照规定的时间，预热仪器。

2．测定步骤

(1)如用散射法测定时，应按图3-7所示的方法将核子仪平稳地置于测试位置上。

(2)如用直接透射法测定时，应按图3-8所示的方法将放射源棒放下插入已预先打好的孔内。

(3)打开仪器，测试员退出仪器2m以外，按照选定的测定时间进行测量，到达测定时间后，读取显示的各项数值，并迅速关机。

注：有关各种型号的仪器在具体操作步骤上略有不同，可按照仪器使用说明书进行。

3．计算

按下式计算施工干密度及压实度：

$$\rho_d = \frac{\rho_w}{1 + 0.01w} \tag{3-29}$$

$$K = \frac{\rho_d}{\rho_c} \times 100 \tag{3-30}$$

式中：w——试坑材料的含水量，%；

K——测试地点的施工压实度，%；

ρ_d——试样的干密度，g/cm^3；

ρ_c——由击实试验得到的试样的最大干密度，g/cm^3。

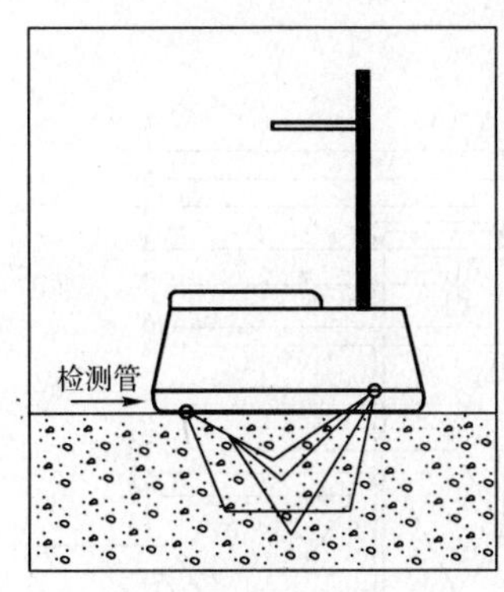

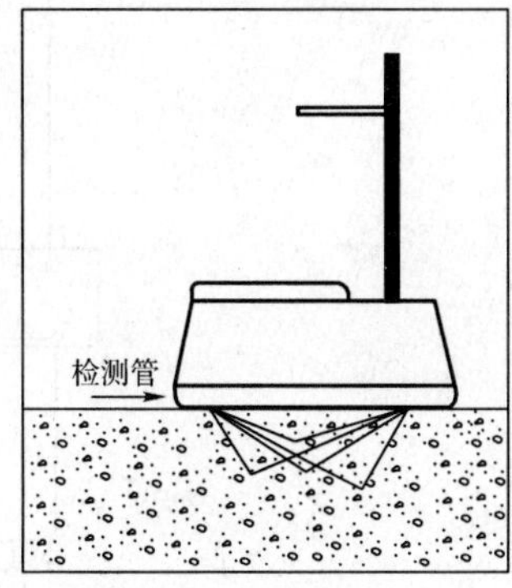

图 3-7　用散射法测定

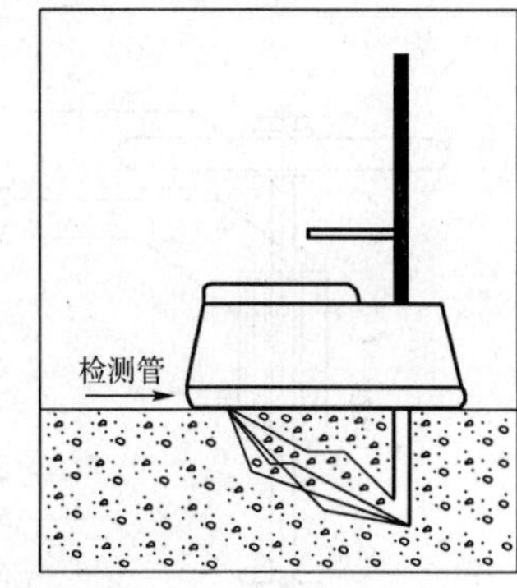

图 3-8　用直接透射法测定

4．填写检测报告

测定路面密度及压实度的同时，应记录气温、路面的结构深度、沥青混合料类型、面层结构及测定厚度等数据和资料，记录格式如表 3-7。

压实度检测表（核子仪法）　　表 3-7

工程名称＿＿＿＿结构层次＿＿＿＿路段桩号＿＿＿＿最大干密度＿＿＿＿

试 验 者＿＿＿＿计 算 者＿＿＿＿校 核 者＿＿＿＿试验日期＿＿＿＿

测点位置	结构层厚	测定深度	湿密度 ρ_w (g/cm^3)	含水量 w (%)	干密度 ρ_d (g/cm^3)	压实度 k (%)	备注（气温、路面类型）

5．使用安全注意事项

(1)仪器工作时，所有人员均应退至距离仪器 2m 以外的地方。

(2)仪器不使用时，应将手柄置于安全位置，仪器应装入专用的仪器箱内，放置在符合核辐射安全规定的地方。

(3)仪器应由经有关部门审查合格的专人保管，专人使用。对从事仪器保管及使用的人员，应遵照有关核辐射检测的规定，不符合核防护规定的人员，不宜从事此项工作。

三、环刀法测定压实度试验

(一)目的和适用范围

(1)本方法规定在公路工程现场用环刀法测定土基及路面材料的密度及压实度。

(2)本方法适用于细粒土及无机结合料稳定细粒土的密度。但对无机结合料稳定细粒土，其龄期不宜超过2d,且宜用于施工过程中的压实度检验。

(二)仪具与材料

本试验需要下列仪具与材料：

(1)人工取土器：见图3-9,包括环刀、环盖、定向筒和击实锤系统(导杆、落锤、手柄)。环刀内径6~8cm,高2~3cm,壁厚1.5~2mm。

(2)电动取土器：如图3-10所示。由底座、行走轮、立柱、齿轮箱、升降机构、取芯头等组成。

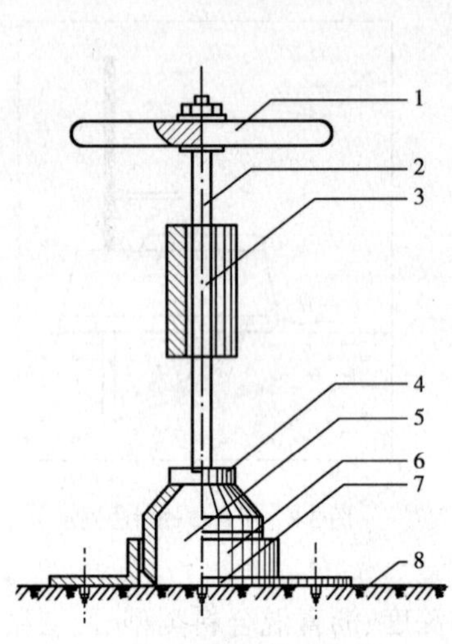

图3-9 人工取土器

1-手柄；2-导杆；3-落锤；4-环盖；5-环刀；6-定向筒；7-定向筒齿钉；8-试验地面

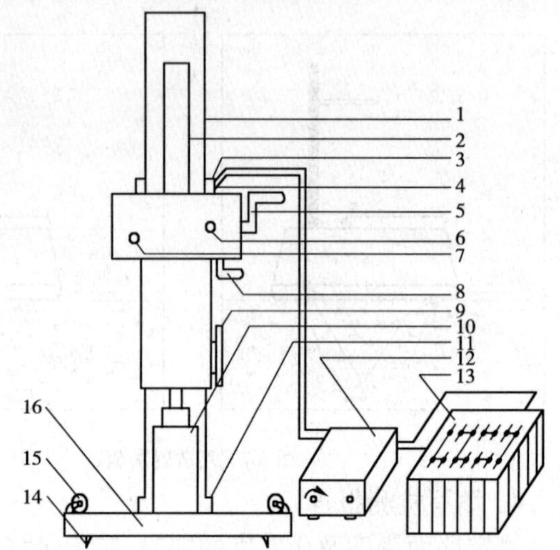

图3-10 电动取土器

1-立柱；2-升降轴；3-电源输入；4-直流电机；5-升降手柄；6、7-电源指示；8-锁紧手柄；9-升降手轮；10-取芯头；11-立柱套；12-调速器；13-电瓶；14-定位销；15-行走轮；16-行走平台

①底座：由定位销14、行走轮15、底座平台16组成。平台是整个仪器的支撑基础；定位销供操作时仪器定位用；行走轮供换点取芯时仪器近距离移动使用，当定位时，四只轮子可扳起离开地表。

②立柱：由立柱1和立柱套11组成，装在底座平台上，作为升降机构、取芯机构、动力和传动机构的支架。

③升降机构：由升降手轮9、锁紧手柄8组成。供调整取芯机构高低用。松开锁紧手柄，转动升降手轮，取芯机构即可升降，到所需位置时拧紧手柄定位。

④取芯机构：由取芯头10、升降轴2组成，取芯头为金属圆筒，下口对称焊接两个合金钢切削刀头，上端面焊有平盖，其上焊螺母，靠螺旋接于升降轴上。取芯头为可换式，有三种规格，即50mm×50mm、70mm×70mm、100mm×100mm,另配有相应的取芯套筒、扳手、铝盒等。

⑤动力箱传动机构：主要由直流电机、调速器、齿轮箱组成，另配电瓶和充电器。当电机工作时，通过齿轮箱的齿轮将动力传给取芯机构，升降轴旋转，取芯头进入旋切工作状态。

⑥电动取土器主要技本参数为：工作电压DC24V(36A·h)；转速50~70r/min,无级调速；整机质量约35kg。

(3)天平：感量0.1g(用于取芯头内径小于70mm样品的称量),或1.0g(用于取芯头内径为100mm样品的称量)。

(4)其他：镐、小铁锹、修土刀、毛刷、直尺、钢丝锯、凡士林、木板及测定含水量设备等。

(三)方法与步骤

(1)按有关试验方法对检测试样用同种材料进行击实试验,得到最大干密度以及最佳含水量。

(2)用人工取土器测定粘性土及无机结合料稳定细粒土密度的步骤:

①擦净环刀,称取环刀质量 M_2,准确至 0.1g。

②在试验地点,将面积约 30cm×30cm 的地面清扫干净,并将压实层铲去表面浮动及不平整的部分,达一定深度,使环刀打下后,能达到要求的取土深度,但不得将下层扰动。

③将定向筒齿钉固定于铲平的地面上,顺次将环刀、环盖放入定向筒内与地面垂直。

④将导杆保持垂直状态,用取土器落锤将环刀打入压实层中,至环盖顶面与定向筒上口齐平为止。

⑤去掉击实锤和定向筒,用镐将环刀及试样挖出。

⑥轻轻取下环盖,用修土刀自边至中削去环刀两端余土,用直尺检测直至修平为止。

⑦擦净环刀外壁,用天平称出环刀及试样合计质量 M_1,准确至 0.1g。

⑧自环刀中取出试样,取具有代表性的试样测定其含水量(w)。

(3)用人工取土器测定砂性土或砂层密度时的步骤:

①如为湿润的砂土,试验时不需使用击实锤和定向筒。在铲平的地面上,细心挖出一个直径较环刀外径略大的砂土柱,将环刀刃口向下,平置于砂土柱上,用两手平稳地将环刀垂直压下,直至砂土柱凸出环刀上端约 2cm 时为止。

②削掉环刀口上的多余砂土,并用直尺刮平。

③在环刀上口盖一块平滑的木板,一手按住木板,另一手用小铁锹将试样从环刀底部切断,然后将装满试样的环刀反转过来,削去环刀刃口上部的多余砂土,并用直尺刮平。

④擦净环刀外壁,称环刀与试样合计质量(M_1),准确至 0.1g。

⑤自环刀中取具有代表性的试样测定其含水量。

⑥干燥的砂土不能挖成砂土柱时,可直接将环刀压入或打入土中。

(4)用电动取土器测定无机结合料细粒土和硬塑土密度的步骤:

①装上所需规格的取芯头。在施工现场取芯前,选择一块平整的路段,将四只行走轮打起,四根定位销钉采用人工加压的方法,压入路基土层中。松开锁紧手柄,旋动升降手轮,使取芯头刚好与土层接触,锁紧手柄。

②将电瓶与调速器接通,调速器的输出端接入取芯机电源插口。指示灯亮,显示电路已通;启动开关,电动机工作,带动取芯机构转动。根据土层含水量调节转速,操作升降手柄,上提取芯机构,停机,移开机器。由于取芯头圆筒外表有几条螺旋状凸起,切下的土屑排在筒外顺螺纹上旋抛出地表,因此,将取芯套筒套在切削好的土芯立柱上,摇动即可取出样品。

③取出样品,立即按取芯套筒长度用修土刀或钢丝锯修平两端,制成所需规格土芯,如拟进行其他试验项目,装入铅盒,送试验室备用。

④用天平称量土芯带套筒质量(M_1),准确至 0.1g,从土芯中心部分取试样测定含水量。

(5)本试验须进行两次平行测定,其平行差值不得大于 0.03g/cm³,求其算术平均值。

(四)计算

1. 湿密度及干密度

按下式计算试样的湿密度及干密度:

$$\rho = \frac{M_1 - M_2}{V} = \frac{4 \times (M_1 - M_2)}{\pi \cdot d^2 \cdot h} \tag{3-31}$$

$$\rho_d = \frac{\rho_w}{1 + 0.01w} \tag{3-32}$$

上两式中：ρ——试样的湿密度，g/cm³；

M_1——环刀与土合重，g；

M_2——环刀重，g；

w——试坑材料的含水量，%。

ρ_d——试样的干密度，g/cm³。

2. 压实度

按下式计算压实度 K(%)：

$$K = \frac{\rho_d}{\rho_c} \times 100 \tag{3-33}$$

式中：K——测试地点的施工压实度，%；

ρ_d——试样的干密度，g/cm³；

ρ_c——由击实试验得到的试样的最大干密度，g/cm³。

(五)填写检测报告(见表 3-8)

压实度检测表(环刀法)　　表 3-8

工程名称________ 结构层次________ 路段桩号________ 最大干密度________

检 验 者________ 计 算 者________ 校 核 者________ 检验日期________

测点位置								
环刀号或取芯筒编号								
环刀体积 V(cm³)								
环刀或取芯套筒与试样合计质量 m_1(g)								
环刀或取芯套筒 m_2(g)								
试样质量(g)								
试样的湿密度 ρ_w(g/cm³)								
试样的含水量 w(%)								
试样干密度 ρ_d(g/cm³)								
平均干密度(g/cm³)								
压实度 K(%)								

第四节　土基回弹模量测定方法

一、回弹模量的定义

所谓回弹模量是指土基强度的一种表示方法，根据理论计算，弹性无限土体的回弹模量按下式计算。

$$E_1 = \frac{\pi D}{4} \cdot \frac{p_i}{L_i}(1 - \mu_0^2) \tag{3-34}$$

二、承载板测定土基回弹模量试验方法(T0943—95)

(一)目的和适用范围

1. 目的

在土基表面上通过承载板对土基逐级加载、卸载的方法,测出每级荷载下相应的土基回弹变形值,经过计算求得土基回弹模量。

2. 适用范围

(1)本方法适用于在现场土基表面上测定土基回弹模量;

(2)本方法测定的土基回弹模量可作为路面设计参数使用。

(二)仪具与材料

本试验需要下列仪具与材料:

(1)加载设施:载有铁块或集料等重物、后轴重不小于60kN的载重汽车一辆,作为加载设备。在汽车大梁的后轴之后约80cm处,附设加劲小梁一根作反力架。汽车轮胎充气压力0.50MPa。

(2)现场测试装置,如图3-11所示,由千斤顶、测力计(测力环或压力表)及球座组成。

(3)刚性承载板一块,板厚20mm,直径为ϕ30cm,直径两端设有立柱可以调整高度的支座,供安放弯沉仪测头,承载板安放在土基表面上。

(4)路面弯沉仪两台,由贝克曼梁、百分表及其支架组成。

(5)液压千斤顶一台,80~100kN,装有经过标定的压力表或测力环,其容量不小于土基强度,测定精度不小于测力计量程的1/100。

(6)秒表。

(7)水平尺。

(8)其他:细砂、毛刷、垂球、镐、铁锹、铲等。

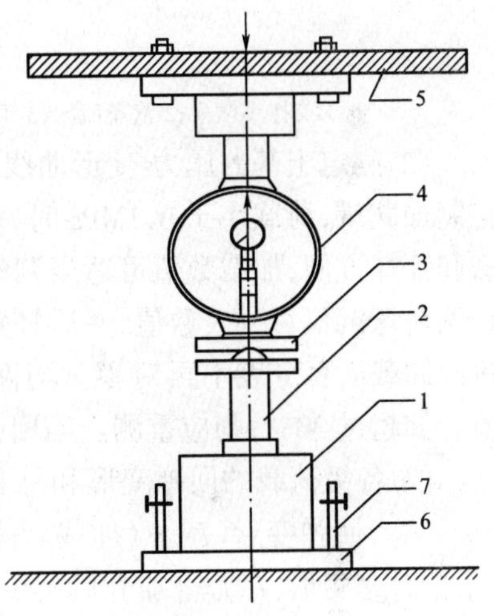

图3-11 承载板测试装置图

1-千斤顶;2-钢圆筒;3-钢板及球座;4-测力计;5-加劲横梁;6-承载板;7-立柱及支座

(三)方法与步骤

1. 准备工作

(1)根据需要选择有代表性的测点,测点应位于水平的路基上,土质均匀,不含杂物。

(2)仔细平整土基表面,撒干燥洁净的细砂填平土基凹处,砂子不可覆盖全部土基表面避免形成一层。

(3)安置承载板,并用水平尺进行校正,使承载板置水平状态。

(4)将试验车置于测点上,在加劲小梁中部悬挂垂球测试,使之恰好对准承载板中心,然后收起垂球。

(5)在承载板上安放千斤顶,上面衬垫钢圆筒、钢板,并将球座置于顶部与加劲横梁接触。如用测力环时,应将测力环置于千斤顶与横梁中间,千斤顶及衬垫物必须保持垂直,以免加压时千斤顶倾倒发生事故并影响测试数据的准确性。

(6)安放弯沉仪,将两台弯沉仪的测头分别置于承载板立柱的支座上,百分表对零或其他合适的初始位置上,见图3-12。

2. 测试步骤

(1)用千斤顶开始加载,注视测力环或压力表,至预压 0.05MPa,稳压 1min,使承载板与土基紧密接触,同时检查百分表的工作情况是否正常,然后放松千斤顶油门卸载,稳压 1min 后,将指针对零或记录初始读数。

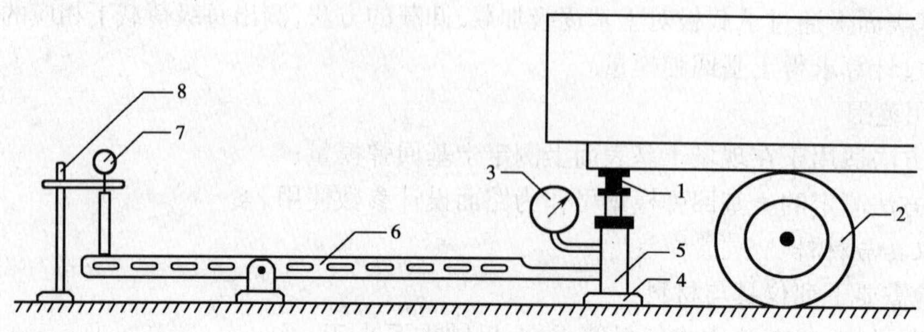

图 3-12 承载板试验示意图

1-支撑小横梁;2-汽车后轮;3-千斤顶油压表;4-承载板;5-千斤顶;6-贝克曼梁;7-百分表;8-表架

(2)测定土基的压力-变形曲线。用千斤顶加载,采用逐级加载卸载法,用压力表或测力环控制加载量,荷载小于 0.1MPa 时,每级增加 0.02MPa,以后每级增加 0.04MPa 左右。为了使加载和计算方便,加载数值可适当调整为整数。每次加载至预定荷载(P)后,稳定 1min,立即读记两台弯沉仪百分表数值,然后轻轻放开千斤顶油门卸载至 0,待卸载稳定 1min 后,再次读数,每次卸载后百分表不再对零。当两台弯沉仪百分表读数之差小于平均值的 30% 时,取平均值。如超过 30%,则应重测。当回弹变形值超过 1mm 时,即可停止加载。

(3)各级荷载的回弹变形和总变形,按以下方法计算:

回弹变形(L) = (加载后读数平均值 − 卸载后读数平均值) × 弯沉仪杠杆比 (3-35)

总变形(L') = (加载后读数平均值 − 加载初始前读数平均值) × 弯沉仪杠杆比 (3-36)

(4)测定总影响量 a。最后一次加载卸载循环结束后,取走千斤顶,重新读取百分表初读数,然后将汽车开出 10m 以外,读取终读数,两只百分表的初、终读数差之平均值即为总影响量 a。

(5)在试验点下取样,测定材料含水量。取样数量如下:

最大粒径不大于 5mm,试样数量约 120g;

最大粒径不大于 25mm,试样数量约 250g;

最大粒径不大于 40mm,试样数量约 500g。

(6)在紧靠试验点旁边的适当位置,用灌砂法或环刀法等测定土基的密度。

(7)本试验的各项数值可记录于表 3-9 的记录表上。

各级荷载影响量(后轴 60kN 车) 表 3-9

承载板压力(MPa)	0.05	0.10	0.15	0.20	0.30	0.40	0.50
影响量	0.06a	0.12a	0.18a	0.24a	0.36a	0.48a	0.60a

(四)计算

(1)影响量的计算。各级压力的回弹变形值加上该级的影响量后,则为计算回弹变形值。表 3-9 中的数据是按后轴重 60kN 的标准车为测试车的各级荷载影响量的计算值。当使用其他类型测试车时,各级压力下的影响量按下式计算:

$$a_i = \frac{(T_1 + T_2)\pi D^2 p_i}{4T_1 Q} \cdot a \tag{3-37}$$

式中：T_1——测试车前后轴距，m；

T_2——加劲小梁距后轴距离，m；

D——承载板直径，m；

Q——测试车后轴重，N；

p_i——该级承载板压力，Pa；

a——总影响量，0.01mm；

a_i——该级压力的分级影响量，0.01mm。

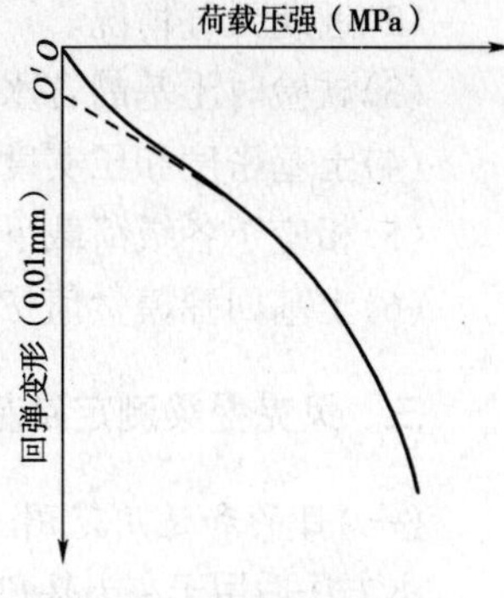

图 3-13 修正原点示意图

(2)将各级计算回弹变形值点绘于标准计算纸上，排除显著偏离的异常点并绘出顺滑的 P-L 曲线，如曲线起始部分出现反弯，应按图所示修正原点 O，O' 则是修正后的原点，如图 3-13 所示。

(3)计算相应于各级荷载下的土基回弹模量度 E_i 值：

$$E_i = \frac{\pi D}{4} \cdot \frac{p_i}{L_i}(1 - \mu_0^2) \tag{3-38}$$

式中：E_i——相应于各级荷载下的土基回弹模量，MPa；

μ_0——土的泊松比，根据部颁路面设计规范规定选用；

D——承载板直径，m；

p_i——承载板压力，MPa，

L_i——相对于荷载 p_i 时的回弹变形，cm。

(4)取结束试验前的各回弹变形值按线性回归方法由式(3-39)计算土基回弹模量 E_0 值：

$$E_0 = \frac{\pi D}{4} \cdot \frac{\sum p_i}{\sum L_i}(1 - \mu_0^2) \tag{3-39}$$

式中：E_0——土基回弹模量，MPa；

μ_0——土的泊松比，根据部颁设计规范规定取用；

L_i——结束试验前的各级实测回弹变形值，cm；

p_i——对应于 L_i 的各级压力值，Pa。

(五)报告

本试验采用的记录格式见表 3-10。

承载板测定记录表 表 3-10

路线和编号： 路面结构：
测定层位： 测定用汽车型号：
承载板直径(cm)： 测定日期： 年 月

千斤顶读数	荷载 P (kN)	承载板压力 p (MPa)	百分表读数 (0.01mm)			总变形 (0.01mm)	回弹变形 (0.01mm)	分级影响量 (0.01mm)	计算回弹变形 (0.01mm)	E_i (MPa)
			加载前	加载后	卸载后					
总影响量 a										
土基回弹模量 E_0(MPa)：										

试验报告应记录下列结果：

(1)试验时所采用的汽车。

(2)近期天气情况。

(3)试验时土基的含水量(%)。

(4)土基密度和压实度。

(5)相应于各级荷载下的土基回弹模量 E_i 值。

(6)土基回弹模量值 E_0(MPa)。

三、贝克曼梁测定路基回弹模量试验方法

(一)目的和适用范围

本方法适用于在土基和厚度不小于1m的粒料整层表面，用弯沉仪测试各测点的回弹弯沉值，通过计算求得该材料的回弹模量值的试验，也适用于在旧路表面测定路基路面的综合回弹模量。

(二)仪器和仪具

本试验需要下列仪具：

(1)标准车：双轴、后轴双侧4轮的载重车，其标准轴荷载、轮胎尺寸、轮胎间隙及轮胎气压等主要参数应符合表3-11的要求。测试车可根据需要按公路等级选择，高速公路、一级及二级公路应采用后轴10t的BZZ-100标准车；其他等级公路可采用后轴6t的BZZ-60标准车。

测定弯沉用的标准车参数 表3-11

标准轴载等级	BZZ-100	BZZ-60
后轴标准轴载 P(kN)	100±1	600±1
一侧双轮荷载(kN)	50±0.5	30±0.5
轮胎充气压力(kN)	0.70±0.05	0.50±0.05
单轮传压面当量直径(cm)	21.30±0.5	19.50±0.5
轮隙宽度	应满足能自由插入弯沉测头的测试要求	

(2)路面弯沉仪：由贝克曼梁、百分表及表架组成。贝克曼梁由合金铝制成，上有水准泡，其前臂(接触路面)与后臂(装百分表)长度比为2:1，标准弯沉仪前后臂分别为240mm和120mm，加长弯沉仪分别为360mm和180mm。弯沉采用百分表量得。

(3)路表温度计：分度不大于1℃。

(4)接长杆：直径16mm，长500mm。

(5)其他：皮尺、口哨、粉笔、指挥旗等。

(三)方法与步骤

1. 准备工作

(1)选择洁净的路基路面表面作为测点，在测点处作好标记并编号。

(2)无结合料粒料基层的整层试验段(试槽)应符合下列要求：

①整层试槽可修筑在行车带范围内或路肩及其他合适处，也可在室内修筑，但均应适于用汽车测定弯沉；

②试槽应选择在干燥或中湿路段处，不得铺筑在软土基上；

③试槽面积不小于3m×2m，厚度不宜小于1m。铺筑时，先挖3m×2m×1m(长×宽×深)的坑，然后用欲测定的同一种路面材料按有关施工规范规定的压实层厚度分层铺筑并压实，直至顶面，使其达到要求的压实度标准。同时应严格控制材料组成，配比均匀一致，符合施工质

量要求。

④试槽表面的测点间距可按图 3-14 布置在中间 2m×1m 的范围内,可测定 23 点。

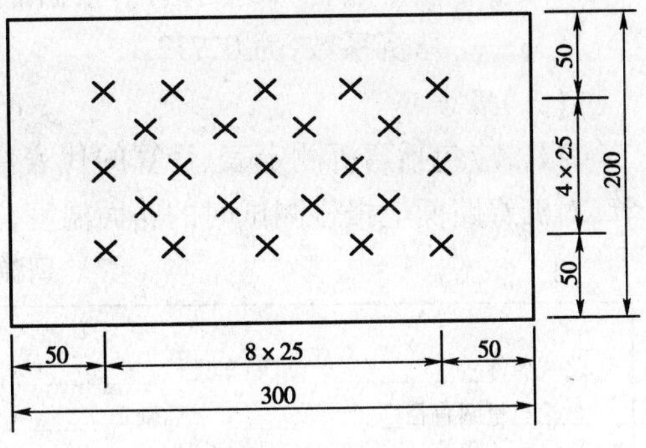

图 3-14 试槽表面的测点布置(尺寸单位:cm)

2. 测试步骤

选择适当的标准车,实测各测点处的路面回弹弯沉值 L_i。如在旧沥青面层上测定时,应读取温度,并按《公路路基路面现场测试规程》(JTJ 059—95)中 T 0951 规定的方法进行测定弯沉值的温度修正,得到标准温度 20℃时的弯沉值。

(四)计算

(1)计算全部测定值的算术平均值 $\overline{L}$ 、单次测定的标准差(S)和自然误差(r_0):

$$\overline{L}=\frac{\sum L_i}{N} \tag{3-40}$$

$$S=\frac{\sqrt{\sum(L_i-\overline{L})^2}}{N-1} \tag{3-41}$$

$$r_0=0.675\times S \tag{3-42}$$

式中:$\overline{L}$——回弹弯沉的平均值,0.01mm;

S——回弹弯沉测定值的标准差,0.01mm;

r_0——回弹弯沉测定值的自然误差,0.01mm;

L_i——各测点的回弹弯沉值,0.01mm;

N——测点总数。

(2)计算各测点的测定值与算术平均值的偏差值 $d_i=L_i-\overline{L}$,并计算较大的偏差与自然误差之比 d_i/r_0。当某个测点观测值的 d_i/r_0 值大于表 3-12 中的 d/r 极限值时则应舍弃该测点,然后重复步骤(1),计算所余各测点的算术平均值($\overline{L}$)及标准差(S)。

相应于不同观测次数的 d/r 极限值 表 3-12

N	5	10	15	20	50
d/r	2.5	2.9	3.2	3.3	3.8

(3)按下式计算代表弯沉值 L_1:

$$L_1=\overline{L}+S \tag{3-43}$$

式中:L_1——计算代表弯沉,0.01mm;

$\overline{L}$——舍弃不合要求的测点后所余各测点弯沉的算术平均值,0.01mm;

S——舍弃不合要求的测点后所余各测点弯沉的标准差,0.01mm。

(4)按下式计算土基、整层材料的回弹模量(E_1)或旧路的综合回弹模量:

$$E_1=\frac{2p\delta}{L_1}(1-\mu^2)\alpha \tag{3-44}$$

式中:E_1——计算的土基、整层材料的回弹模量或旧路的综合回弹模量,MPa;

p——测定车轮的平均垂直荷载,MPa;

δ——测定用标准车双轮荷载单轮传压面当量圆的半径,cm;

μ——测定层材料的泊松比，根据部颁路面设计规范的规定取用；

α——弯沉系数，为0.712。

（五）报告

报告应包括弯沉测定表、计算的代表弯沉、采用的泊松比及计算得到的材料回弹模量 E_1 等，对沥青路面应报告测试时的路面温度，见表3-13。

回弹弯沉试验记录　　表3-13

<table>
<tr><td colspan="11">路线名称＿＿＿＿　试验车型号＿＿＿＿　气　温＿＿＿＿　路面温度＿＿＿＿
单轮当量圆直径＿＿＿＿　后轴重＿＿＿＿　车轮单位压力＿＿＿＿
检验者＿＿＿＿　计算者＿＿＿＿　校核者＿＿＿＿　检验日期＿＿＿＿</td></tr>
<tr><td rowspan="3">编号</td><td rowspan="3">测点桩号</td><td colspan="4">百分表读数(0.01mm)</td><td rowspan="3">支点变形修正值
(0.01mm)
$(L_3-L_4)\times 6$</td><td rowspan="3">温度修正系数
K</td><td rowspan="3">回弹弯沉
(0.01mm)</td><td rowspan="3">路况情况</td><td rowspan="3">计算结果</td></tr>
<tr><td colspan="2">初读数 L_1</td><td colspan="2">终读数 L_2</td></tr>
<tr><td>左</td><td>右</td><td>左</td><td>右</td></tr>
<tr><td></td><td></td><td></td><td></td><td></td><td></td><td></td><td></td><td></td><td></td><td>$\overline{L}$ =
S =
L_1 =</td></tr>
</table>

第五节　承载比（CBR）试验方法

CBR又称加州承载比，是California Beating Ratio的缩写，由美国加利福尼亚州公路局首先提出来，用于评定路基土和路面材料的强度指标。在国外大多采用CBR作为路面材料和路基土的设计参数。

我国现行沥青和水泥混凝土路面设计规范，对路面、路基的设计参数系采用回弹模量指标，而在境外修建的公路工程多采用CBR指标。为了进一步积累经验用于实际，以促进国际学术交流，参考了国内外的情况，将CBR指标列入《公路路基设计规范》（JTG D30—2004）、《公路路基施工技术规范》（JTJ 033—95）和《公路沥青路面设计规范》（JTJ 014—97），作为路基填料选择的依据。路基填料最小强度要求见表3-14。

路基填料最小强度要求　　表3-14

<table>
<tr><td colspan="2" rowspan="2">项目分类</td><td rowspan="2">路面底面下
深度(cm)</td><td colspan="3">最小强度　CBR(%)</td><td rowspan="2">填料最大粒径
(mm)</td></tr>
<tr><td>高速公路、一级公路</td><td>二级公路</td><td>三级公路</td></tr>
<tr><td rowspan="4">填方路基</td><td>上路床</td><td>0~30</td><td>8</td><td>6</td><td>6</td><td>10</td></tr>
<tr><td>下路床</td><td>30~80</td><td>5</td><td>4</td><td>4</td><td>10</td></tr>
<tr><td>上路堤</td><td>80~150</td><td>4</td><td>3</td><td>3</td><td>15</td></tr>
<tr><td>下路堤</td><td>150以下</td><td>3</td><td>2</td><td>2</td><td>15</td></tr>
<tr><td colspan="2" rowspan="2">零填及路堑路床</td><td>0~30</td><td>8</td><td>6</td><td>6</td><td>10</td></tr>
<tr><td>30~80</td><td>5</td><td>4</td><td>3</td><td>10</td></tr>
</table>

注：1. 当路床填料CBR值达不到表列要求时，可采用掺石灰或其他稳定材料等措施处理。

2. 当三、四级公路铺筑沥青混凝土和水泥混凝土路面时，应采取二级公路的规定。

一、CBR(室内)试验方法

(一)目的的适用范围

(1)本试验方法只适用于在规定的试筒内制件后,对各种土和路面基层、底基层材料进行承载比试验。

(2)试样的最大粒径宜控制在25mm以内,最大不得超过38mm。

(3)路基土或强度不随龄期增长的材料不需要养生。

(二)仪器设备

(1)圆孔筛:孔径38mm、25mm、20mm及5mm筛各1个。

(2)试筒:内径152mm、高170mm的金属圆筒;套环,高50mm;筒内垫块,直径151mm、高50mm;夯击底板,同击实仪。试筒的形式和主要尺寸如图3-15所示。

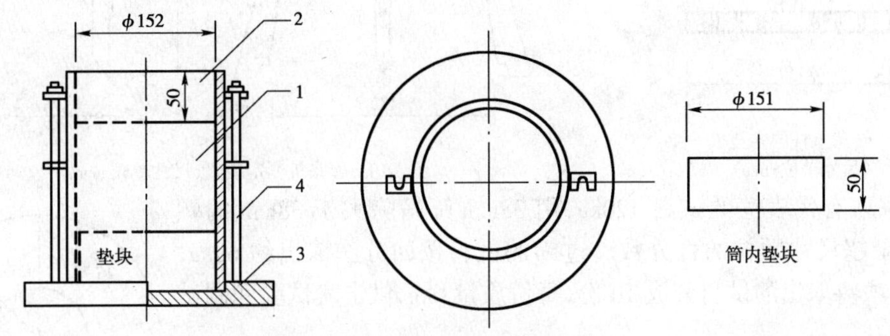

图3-15　承载比试筒(尺寸单位:mm)

1-试筒;2-套环;3-夯击底板;4-拉杆

(3)击锤和导管:夯锤的底面直径50mm,总质量4.5kg。夯锤在导管内的总行程为450mm,夯锤的形式和尺寸与重型击实试验法所用的相同。

(4)贯入杆:端面直径50mm、长约100mm的金属柱。

(5)路面材料强度仪或其他荷载装置:能量不小于50kN,能调节贯入速度至每分钟贯入1mm,可采用测力计式,如图3-16所示。

(6)百分表:3个。

(7)试件顶面上的多孔板(测试件吸水时的膨胀量),如图3-17所示。

(8)多孔底板(试件放上后浸泡水中)。

(9)测膨胀量时支承百分表的架子,如图3-18所示。

(10)荷载板:直径150mm,中心孔眼直径52mm,每块质量1.25kg,共4块,并沿直径分为两个半圆块,如图3-19所示。

(11)水槽:浸泡试件用,槽内水面应高出试件顶面25mm。

(12)其他:台秤,感量为试件质量的0.1%;拌和盘;直尺;滤纸;脱模器等与击实试验相同。

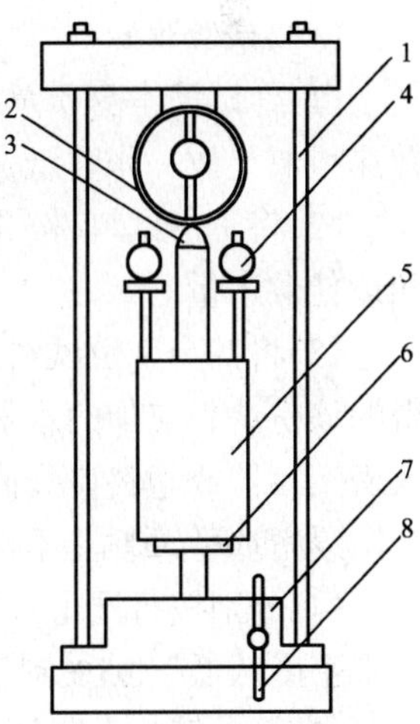

图3-16　手摇测力计式荷载装置示意图

1-框架;2-量力环;3-贯入杆;4-百分表;5-试件;6-升降台;7-蜗轮蜗杆箱;8-摇把

(三)试样

(1)将具有代表性的风干试样(必要时在50℃烘箱内烘干),用木碾捣碎,但应尽量注意不使土或粒料的单个颗粒破碎。土团均应捣碎到通过 5mm 的筛孔。

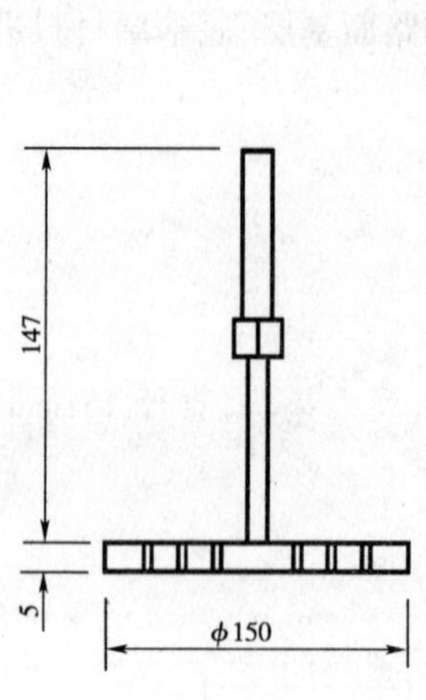

图 3-17　带调节杆的多孔板（尺寸单位：mm）

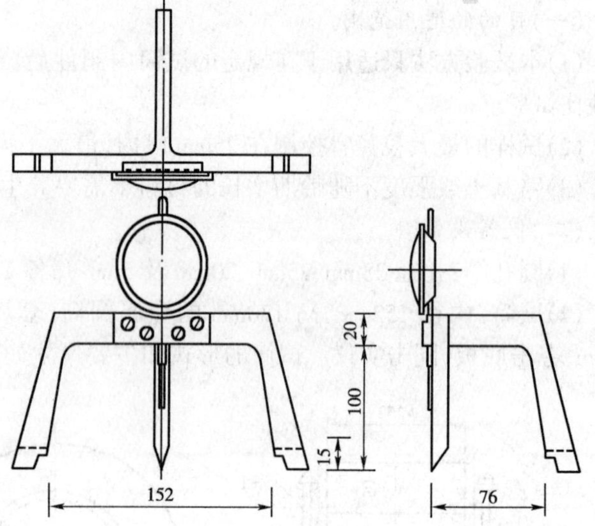

图 3-18　膨胀量测定装置（尺寸单位：mm）

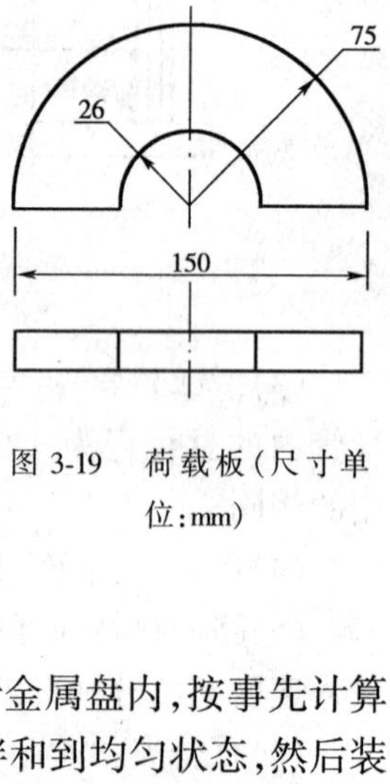

(2)采取有代表性的试料 120kg，用 38mm 筛筛除大于 38mm 的颗粒，并记录超尺寸颗粒的百分数。过筛的试料按四分法取出约 60kg，再用四分法将取出的试料分成 10 份，每份质量 6kg，供击实试验和制试件之用。

(3)在预定做击实试验的前一天，取有代表性的试料测定其风干含水量。

图 3-19　荷载板（尺寸单位：mm）

(四)试验步骤

(1)称试筒本身质量 m_1，将试筒固定在底板上，将垫块放入筒内，并在垫块上放一张滤纸，安上套环。

(2)将 1 份试料，按 3 层每层 98 次进行击实，求试料的最大干密度和最佳含水量。

(3)将其余 9 份试料，按最佳含水量制备 9 个试件，将一份试料铺于金属盘内，按事先计算得的该份试料应加的水量均匀地喷洒在试料上，并用小铲将试料充分拌和到均匀状态，然后装入密闭容器或塑料口袋内浸润备用。

浸润时间：重粘土不得少于 24h，轻粘土可缩短至 12h，砂土可缩短至 1h，天然砂砾可缩短至 2h。

(4)分别按每层击数为 30 次、50 次及 98 次制备三种干密度的试件，每种干密度 3 个，使试件干密度从低于 95%到等于 100%的最大干密度。

(5)将试筒放在坚硬的地面上，取备好的试样分 3 次倒入筒内（视最大粒径而定）。每层需试样约 1700g（其量应使击实后的试样高出 1/3 筒高 1～2mm）。整平表面，并稍加压紧，然后按规定的击数进行第一层试样的击实，击实时锤应自由垂直落下，锤迹必须均匀分布于试样面上。每一层击实完后，将试样层面“拉毛”，然后再装入套筒。重复上述方法进行其余每层试样的击实，试筒击实制件完成后，试样不宜高出筒高 10mm。

(6)卸下套环，用直刮刀沿试筒顶修平击实的试件，表面不平整处用细料修补。取出垫块，称量筒和试件的质量 m_2。

(7)泡水测膨胀量的步骤如下：

①在试件制成后，取下试件顶面的破残滤纸，放一张好滤纸，并在上安装附有调节杆的多孔板，在多孔板上加4块如图3-19所示的荷载板。

②将试筒与多孔板一起放入槽内(先不放水)，并用拉杆将模具拉紧，安装百分表，并读取初读数。

③向水槽内放水，使水自由进到试件的顶部和底部，在泡水期间，槽内水面应保持在试件顶面以上大约25mm。通常试件要泡水4昼夜。

④泡水(96h)终了时，读取试件上百分表的终读数，并用下式计算膨胀量：

$$\text{膨胀量} = \frac{\text{泡水后试件高度的变化}}{\text{原试件高}} \times 100 \tag{3-45}$$

⑤从水槽中取出试件，倒出试件顶面的水，静置15min，让其排水，然后卸去附加荷载和多孔板、底板和滤纸，并称其质量 m_4，以计算试件的湿度和密度的变化。

⑥试验记录。将试验结果填入表3-15。

膨胀量试验记录

表3-15

承包单位：				合同号：		
监理单位：				编　号：		
	试验次数	项目	计算表达式	1	2	3
膨胀量	筒号	(1)				
	泡水前试件高度(mm)	(2)				
	泡水后试件高度(mm)	(3)				
	膨胀量(%)	(4)	$\frac{(3)-(2)}{(2)} \times 100\%$			
	膨胀量平均值(%)					
密度	筒质量 m_1(g)	(5)				
	筒+试件质量 m_2(g)	(6)				
	筒体积 $V(cm^3)$	(7)				
	湿密度 $\rho(g/cm^3)$	(8)	$\frac{(6)-(5)}{(7)}$			
	含水量 w(%)	(9)				
	干密度 $\rho_d(g/cm^3)$	(10)	$\frac{(8)}{1+0.01w}$			
	干密度平均值(g/cm^3)					
吸水量	泡水后筒+试件质量(g)	(11)				
	吸水量 w_a(g)	(12)				
	吸水量平均值(g)					

试验者：__________ 日期：__________ 复核者：__________ 日期：__________

(8)贯入试验：

①将泡水试验终了的试件放到路面材料强度试验仪的升降台上，调整偏球座，使贯入杆与试件顶面全面接触，在贯入杆周围放置4块荷载板。

②先在贯入杆上施加45N的预压荷载，然后将测力和测变形的百分表的指针都调至零点。

③加荷使贯入杆以1～1.25mm/min的速度压入试件，记录测力计内百分表某些整读数(如20、40、60)时的贯入量，并注意使贯入量为250×10^{-2}mm时，能有5个以上的读数。因此，测力计内的第一个读数应是贯入量30×10^{-2}mm左右。当贯入量大于700×10^{-2}mm时，试验可终止。试验结果记录于表3-16。

(五)结果整理

1. 绘制单位压力-贯入量曲线

以单位压力(p)为横坐标，贯入量(L)为纵坐标，绘制p-L关系曲线，如图3-20所示。

图3-20上曲线1是合适的，曲线2开始段是凹曲线，需要进行修正。修正时，在变曲率点引一切线，与纵坐标交于O'点，O'即为修正后的原点。

说明：绘图前应将量力环百分表读数通过量力环系数转换为荷载，并由贯入杆面积计算某级贯入量下的单位压力。

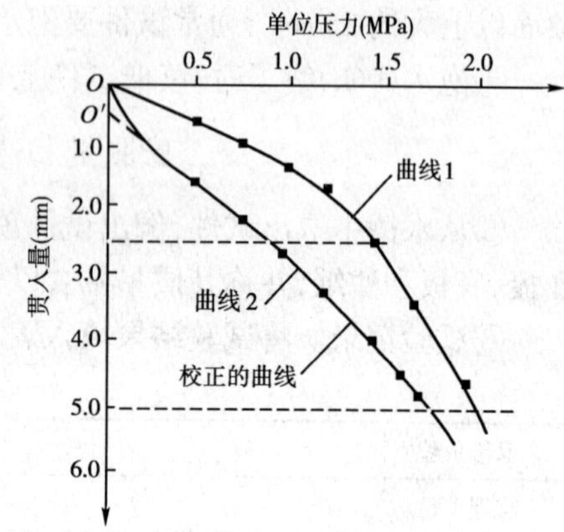

图3-20 单位压力-贯入量曲线

2. 计算承载比

一般采用贯入量为2.5mm时的压力与标准压力之比作为材料的承载比(CBR)，即：

$$CBR = \frac{p}{7000}\times100 \tag{3-46}$$

式中：p——贯入量为2.5mm时的单位压力，kPa；

CBR——承载比，%。

同时计算贯入量为5mm时的承载比，即：

$$CBR = \frac{p}{10500}\times100 \tag{3-47}$$

式中：p——贯入量为5mm时的单位压力，kPa；

CBR——承载比，%。

如贯入量为5mm时的承载比大于2.5mm时的承载比，则试验要重做，如结果仍然如此，采用5mm时的承载比。

3. 计算试件的湿密度

试件的湿密度用下式计算：

$$\rho = \frac{m_2 - m_1}{2177}\times100 \tag{3-48}$$

式中：ρ——试件的湿密度，g/cm^3；

m_2——试筒和试件的合计质量，g；

m_1——试筒的质量，g；

2177——试筒的容积，cm^3。

4. 计算试件的干密度

试件的干密度用下式计算：

$$\rho_d = \frac{\rho}{1+0.01w} \tag{3-49}$$

式中：ρ_d——试样的干密度，g/cm³；

ρ——试样的湿密度，g/cm³；

w——试件的含水量，%。

5. 计算泡水后试件的吸水量

$$W_a = m_3 - m_2 \tag{3-50}$$

式中：W_a——泡水后试件的吸水量，g；

m_3——泡水后试筒和试件的合计质量，g；

m_2——试筒和试件的合计质量，g。

6. 本试验记录格式

记录格式见表 3-16 和表 3-17。

承载比（CBR）试验记录　　表 3-16

承包单位：				合同号：
监理单位：				编　号：
土样编号：				测力环系数：
最大干密度：				贯入杆面积：
最佳含水量：				L = 2.5mm 时，p 　= kPa　CBR =
每层击数：				L = 5.0mm 时，p = 　kPa　CBR =
荷载测力及百分表读数（0.01mm）	单位压力（kPa）	百分表读数（0.01mm）	贯入量（0.01mm）	$p-L$ 曲线
				单位压力（kPa） 0 1 2 3 4 5 6 7 8 9 贯入量（mm）
试验说明				
结论				

试验者：＿＿＿＿＿　日期：＿＿＿＿＿　复核者：＿＿＿＿＿　日期：＿＿＿＿＿

承载比(CBR)试验报告 表 3-17

承包单位:							合同号:			
监理单位:							编　号:			
土样编号:						测力环系数:				
最大干密度:						最佳含水量:				
序号	击实次数	干密度(g/cm^3)				CBR(%)				备注
		1	2	3	平均	1	2	3	代表值	
1	30									X = S = C_V =
2	50									X = S = C_V =
3	98									X = S = C_V =
ω—γ—CBR关系曲线	干密度（g/cm^3） 2.30 2.20 2.10 2.00 1.90 3 4 5 6 7 8 9 10 11 12　0 含水量（%）　CBR（%）									
试验说明										
结论										

试验者:__________日期:__________复核者:__________日期:__________

7. 精度要求

如根据 3 个平行试验结果计算得的承载比变异系数 C_V 大于 12%,则去掉一个偏大的值,取其余 2 个结果的平均值。如 C_V 小于 12%,且 3 个平行试验结果计算的干密度偏差小于 $0.03g/cm^3$,则取 3 个结果的平均值。如 3 个试验结果计算的干密度偏差超过 $0.03g/cm^3$,则去掉一个偏大的值,取 2 个结果的平均值。

二、土基现场 CBR 值测试方法

(一)目的和适用范围

(1)本方法适用于在公路现场测定各种土基材料的现场 CBR 值。

(2)本方法所用试样的最大集料粒径宜小于 25mm,最大不得超过 40mm。

(二)仪具与材料

本试验采用下列仪具与材料:

(1)荷重装置:装载有铁块或集料等重物的载重汽车,后轴重不小于 60kN,在汽车大梁的后轴之后设有一加劲横梁作反力架用。

(2)现场测试装置:如图 3-21 所示,由千斤顶(机械或液压)、测力计(测力环或压力表)及球座组成。千斤顶可使贯入杆的贯入速度调节成 1mm/min。测力计的容量不小于土基强度,测定精度不小于测力计量程的 1/100。

(3)贯入杆:直径 ϕ50mm,长约 200mm 的金属圆柱体。

(4)承载板:每块 1.25kg,直径 ϕ150mm,中心孔眼直径 ϕ52mm,不小于 4 块,并沿直径分为两个半圆块。

(5)贯入量测定装置:由图 3-21 中所示的平台及百分表组成,百分表量程 20mm,精度0.01mm,数量 2 个,对称固定于贯入杆上,端部与平台接触。平台跨度不小于 50cm。

注:此设备也可用两台贝克曼梁弯沉仪代替。

(6)细砂:洁净干燥的细干砂,粒径 0.3~0.6mm。

(7)其他:铁铲、盘、直尺、毛刷、天平等。

(三)方法与步骤

1. 准备工作

(1)将试验地点约直径 ϕ30cm 范围的表面找平,用毛刷刷净浮土,如表面为粗粒土时,应撒布少许洁净的干砂填平,但不能覆盖全部土基避免形成一层。

(2)装置测试设备,按图 3-21 设置贯入杆及千斤顶,千斤顶顶在汽车后轴上且调节至高度适中。贯入杆应与土基表面紧密接触。

(3)安装贯入量测定装置,将支架平台、百分表(或两台贝克曼梁弯沉仪)按图 3-21 安装好。

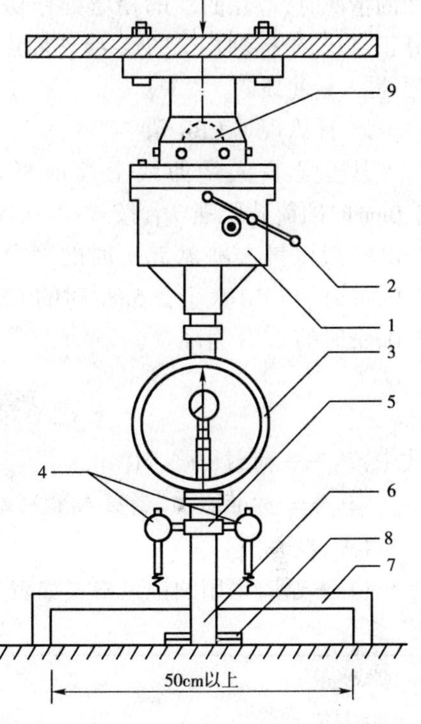

图 3-21 CBR 现场测试装置

1-加载千斤顶;2-手柄;3-测力计;4-贯入量测定装置;5-百分表夹持具;6-贯入杆;7-平台;8-承载板;9-球座

2. 测试步骤

(1)在贯入杆位置安放 4 块 1.25kg 的分开成半圆的承载板(共 5kg)。

(2)调节测力计及贯入量百分表,调零,记录初始读数。

(3)起动千斤顶,使贯入杆以 1mm/min 的速度压入土基,当相应于贯入量为 0.5, 1.0, 1.5, 2.0, 2.5, 3.0, 4.0, 5.0, 7.5, 10.0 及 12.5mm 时,分别读取测力计读数。根据情况,也可在贯入量达 7.5mm 时结束试验。

注:用千斤顶连续加载,两个贯入量百分表及测力计均应在同一时刻读数,当两个百分表读数不超过平均值的 30%时,以其平均值作为贯入量,当两个表读数差值超过平均值的 30%时,应停止试验。

(4)卸除荷载,移去测定装置。

(5)在试验点下取样,测定材料含水量。取样数量如下:

最大粒径不大于 5mm,试样数量约 120g;

最大粒径不大于 25mm，试样数量约 250g；

最大粒径不大于 40mm，试样数量约 500g。

(6)在紧靠试验点旁边的适当位置，用灌砂法或环刀法等测定土基的密度。

(四)计算

1．绘制荷载压强-贯入量曲线

将贯入试验得到的等级荷重数除以贯入断面积($19.625cm^2$)，得到各级压强(MPa)，绘制荷载压强-贯入量曲线如图 3-22 所示。当图中曲线如 2 所示有明显下凹的情况时，应在曲线的拐弯处作切线延长，即贯入量修正，以与坐标轴相交的点 O' 作原点，得到修正后的压强-贯入量曲线。

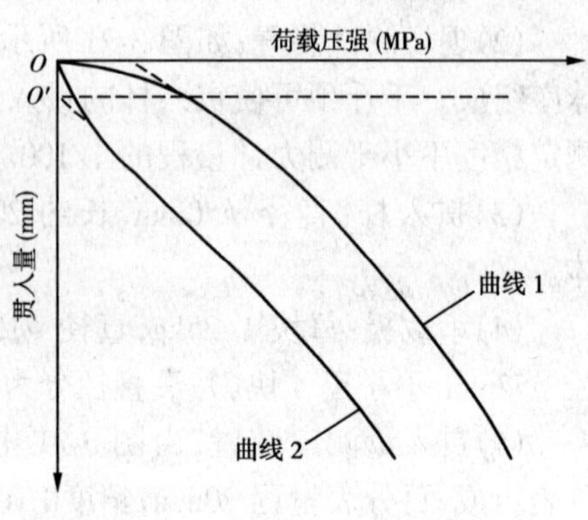

图 3-22　荷载压强-贯入量关系曲线

2．计算现场 CBR 值

从压强-贯入量曲线上读取贯入量为 2.5mm 及 5.0mm时的荷载压强 P_1，按式(3-51)计算现场 CBR 值。CBR 一般以贯入量 2.5mm 时的测定值为准，当贯入量 5.0mm 时的 CBR 大于 2.5mm 时的 CBR 时，应重新试验，如重新试验仍然如此时，则以贯入量 5.0mm 时的 CBR 为准。

$$\text{现场 CBR} = \frac{P_1}{P_0} \times 100(\%) \tag{3-51}$$

式中：P_1——荷载压强，MPa；

P_0——标准压强，当贯入量为 2.5mm 时为 7MPa，当贯入量为 5.0mm 时为 10.5MPa。

(五)报告

(1)本试验采用的记录格式如表 3-18。

现场 CBR 值测定记录表　　表 3-18

路线和编号： 测定层位： 承载板直径(cm)：					路面结构： 测定日期：　年　月　日	
	预定贯入度(mm)	贯入量百分表读数(0.01m)			测力计读数	压强(MPa)
		1	2	平均		
加载记录	0					
	0.5					
	1.0					
	1.5					
	2.0					
	2.5					
	3.0					
	4.0					
	5.0					
	7.5					
	10.0					
	12.5					

续上表

现场 CBR 计算	贯入断面面积：　　cm^2 相当于贯入量 2.5mm 时的荷载压强：标准压强 = 7.00MPa；$CBR_{2.5}$ =　　（%） 相当于贯入量 5.0mm 时的荷载压强：标准压强 = 10.5MPa；$CBR_{5.0}$ =　　（%） 试验结果现场 CBR =　　（%）					
含水量计算		湿土重(g)	干土重(g)	水重(g)	含水量(%)	平均含水量(%)
	1					
	2					
密度计算		试样湿重(g)	试样干重(g)	体积(cm^3)	干密度(g/cm^3)	平均干密度(g/cm^3)
	1					
	2					

(2)试验报告应包括下列结果：

①土基含水量(%)；

②测点的干密度(g/cm^3)；

③现场 CBR 值及相应的贯入量。

本章小结

路基填筑用土是由固体颗粒、水和气体三部分所组成的三相体，经碾压密实后，能有效地提高路基的强度、刚度和稳定性，因此，路基压实质量控制是道路工程施工质量管理最重要的内容之一。

压实度是反映路基现场压实质量的重要技术指标，指工地实际达到的干密度与室内标准击实试验所得的最大干密度的比值。路基土的最大干密度和相应的最佳含水量可以通过在室内模拟现场施工条件的标准击实试验获得。

路基土含水量的测定方法主要有：烘干法、燃烧法、炒干法、微波炉法和碳化钙法等，工程上常用的方法主要是燃烧法。

路基土密度通常采用灌砂法、环刀法、水袋法和核子法等方法进行测定，其他如有路用雷达法、瑞利法等快速无破损的检测方法尚在研究阶段，尚未正式推广使用。

路基的回弹模量和 CBR 值是反映路基承载能力的重要技术指标，CBR 试验可分为室内试验和室外试验两种。

复习思考题

1. 不同材料的路基应采用哪种方法检测其压实度？
2. 简述灌砂法测定现场压实度的要点。
3. 在标准击实试验中准备试样的方法有哪些？

4. 路基回弹模量的检测方法有哪些？试简述其试验步骤。

5. 已知盒的质量为124g,湿土与盒的质量为165g,烘干后的土与盒的质量为162g,试计算该土的含水量。

6. 已知某粘土路基施工中用核子密度仪法和灌砂法测定含水量的对比试验结果如下表所示,试对核子密度仪测定含水量进行标定。

核子密度仪与灌砂法测定含水量对比试验结果

序号	核子密度仪	灌砂法	序号	核子密度仪	灌砂法
1	13.18	10.52	10	14.41	14.14
2	12.68	10.81	11	15.66	15.45
3	12.33	10.54	12	18.64	18.07
4	13.87	13.83	13	15.21	15.01
5	9.37	9.80	14	13.64	13.62
6	13.87	13.80	15	22.56	22.36
7	15.21	15.05	16	19.62	19.28
8	13.87	13.83	17	18.52	18.06
9	12.66	12.33			

7. 击实试验测得其含水量及密度如下表。试用图解法和三点二次插值法求出最佳含水量和最大干密度。

ω(%)	17.2	15.2	12.2	10.0	8.8	7.4
ρ(g/cm^3)	2.06	2.10	2.16	2.13	2.03	1.89

8. 某二级公路路基压实施工中,用灌砂法测定压实度,测得灌砂筒内量砂质量为5820g,填满标定罐所需砂的质量为3885g,测定砂锥的质量为615g,标定罐的体积3035cm^3,灌砂后称灌砂筒内剩余砂质量为1314g,试坑挖出湿土重为5867g,烘干土重为5036g,室内击实试验得最大干密度为1.68g/cm^3,试求该测点压实度和含水量。

9. 已知某路基路面工程中分别用灌砂法和核子密度仪法测定了石灰土的含水量和干密度,试建立两种方法间的相关关系。

核子密度仪与灌砂法对比试验结果

序号	核子密度仪		灌　砂　法	
	干密度	含水量	干密度	含水量
1	1.745	16.57	1.776	15.61
2	1.685	14.99	1.693	14.28
3	1.622	23.87	1.659	22.66
4	1.654	17.38	1.701	15.46
5	1.737	13.99	1.755	10.26
6	1.652	10.69	1.693	8.46
7	1.654	17.01	1.695	15.09
8	1.669	14.99	1.705	12.69
9	1.795	17.59	1.826	16.75
10	1.676	17.26	1.706	16.78

续上表

序号	核子密度仪		灌 砂 法	
	干密度	含水量	干密度	含水量
11	1.577	20.65	1.600	17.06
12	1.683	18.01	1.653	17.83
13	1.655	22.56	1.643	22.36
14	1.701	7.65	1.693	7.56
15	1.688	18.41	1.693	18.23

10．用承载板测定土基回弹模量，检测结果如表所示，请计算该测点的土基回弹模量。

$$\left(注:a_i = \frac{(T_1 + T_2)\pi D^2 p_i}{4T_1 Q}a = 0.97p_i a,\ D = 30cm,\ \mu_0 = 0.35,\ a = 10.4 \times 10^{-2}\text{mm}\right)$$

p_i(MPa)	0.02	0.04	0.06	0.08	0.10	0.14	0.18	0.22
加载读数(0.01mm)	12.3	21.1	39.4	50.6	58.7	77.5	97.3	127.0
卸载读数(0.01mm)	10.2	12.0	23.1	28.3	32.4	41.2	51.5	61.8

11．用贝克曼梁法测定某路段路基路面的综合回弹模量，经整理各测点弯沉值如下：38，45，32，42，36，37，40，44，52，46，42，45，37，41，44(0.01mm)。其中，测试车后轴重100kN(轮胎气压为0.7MPa，当量圆半径为10.65cm)，请计算该路段的综合回弹模量。

$$\left(注:E = 0.712 \times \frac{2pr}{L_r}(1 - \mu^2),\mu = 0.3\right)$$

12．已知某高速公路工地的一土样的CBR试验结果如下，试分析在路基压实度 $K = 94\%$ 时，该土样可否用于上路床。注：高速公路路基上路床CBR要求不低于8%。

击实次数	30	50	98
干密度(g/cm^3)	1.78	1.91	2.06
CBR(%)	2.2	4.1	9.4

13．某试样的贯入试验记录如表所示，求 $CBR_{2.5}$ 和 $CBR_{5.0}$，并判断试验是否需要重做？

贯入量(mm)	荷载测力百分表读数 R	单位压力 P(kPa)	贯入量(mm)	荷载测力百分表读数 R	单位压力 P(kPa)
0.5	8.5	0.394	3.0	40.25	1.865
1.0	13.3	0.614	4.0	45.25	2.097
1.5	24.05	1.115	5.0	50.0	2.317
2.0	31.5	1.460	7.5	61.75	2.862
2.5	37.0	1.715			

第四章　路面技术性能检测技术

【本章学习要点】 本章主要介绍路面技术性能的现场检测方法，主要有路面弯沉检测、路面平整度测定方法、路面摩擦系数测定方法、路面构造深度（TD）测定方法、路面压实度检测方法、路面透水性测定方法、路面评价指标的确定方法、路面技术状况综合调查等内容。

第一节　路面弯沉测定方法

一、概述

路面弯沉是指在汽车车轮荷载作用下路面表面产生的垂直变形值。它是反映路面整体抗压强度的一个综合指标。目前我国柔性路面设计方法采用的设计指标之一是路表回弹弯沉，并规定双轮胎轮隙中心处路面表面最大回弹弯沉代表值，应不大于竣工验收弯沉值。

1．弯沉的基本概念

路面在车轮作用下产生沉降，其总变形值即总弯沉值。当车轮荷载卸除后，路面便向上回弹，其回弹变形值即是回弹弯沉值。总弯沉与回弹弯沉之差便是残余弯沉。一般总弯沉比回弹弯沉大，表明路面除了产生弹性变形外还产生塑性变形。若总弯沉等于回弹弯沉，表明路面是完全弹性体。若总弯沉小于回弹弯沉，表明路面产生隆起的塑性变形。

2．弯沉测量的目的

一是利用弯沉仪量测路面表面在标准轴载作用下的轮隙回弹弯沉值，用作评定路面强度的指标；二是通过对路面结构分层测定所得的回弹弯沉值，根据弹性体系垂直位移理论解，反算路面各结构层的材料回弹模量值。

3．弯沉测量方法

用弯沉指标来表示路面强度的做法早在20世纪30年代便开始了。美国在50年代研制了贝克曼弯沉梁。我国也仿照贝克曼弯沉梁研制了现在的弯沉仪。为了提高量测精度和解决弯沉量测时支座位移的问题，前苏联、瑞士、法国研制了光学弯沉仪，它的特点是把测点与读数装置分开，消除了支座位移的影响。近年来像日本、丹麦等国研制了动力式落锤弯沉仪，用以量测冲击荷载作用下路面表面的弯沉，它可模拟快速行车对路面的弯沉效应。贝克曼梁法测弯沉属传统方法，速度慢，静态测试，比较成熟，目前属于标准方法。以下主要介绍贝克曼弯沉仪测量法。

二、贝克曼梁法测弯沉

1．试验目的和使用范围

（1）本方法适用于测定各类路基路面的回弹弯沉，用以评定其承载能力，可供路面结构设计使用。

(2)沥青路面的弯沉以路表温度20℃时为准,在其他温度测试时,对厚度大于5cm的沥青路面,弯沉值应予以温度修正。

2. 仪具与材料

(1)路面弯沉仪:由贝克曼梁、百分表及表架组成。贝克曼梁通常由铝合金制成。其前臂(接触路面)与后臂(装百分表)长度比为2:1。弯沉仪有两种:一种长3.6m,前后臂分别为2.4m和1.2m;另一种加长的弯沉仪长5.4m,前后臂分别为3.6m和1.8m。要求刚度高,质量小,精度高,灵敏度高和使用方便。仪器构造如图(4-1)所示。

(2)测试车:采用双轴、后轴双侧4轮的载重车,测试车可根据需要按公路等级选择,高速公路、一级公路和二级公路采用后轴为100kN的BZZ-100型汽车。其他等级公路采用后轴为60kN的BZZ-60型汽车。其标准轴载车的主要参数见表4-1。并要求轮胎花纹清晰,没有明显磨损。车上所装重物应稳固均匀,汽车行驶时载物不得移动。测试前应对轮胎气压进行检验。

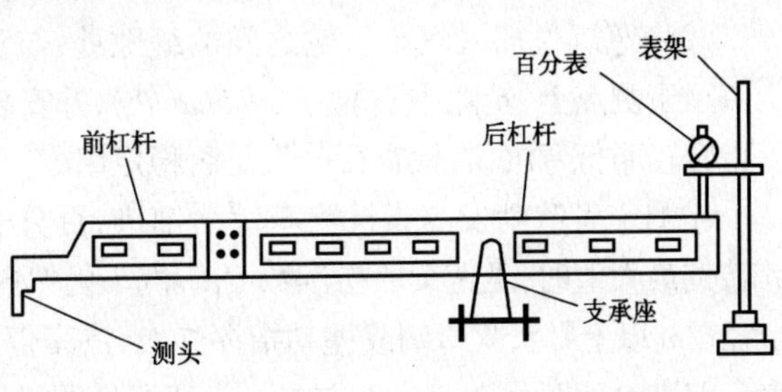

图4-1 弯沉仪构造图

标准轴载车的主要参数表

表4-1

标准轴载等级	BZZ-100	BZZ-60
后轴标准轴载 P(kN)	100±1	60±1
一侧双轮荷载(kN)	50±0.5	30±0.5
轮胎充气压力(MPa)	0.7±0.05	0.5±0.05
单轮传压面当量圆直径(cm)	21.30±0.5	19.5±0.5
轮隙宽度	满足能自由插入弯沉仪侧头的测试要求	

(3)接触式路面温度计。

(4)其他:粉笔、小旗、皮尺、口哨等。

3. 试验方法与试验步骤

(1)试验前的准备工作:

①检查并保持测定用标准车的车况及制动性能良好,轮胎内胎符合充气压力。

②向汽车车槽中装载(铁块或集料),并用地中衡称量后轴总质量,符合要求的轴重规定,汽车行驶及测定过程中,轴重不得变化。

③汽车轮胎着地面积:在平整光滑的硬质路面上用千斤顶将汽车后轴顶起,在轮胎下方放一张新的复写纸,轻轻放下千斤顶,即在方格纸上印上轮胎印痕,用求积仪或数方格的方法,测算轮胎的接地面积 F,准确至0.1cm^2。

④检查弯沉仪百分表测量灵敏情况。

⑤计算后轮的单位面积压力及荷载当量圆直径:

压力为:
$$p = \frac{P}{2F} \tag{4-1}$$

单圆荷载直径:
$$D = \sqrt{\frac{4F}{\pi}} \tag{4-2}$$

双圆荷载直径:
$$d = \frac{D}{\sqrt{2}} \tag{4-3}$$

⑥当在沥青路面上测定时,用路表温度计测定试验时的气温及路表温度时(一天气温不断变化,应随时检查),并通过气象台了解前5d的平均气温(日最高气温及最低气温的平均值)。记录沥青路面修建或改建时材料、结构、厚度、施工及养护等情况。

(2)测试步骤:

①在测试路段内布置测点,其距离视测试需要而定。测点应在路面行车车道的轮迹带上,并画上标记。

②将测试车后轮轮隙对准测点后约3~5cm处的位置上。

③将弯沉仪插入汽车后轮之间的缝隙处,与汽车的方向一致,轮臂不得碰到轮胎,弯沉仪测头至于测点上(轮隙中心前方3~5cm处),并安装百分表于弯沉仪的测定杆上,百分表调零,用手指轻轻叩打弯沉仪,检查百分表是否稳定回零。弯沉仪可以是单侧测定,也可以是双侧测定。

④测定者吹哨发令指挥汽车缓缓前进,百分表随路面变形的增加而持续向前转动。当表针转到最大值时,迅速读取初读数 d_1。汽车仍然向前行驶,表针反向回转,待汽车驶出弯沉影响半径(3m以上)后,吹口哨或挥动指挥红旗,汽车停止。待表针回转稳定后,再次读取终读数 d_2。汽车前进的速度宜为5km/h左右。当弯沉仪的杠杆比为1:2时,则回弹弯沉值(mm)如下:

$$l_t = 2(d_1 - d_2) \times \frac{1}{100} \tag{4-4}$$

⑤回弹弯沉测量的结果记录在表4-2中。

回弹弯沉试验记录表　　表4-2

路线名称＿＿＿＿　试验日期＿＿＿＿　气温＿＿＿＿

试验车型号＿＿＿＿　后轴重＿＿＿＿MN

车轮当量圆直径,单圆 D:左＿＿＿＿cm　右＿＿＿＿cm;双圆 d:左＿＿＿＿cm　右＿＿＿＿cm

车轮对路面的单位压力:左＿＿＿＿MPa　右＿＿＿＿MPa　路面温度＿＿＿＿

编号	测点桩号	百分表读数(0.01mm)		回弹弯沉	土基干湿类型	路况描述	备注
		初读数 d_1	终读数 d_2	l_t(mm)			

读数＿＿＿＿　　记录＿＿＿＿　　校核＿＿＿＿

⑥如需测定总弯沉值和残余弯沉值,则应用“后退加荷法”,即:先将试验车停驻在弯沉影响半径范围以外,在测点先安置好弯沉仪测头,读记百分表读数 d_3。然后指挥试验车缓缓地由前向后倒退至测点,并使弯沉仪测头刚好对准轮胎间隙中心,待百分表稳定后读记数值 d_4,随即指挥汽车向前缓缓驶离测点至影响半径范围之外,待百分表稳定后读记数值 d_5,则:

总弯沉为:
$$l_z = 2(d_4 - d_3) \times \frac{1}{100} \tag{4-5}$$

回弹弯沉:
$$l_t = 2(d_4 - d_5) \times \frac{1}{100} \tag{4-6}$$

残余弯沉:
$$l_e = l_z - l_t \tag{4-7}$$

(3)弯沉仪的支点变形修正:

①当采用3.6m的弯沉仪对半刚性基层沥青路面、水泥混凝土路面等进行弯沉测试时，有可能引起弯沉仪支座处变形，因此应检验支点有无变形。用另一台检验用的弯沉仪安装在检测用的弯沉仪后方，其测点架于测定用的弯沉仪的支点旁。当汽车开动时，同时读取两台弯沉议的读数，如检验用的弯沉仪百分表有读数，则应记录并进行支点变形修正。

②当采用长5.4m的弯沉仪测定时，可不进行支点变形修正。进行弯沉仪支点变形修正时，路面测点的回弹弯沉值按下式计算：

$$L_T = (L_1 - L_2) \times 2 + (L_3 - L_4) \times 6 \tag{4-8}$$

式中：L_1——车轮中心临近弯沉仪测头时测定用弯沉仪的最大读数，0.01mm；

L_2——汽车驶出弯沉影响半径后测定用弯沉仪的终读数，0.01mm；

L_3——车轮中心临近弯沉仪测头时检验用弯沉仪的最大读数，0.01mm；

L_4——汽车驶出弯沉影响半径后检验用弯沉仪的终读数，0.01mm。

式(4-8)适用于测定用弯沉仪支座处有变形，但百分表架处路面无变形的情况。

(4)温度修正

沥青面层厚度大于5cm，且路面温度超过(20±2)℃范围时，回弹弯沉值应进行温度修正，温度的修正有两种方法。

①查图法。测定时的沥青层平均温度按下式计算：

$$T = (T_{25} + T_m + T_e)/3 \tag{4-9}$$

式中：T——测定时沥青层平均温度，℃；

T_{25}——根据 T_0 由图4-2决定的路表下25mm处的温度，℃；

T_m——根据 T_0 由图4-2决定的沥青层中间深度的温度，℃；

T_e——根据 T_0 由图4-2决定的沥青层地面处的温度，℃。

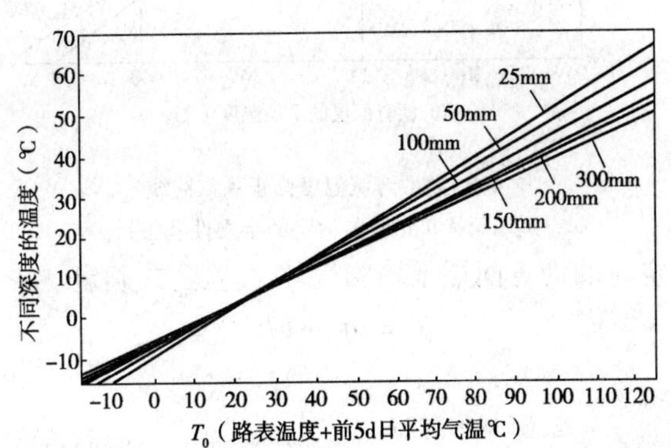

图4-2 沥青面层平均温度的确定

(线上的数字表示路表下的不同深度)

图4-2中 T_0 为测定时路表温度与测定前5d日平均气温的平均值之和，平均气温为日最高气温与最低气温的平均值。

不同基层的沥青路面弯沉值的温度修正系数 K，根据沥青平均温度 T 及沥青层厚度，分别由图4-3及图4-4求取。

沥青路面回弹弯沉按下式计算：

$$L_{20} = L_T \times K \tag{4-10}$$

式中：K——温度修正系数；

L_{20}——换算为20℃的沥青路面回弹弯沉值,0.01mm;

L_T——测定时沥青面层内平均温度为 T 时的回弹弯沉值,0.01mm。

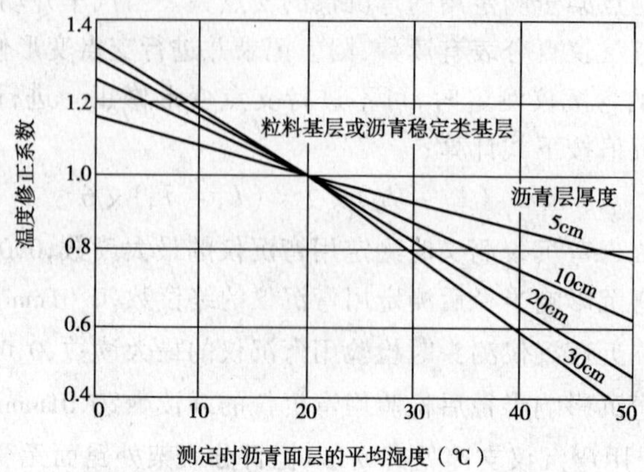

图4-3 路面弯沉温度修正系数曲线
(适用于粒料基层或沥青稳定类基层)

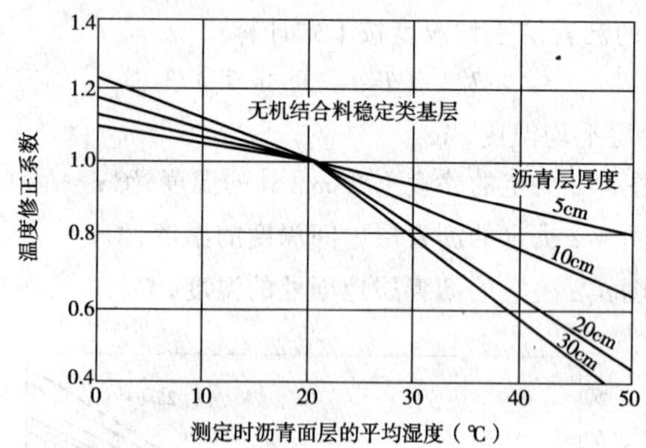

图4-4 路面弯沉温度修正系数曲线
(适用于无机结合料稳定的半刚性基层)

②经验计算法。测定时的沥青面层平均温度 T 经验公式确定:

$$T = a + bT_0 \tag{4-11}$$

式中 a、b 按下式取值:

$$\begin{aligned} a &= -2.65 + 0.52h \\ b &= 0.62 - 0.008h \end{aligned} \quad (h\text{ 为沥青面层厚度}) \tag{4-12}$$

T_0——测定时路表温度与测定前5d日平均气温的平均值之和,℃。

弯沉温度修正系数经验公式:

$$\text{当 } T \geqslant 20℃ \text{ 时} \qquad K = e^{h(\frac{1}{T_1}-\frac{1}{20})} \tag{4-13}$$

$$\text{当 } T < 20℃ \text{ 时} \qquad K = e^{0.002h(20-T_1)} \tag{4-14}$$

4. 测试数据的整理与计算

在确定原有路面计算弯沉值中,在同一段落各测点的弯沉值比较接近且每车道不少于20点;各段的最小长度应与施工方法相适应,一般不小于500m,机械化施工不小于1km的要求,且土基干湿类型和土质应相同,将全线进行段落划分,统计计算各段的计算参数,如下各式所示:

①平均弯沉值$\overline{L}_0$：
$$\overline{L}_0=\frac{1}{n}\sum_{i=1}^{n}L_{\mathrm{i}} \tag{4-15}$$

②标准偏差 S：
$$S=\sqrt{\frac{\sum_{i=1}^{n}(L_{\mathrm{i}}-\overline{L}_0)^2}{n-1}} \tag{4-16}$$

③变差系数 C_{v}：
$$C_{\mathrm{v}}=\frac{S}{L_0}\times 100\% \tag{4-17}$$

④代表弯沉 L：
$$L=\overline{L_0}+Z_{\mathrm{a}}S \tag{4-18}$$

式中：L_0——路段的计算回弹弯沉值，0.01mm；

$\overline{L_0}$——路段内原有路面的平均弯沉值，0.01mm；

S——弯沉值的均方差，0.01mm；

Z_{a}——与保证率有关的系数，高速公路、一级公路取 2.0，二级公路取 1.645，二级以下公路取 1.5。

第二节　路面平整度测定方法

一、概述

1．平整度检测的意义

路面平整度是评定路面使用品质的重要指标之一，它也是一个整体性指标，又是衡量路面质量及现有路面破坏程度的一个重要指标。它直接关系到行车安全以及车辆的通行能力和运营的经济性，还影响着路面的使用年限。

路面不平使车辆在行驶中产生行驶阻力和振动，行驶阻力消耗车辆的功率并且影响车辆动力系统和传动系统的寿命，而在冲击下产生的振动，直接影响了车辆平顺性、乘坐舒适性以及承载系统的可靠性和使用寿命，同时阻力和振动也对车速和操纵稳定性产生影响。所以，路面平整度是运行环境中的主要因素。另外，路面的平整度对车辆营运费用有较大影响。

2．平整度检测的目的

测量路面平整度指标，一是为了检查控制路面施工质量与验收路面工程，二是根据测定的路面平整度指标确定养护维修计划。

3．平整度检测的测试方法与仪器

路面平整度包括纵断面和横断面两个方面。测定平整度的仪器种类繁多，国外这方面从最初的直尺式测定仪发展成为可以记录行车道真实断面形状的横断面记录仪，如芬兰、日本、荷兰等国家研制了车辙深度量测仪。后来又研制了纵断面测定仪，如多轮式纵断面仪、斜率纵断面仪和美国通用汽车公司研制的 GMR 纵断面仪。国内除了 3m 直尺外，还有 JLP-80N 型间断式路面平整度仪（西安公路科研所和南京交通试验仪器厂生产的一种自行车携带的直尺式监测仪），东南大学试制的仿苏联式测振仪，辽宁锦州郊区公路段研制成的 CPJ～S 型路面平整度检测仪，以及西安东风仪表厂生产的 XLPY-E 型连续式平整度仪。下面介绍国内最常用的测试平整度的方法，3m 直尺法和连续平整度仪法。

二、3m 直尺法

3m 直尺测定法有单尺测定最大间隙及等距离（1.5m）连续测定两种，前者常用于施工时质量控制和检查验收，单尺测定时要计算出测定段的合格率。等距离连续测试也可用于施工质量检查验收，但要算出标准差，用标准差来表示平整程度。它与用3m连续式平整度仪测定的路面平整度有较好的相关关系。

3m直尺测定法的特点是设备简单，结果直观，间断测试，工作效率低，用直尺与路面之间的最大间隙 h(mm)反映凹凸程度。

1. 目的和适用范围

(1)本方法规定用3m直尺测定距离路表面的最大间隙表示路基路面的平整度，以mm计。

(2)本方法适用于测定压实成型的路面各层表面的平整度，以评定路面的施工质量及使用质量，也可用于路基表面成型后的施工平整度检测。

2. 量测仪器

(1)直尺：由铝合金制造，长度3m，底边平直，上边装有两个把手，便于使用时握住。

(2)楔形塞尺：木或金属制的三角形塞尺，有手柄。塞尺的长与高度之比不小于10，宽度不大于15mm，边部有高度标记，刻精度不小于0.2mm，也可使用其他类型的量尺。

(3)其他：皮尺或钢尺、粉笔等(见图4-5)。

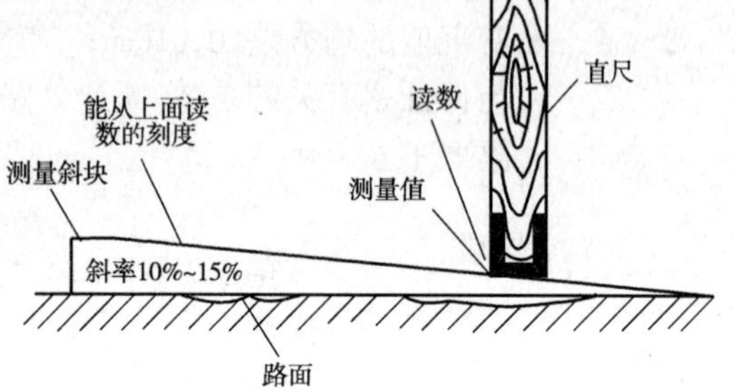

图4-5 处于测量状态的直尺横断面和测量楔尺

3. 量测步骤

(1)在施工过程中检测时，按根据需要确定的方向，将3m直尺摆在测试地点的路面上。

(2)目测3m直尺底面与路面之间的间隙情况，确定间隙为最大的位置。

(3)用有高度标线的塞尺塞进间隙处，量记其最大间隙的高度(mm)，准确至0.2mm。

(4)施工结束后检测时，按现行《公路工程质量检验评定标准》(JTG F80/1—2004)规定，每1处连续检测10尺，按上述(1)~(3)的步骤测记10个最大间隙。

4. 数据处理

单杆检测路面的平整度计算，以3m直尺与路面的最大间隙为测定结果。连续测定10尺时，判断每个测定值是否合格，根据要求计算合格百分率，并计算10个最大间隙的平均值。

$$合格率(\%)=合格尺数/总测尺数\times 100 \qquad (4\text{-}19)$$

单尺检测的结果应随时记录测试位置及检测结果。连续测定10尺时，应报告平均值、不合格尺数、合格率，记录格式见表4-3、表4-4。

平整度检测记录表　　表4-3

工程名称××公路　施工单位××公司　结构层类型______　检测日期：											
桩号	读　数(mm)										最大值(mm)
K154+200	1	2	1	2	1	2	3	1	2	1	3
K154+300	1	1	1	2	1	3	1	2	1	1	3
本段检测点数20个，合格点数20个，合格率100%。											

平整度检测汇总表(3m 直尺法) 表 4-4

工程名称________ 结构名称________ 规 定 值________ 路段桩号________

检 验 者________ 计 算 者________ 校 核 者________ 检验日期________

测定区间桩号	测尺序号或桩号	最大间隙(mm)	合格尺数	合格率(%)	平均值(mm)

三、连续式平整度仪测定平整度试验方法

(一)目的和适用范围

(1)本方法规定用连续式平整度仪量测路面的不平整度的标准差(σ),以表示路面的平整度,以 mm 计。

(2)本方法适用于测定路表面的平整度,评定路面的施工质量和使用质量,不适用于在已有较多坑槽、破损严重的路面上测定。

(二)仪具

(1)连续式平整度仪:构造如示意图 4-6。除特殊情况外,连续式平整度仪的标准长度为 3m,其质量应符合仪器标准的要求。中间为一个 3m 长的机架,机架可缩短或折叠,前后各有 4 个行车轮,前后两组轮的轴间距离为 3m。机架中间有一个能起落的测定轮。机架上装有蓄电池电源及可拆卸的检测箱,检测箱可采用显示、记录、打印或绘图等方式输出测试结果。测定轮上装有位移传感器、距离传感器等检测器,自动采集位移数据时,测定间距为 10cm,每一计算区间的长度为 100m,输出一次结果。当为人工检测、无自动采集数据及计算功能时,应能记录测试曲线。机架头装有一牵引钩及手拉柄,可用人力或汽车牵引。

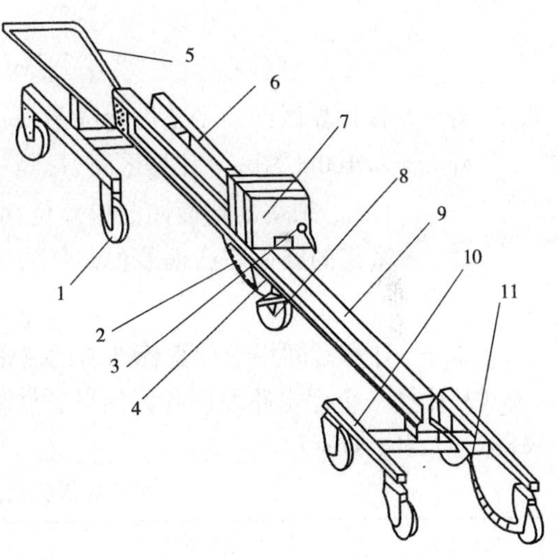

图 4-6 连续式平整度仪示意图

1-脚轮;2-拉簧;3-离合器;4-测量架;5-牵引架;6-前架;7-记录计;8-测定轮;9-纵梁;10-后架;11-软轴

(2)牵引车:小面包车或其他小型牵引汽车。

(3)皮尺或测绳。

(三)试验步骤

1. 准备工作

(1)选择测试路段。

(2)当为施工过程中质量检测需要时,测试地点根据需要决定;当为路面工程质量检查验收或进行路况评定需要时,通常以行车道一侧车轮轮迹带作为连续测定的标准位置。对旧路已形成车辙的路面,取一侧车辙中间位置为测定位置。当以内侧轮迹带(IWP)或外侧轮迹带(OWP)作为测定位时,测定位置距车道标线 80 ~ 100cm。

(3)清扫路面测定位置处的脏物。

(4)检查仪器检测箱各部分是否完好、灵敏,并将各连接线接妥,安装记录设备。

2. 试验步骤

(1)将连续式平整度测定仪置于测试路段路面起点上。

(2)在牵引汽车的后部,将平整度的挂钩挂上后,放下测定轮,启动检测器及记录仪,随即启动汽车,沿道路纵向行驶,横向位置保持稳定,并检查平整度检测仪表上测定数字显示、打印、记录的情况。如遇检测设备中某项仪表发生故障,即须停止检测。牵引平整度仪的速度应保持匀速,速度宜为5km/h,最大不得超过12km/h。

在测试路段较短时,亦可用人力拖拉平整度仪测定路面的平整度,但拖拉时应保持匀速前进。

(四)检测数据的处理

(1)连续式平整度测定仪测定后,按每10cm间距采集的位移值自动计算每100m计算区间的平整度标准差(mm),还可记录测试长度(m)、曲线振幅大于某一定值(如3mm、5mm、8mm、10mm等)的次数、曲线振幅的单向(凸起或凹下)累计值及以3m机架为基准的中点路面偏差曲线图,计算打印。当为人工计算时,在记录曲线上任意设一基准线,每隔一定距离(宜为1.5m)读取曲线偏离基准线的偏高位移值 d_i。

(2)每一计算区间的路面平整度以该区间测定结果的标准差表示如下:

$$\sigma_i = \sqrt{\frac{\sum (d_i - \overline{d})^2}{n}} \tag{4-20}$$

式中:σ_i——各计算区间的平整度标准差,mm;

d_i——以100m为一个计算区间,每隔一定距离(自动采集间距为10cm,人工采集间距为1.5m)采集的路面凹凸偏差位移值,mm;

$\overline{d}$——采集的路面凹凸偏差位移值的平均值,mm;

$$\overline{d} = \sum d_i / n \tag{4-21}$$

n——计算区间用于计算标准差的测试数据个数。

(3)计算一个评定路段内各区间平整度标准差的平均值、标准差、变异系数及合格率。记录格式如表(4-5)所示。

平整度检测记录(连续平整度仪法)　　表4-5

工程名称＿＿＿＿　结构名称＿＿＿＿　规定值＿＿＿＿　路段桩号:

检验者＿＿＿＿　计算者＿＿＿＿　校核者＿＿＿＿　检验日期:

测定区间桩号	序号	标准差 σ_i(mm)	平均值(mm)	标准差(mm)	变异系数	合格区间数	合格率(%)

在我国通常称作"3m直尺",这是因为我们采用的直尺长度是3m,其实直尺并不限于3m,图4-7是一种采用4m直尺连续测量的方法。a)是测量的第一步,直尺的前后着地并出现前后两个间隙,测取两个间隙的读数。b)是测量的第二步,直尺只向前移动2m,使本次测量的路段和上次测量路段有2m的重合。这一次的直尺前端翘起,所以不测量前端的间隙,只测量后部的间隙。c)是测量的第三步,直尺又向前移动2m,直尺的前后均着地,与a)不同,最大间隙只有一个,所以只测取该间隙。d)是测量的第四步,直尺仍然向前移动2m,直尺的前后均不着地,所以前后均不测量,只测中点一处的间隙。

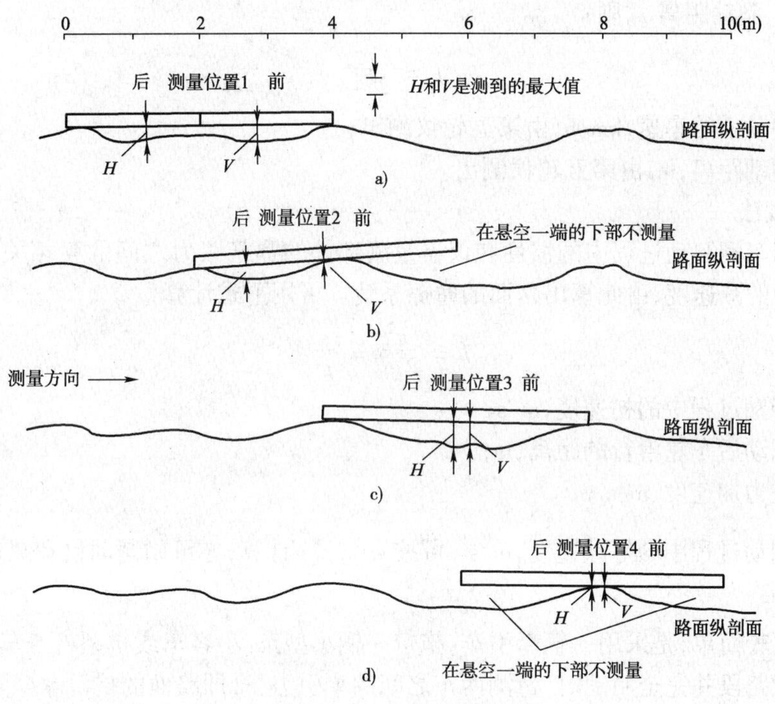

图4-7 4m直尺连续测量平整度的方法

第三节 路面摩擦系数测定方法

一、概述

随着公路及城市道路交通运输事业的蓬勃发展,公路里程不断增加,为了保证行车安全,要求路面表面具有一定的粗糙度,防止在不利条件下产生滑溜行车事故。

路面抗滑性能是指车辆轮胎受到制动时沿表面滑移所产生的力。通常,抗滑性能被看作是路面的表面特性,摩阻系数是反映抗滑性能的主要指标之一。表面特性包括路表面细构造和粗构造。影响抗滑性能的因素有路面表面特性、路面潮湿程度和行车速度。路面具有一定

粗糙度是保证汽车在道路上行驶安全的必要条件,它通过轮胎与路面相互作用产生的摩擦阻力而起制约作用。评定路面粗糙度的指标很多,但通常采用的是车辆纵向紧急制动距离 S,纵向摩擦系数 f 和横向摩擦系数 f_v。

一般而言,制动距离 S 愈短,摩擦系数愈大,行车愈安全。路面粗糙度愈大,纵向摩擦系数 f 和横向摩擦系数 f_v 愈大。

二、几种测试方法简介

抗滑性能测试方法有:制动距离法、偏转轮拖车法(横向摩擦系数测试)、摆式仪等方法。各方法的特点简单介绍如下。

1. 制动距离法

它是以一定速度(40km/h)在平坡上行驶的汽车,在所测定的路段上采取紧急制动,测出制动前车速 v、制动距离 s,则:

$$f = \frac{v^2}{254s} \tag{4-22}$$

式中:v——制动前的车速,km/h,由第五轮仪测出;

s——制动距离,m,由第五轮仪测出。

2. 减速度法

它是利用车辆制动过程中的惯性和仪器量测部件的弹簧张力之间的互相关系,测读出汽车制动过程中的减速度,由此算出路面的摩擦系数。可用下式计算:

$$f = \frac{v^2}{2gs} = \frac{a}{g} \tag{4-23}$$

式中:v——制动过程中的初速度,m/s;

s——制动后车轮滑行的距离,m;

g——重力加速度,m/s^2;

a——制动过程中的等减速度,m/s^2,可按 $a = \frac{v^2}{2s}$ 计算,亦可用制动仪和减速仪测出。

3. 拖车法

此种方法较简单,是采用一辆牵引车,拖带一辆小型车(小客车或小型吉普车)。当小车以匀速进入测试路段并完全制动时,量测两车之间的牵引力 F(即路面的抗滑摩擦阻力),用下式来计算其纵向摩擦系数:

$$f = F/G \tag{4-24}$$

式中:F——牵引力,由拉力传感器通过动态应变仪示波器拍摄其微应变的大小,转换为牵引力,或用拉力计由指针读数示出,N;

G——被拖小车的重力,N。

4. 摆式仪法

它是运用动力摆擦过路表面时,由于摆锤与路面摩擦而损失的位能等于摆锤末端橡胶滑块在路面上擦过时克服路面摩擦阻力所作的功,由此来计算摩擦系数。由于在公路施工及验收规范中沥青路面、水泥混凝土路面抗滑标准之一是用摆式仪法来测定路面的摩擦系数,所以下面重点介绍一下摆式仪法测定路面摩擦系数的方法。

三、摆式仪法测定摩擦系数

1. 仪器设备

摆式仪一套,见图 4-8,其他仪器:洒水壶、橡皮刷、标准尺、记录用品及维护交通的标记物品等。

2. 测试操作步骤

(1)选择测试代表点。在测试路段上,沿行车方向的左轮轮迹,选择有代表性的5个测点,各测点的相应距离为5~10m。

(2)安置摆式仪。将摆式仪置于测点上,并使摆式仪的摆动方向与行车方向一致,旋转调平螺丝,使水准泡居中,并用橡皮刷清除摆动范围内路面上的松散颗粒和杂物。

(3)调整指针位置:

①放松固定把手A、B,转动升降把手C,使摆升高并能自由摆动。然后旋进把手A和B。

②将摆向右运动,按下释放开关D,使卡环N进入释放开关槽,放开释放开关,摆即处于水平释放位置,并且指针H应被带到刻度150处。

③按下释放开关D,摆向左运动,并带动指针H向上运动,当摆达到最高位置时,用左手将摆杆接住,此时指针应指零。若不指零时,可稍旋紧或放松摆的调节螺母F,重复本项操作,直至指针指零。

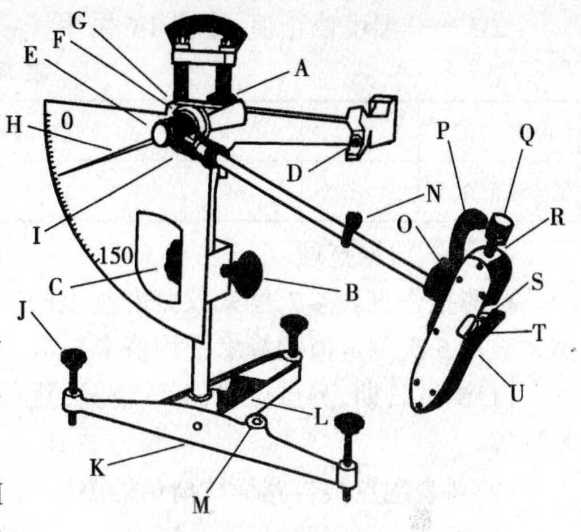

图4-8 摆式仪结构示意图

A、B-固定把手;C-升降把手;D-释放开关;E-转向节螺盖;F-调节螺母;G-针簧片;H-指针;I-连接螺母;J-调平螺栓;K-底座;L-垫块;M-水准泡;N-卡环;O-定位螺钉;P-举升柄;Q-平衡锤;R-锁紧螺母;S-滑溜块;T-橡胶片;U-止滑螺钉

(4)标定滑块长度:

①让摆自由悬挂,提起举升柄P,将垫块L置于定位螺钉O下面,使滑溜块S升高。放松紧固把手A和B,转动升降把手C,使摆缓缓下降。当滑溜块上的橡胶片T刚接触路面时,即将紧固把手A和B旋进,使摆头固定。

②提起举升柄P,取下垫块L,使摆向右运动,放下举升柄。使摆慢慢向左运动,直至橡胶片的边缘刚刚接触路面。在橡胶片的外边平行摆动方向设置标尺(126mm),尺的一端正对该点。再用手提起举升柄P,使滑溜块S向上提起,并使摆继续左运动。放下举升柄P,再将摆慢慢向右运动,使橡胶片的边缘再一次接触路面。橡胶片两次同路面的接触点的距离为126mm(即滑动长度)。若滑动长度不等于标准时,则升高或降低仪器底座正面的调平螺丝J来校正。但需调平水准泡,使滑动长度符合要求。然后,将摆置于水平释放位置。

(5)测定。用水浇洒路面,并用橡皮刷刷刮,以便洗去泥浆。然后再洒水,并按下释放开关D,使摆在路面上滑过。当摆向回摆时,用左手接住摆杆,读指针读数,右手提起举升柄使滑溜块S升高,并将摆向右运动,按下开关,使摆卡环进入释放开关。重复此项测定5次(每次均应洒水),记录5次的摆值。5次数值的最大与最小差值不应大于3个单位(3BPN,即刻度盘的1格半)。如差值大于3个单位,应检查产生的原因,并再次重复上述操作,直到符合上述规定要求为止。取5次测得的平均值作为每个测点路面的抗滑值(即摆值F_B),取整数。在测点位置上用路表温度计测记潮湿路面的温度,准确至1BPN。

按以上方法,同一处平行测定不少于3次,3个测点均位于轮迹带上,测点间距3~5m。该处的测定位置以中间测点的位置表示。每一处均取3次测定结果的平均值作为试验结果,准确至1BPN。

3. 抗滑值的温度修正

当路面温度为T(℃)时测得的摆值为F_{BT},必须按式换算成标准温度20℃的摆值F_{20}:

$$F_{20} = F_{BT} + \Delta F \tag{4-25}$$

式中：F_{20}——换算成标准温度20℃时的摆值，BPN；

F_{BT}——路面温度 T 时测得的摆值，BPN；T 为测定的路表潮湿状态下的温度，℃；

ΔF——温度修正值，按表4-6采用。

温度修正值 表4-6

温度 T(℃)	0	5	10	15	20	25	30	35	40
温度修正值 ΔF	-6	-4	-3	-1	-0	+2	+3	+5	+7

4．测试数据整理

检测报告见表4-7，摆式仪刻度盘上的读数即摆值 F_B 除以100，就是摩擦系数；测点的摩擦系数用5次测定值的算术平均值来表示。

(1)测试日期，测点位置，天气情况，洒水后潮湿路面的温度，并描述路面类型、外观、结构类型等。

(2)列表逐点报告路面抗滑值的测定值 F_{BT}，经温度修正后的 F_{B20} 及3次测定的平均值。

(3)每一个评定路段(不小于5个测点)路面抗滑值的平均值、标准值、变异系数。

(4)精度要求是同一个测点，重复5次测定的差值不大于3BPN。

路面摩擦系数检测记录 表4-7

工程名称______ 路面类型______ 路段桩号______ 检查日期______

检 验 者______ 计 算 者______ 校 核 者______ 路面温度______

测点位置		测点序号	路况描述	摆值(BPN)						测点摆值(BPN)	修正后摆值(BPN)
桩号	横距(m)			1	2	3	4	5	平均值		
测点数		规定值 BPN		平均值 BPN		标准差		变异系数(%)		合格率(%)	

第四节　路面构造深度(TD)测定方法

路表面细构造是指集料表面的粗糙度，它随车轮的反复磨耗作用而逐渐被磨光。通常采用石料磨光值(PSV)表征抗磨光的性能。细构造在低速(30~50km/h)时对路表抗滑性能起决定作用。而高速时起主要作用的是粗构造,它是由路表外露集料间形成的构造,功能是使车轮下的路表水迅速排除,以避免形成水膜。粗构造由构造深度表征,是反映抗滑性能的又一个主要指标。

一、手工铺砂法

1. 目的与适用范围

本法适用于测定沥青路面及水泥混凝土路面表面的构造深度,用以评定路面表面的宏观粗糙度、路面表面的排水性能及抗滑性能。

2. 仪具与材料

(1)人工铺砂仪(图4-9):

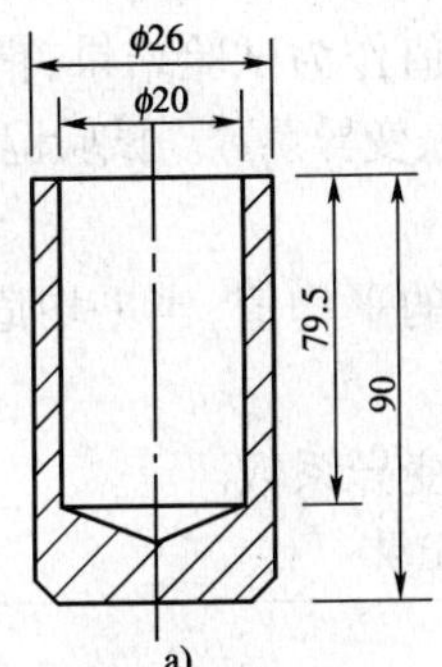

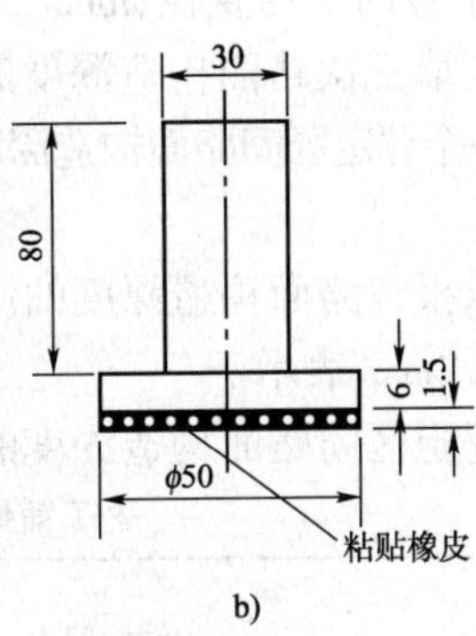

图4-9 人工铺砂仪(尺寸单位:mm)

a)量砂筒;b)摊平板

①量砂筒容积为(25±0.15)mL。

②推平板:推平板为木制或铝制,直径50mm,底面粘一层厚1.5mm的橡胶片,上面有一圆柱形把手。

③量尺:钢板尺、钢卷尺,或专用构造深度尺。

(2)量砂:足够数量的干燥洁净的匀质砂,粒径为0.15~0.3mm。

其他还有装砂容器(小铲)、扫帚、毛刷、挡风板等。

3. 方法与步骤

1)准备工作:

(1)量砂准备:取洁净的细砂晾干、过筛,取0.15~0.3mm的砂置适当的容器中备用。量砂只能用一次,不宜重复使用。回收过筛处理后方可使用。

(2)对测试路段按随机取样的方法,决定测点所在横断面的位置。测点应选择在轮迹带上,距路面边缘不小于1m。

2)试验步骤:

(1)用扫帚或毛刷将测点附近的路面清扫干净,面积不小于30cm×30cm。

(2)用小铲装砂,使筒装满,手提圆筒上方,在硬质路面上轻轻地叩打三次,使砂密实,补足砂面,用钢尺刮平。不可直接用量砂筒装砂,以免影响砂的密实均匀性。

(3)将砂倒在测点上,用底面粘有橡胶的推平板,由里向外重复做摊铺运动,稍稍用力将砂细心地尽可能地向外摊铺,使砂填入凹凸不平的路表面的空隙中,尽可能将砂摊铺成圆形,并在表面不得有浮砂。注意摊铺时不可用力过大或向外推挤。

(4)用钢板尺测量所构成圆的两个垂直方向的直径，取其平均值，准确至5mm。

(5)按以上方法，同一处平行测定不少于3次，3个测点均位于轮迹带上，测点间距3~5m，该处的测定位置以中间点的位置表示。

4. 计算

(1)路面表面构造深度测定结果按下式计算：

$$TD = \frac{1000V}{\pi D^2/4} = \frac{31831}{D^2} \tag{4-26}$$

式中：TD——路面表面的构造深度，mm；

V——砂的体积，25cm³；

D——推平砂的平均直径，mm。

(2)每一处均取三次路面构造深度的测定结果的平均值作为试验结果，精确至0.1mm。

(3)计算每一个评定区间路面构造深度的平均值、标准差、变异系数。试验记录格式见表4-8。

5. 报告

(1)列表逐点报告路面构造深度的测定值及3次测定的平均值，当平均值小于0.2mm时，试验结果以"<0.2mm"表示。

(2)每一个评定区间路面构造深度的平均值、标准差、变异系数。

手工铺砂路面构造深度试验记录 表4-8

工程名称＿＿＿＿＿ 结构层次＿＿＿＿＿ 路段桩号＿＿＿＿＿

检 验 者＿＿＿＿＿ 计 算 者＿＿＿＿＿ 校 核 者＿＿＿＿＿ 检验日期＿＿＿＿＿

测试地点		构造深度 TD(mm)				路况描述	备　注
桩号	横距(m)	1	2	3	平均值		

测点数		规定值		平均值		标准差		变异系数		合格率	

一般来说，手工铺砂法误差较大，其原因很多，例如装砂的方法无标准，致使量筒中的砂紧密程度不一样，影响砂量；还有摊砂用摊平板无标准，更主要的是砂摊开到多大程度为止，无明确规定，故各人掌握不一样。为了克服手工铺砂法掌握不统一、测量不准的缺点，可采用电动铺砂法和激光法。

二、电动铺砂法

1. 目的和适用范围

本法适用于测定沥青路面及水泥混凝土路面表面的构造深度，用以评定路面表面的宏观粗糙度、路面表面的排水性能及抗滑性能。

2. 仪具与材料

电动铺砂仪：(图4-10)利用可充电的直流电源将量砂通过砂漏铺设成宽度5cm、厚度均匀一致的器具，其他的仪具与材料同手工铺砂法。

3. 方法与步骤

1)准备工作(同手工铺砂法)。

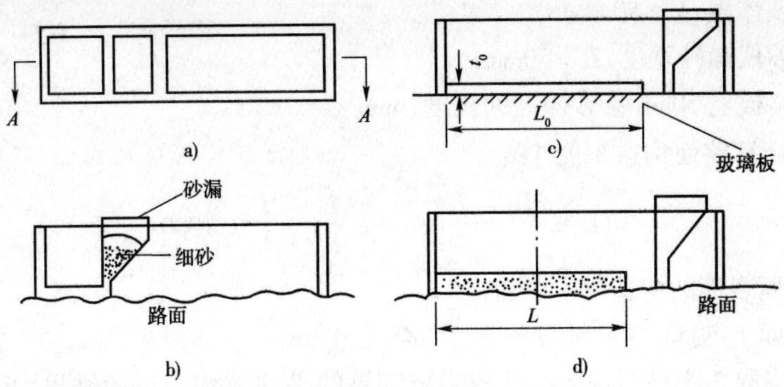

图 4-10 电动铺砂仪

a)平面图；b)A—A 断面；c)标定；d)测定

2)电动铺砂器的标定：

(1)将铺砂器平放在玻璃板上，将砂漏移至铺砂器端部。

(2)将灌砂漏斗口和量筒口大致齐平，通过漏斗向量筒中缓缓注入准备好的量砂至高出量筒呈尖顶状，用直尺沿筒口一次刮平，其容积为 50mL。

(3)将漏斗口与铺砂器砂漏上口大致齐平。将砂通过漏斗均匀地倒入砂漏，漏斗前后移动，使砂的表面大致齐平，但不得用其他工具刮动砂。

(4)开动电动马达，使砂漏向另一端缓缓移动，量砂沿砂漏底部铺成如图 4-11 所示的带状，待砂漏完后停止。

(5)计算平均量砂长度，精确至 1mm：

$$L_0 = (L_1 + L_2)/2 \tag{4-27}$$

(6)重复标定 3 次，取平均值，L_0 精确至 1mm。

标定应在每一次试验前进行，用同一种量砂，由同一试验员测试。

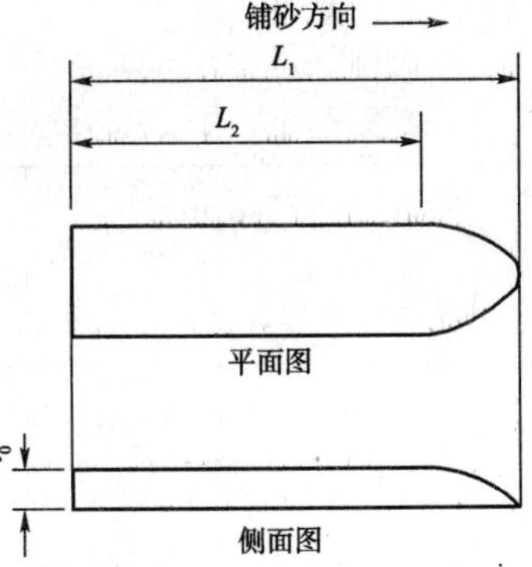

图 4-11 决定 L_0 及 L 方法

3)试验步骤：

(1)将测试地点用毛刷刷净，面积大于铺砂仪。

(2)将铺砂仪沿道路纵向平稳地放在路面上，将砂漏移至端部。

(3)按上述电动铺砂仪标定(2)~(5)相同的步骤，在测试地点摊铺 50mL 量砂，按上述方法量取摊铺长度 L_1 及 L_2 并计算 L，准确至 1mm。

$$L = (L_1 + L_2)/2 \tag{4-28}$$

(4)按上述方法，同一处平行测定不少于 3 次，3 个测点均位于轮迹带上，测点间距 3~5m。该处的测定位置以中间的测点位置表示。

4. 计算

(1)按下式计算铺砂仪在玻璃板上摊铺的量砂的厚度 t_0：

$$t_0 = \frac{V}{B \times L_0} \times 1000 = \frac{1000}{L_0} \tag{4-29}$$

式中：t_0——量砂在玻璃板上摊铺的标定厚度，mm；

V——量砂体积，$V = 50$mL；

B——铺砂仪铺砂宽度，$B = 50$mm；

L_0——玻璃板上 50mL 量砂摊铺的长度，mm。

(2)按下式计算路面构造深度 TD：

$$\text{TD} = \frac{L_0 - L}{L} \times t_0 = \frac{L_0 - L}{L_0 \times L} \times 1000 \tag{4-30}$$

式中：TD——路面表面的构造深度，mm；

L——路面上 50mL 量砂铺设的长度，mm。

(3)每一处均取 3 次路面构造深度的测定结果的平均值作为试验结果，当小于 0.2mm，试验结果以"<0.2mm"表示。

(4)计算每一个评定区间路面构造深度的平均值、标准差、变异系数。试验记录格式见表 4-9。

电动铺砂法路面构造深度试验记录

表 4-9

名称________ 结构层次________ 路段桩号________

检 验 者________ 计 算 者________ 校 核 者________ 检验日期________

测试地点		L_0 (mm)	t_0 (mm)	L_1 (mm)	L_2 (mm)	L (mm)	TD (mm)	平均值 TD (mm)
桩号	横距(m)							

测点数		规定值		平均值		标准差		变异系数		合格率	

第五节 路面压实度检测方法

在公路工程施工中，为了提高路面的强度，保证其使用质量，必须对路面各结构层进行人工或机械压实。压实可以充分发挥路面材料的强度；可以减少路面在行车荷载下产生的形变；可以增加路面材料的不透水性和强度稳定性。

若压实不足，则路面容易产生车辙、裂缝、沉陷及整个路面被剪切破坏。那么，在施工现场如何来判断和衡量压实度的程度和效果呢？压实度的测定方法有很多，环刀法、灌砂法、核子密度仪法在第三章第三节已经介绍。下面着重介绍钻芯法测定沥青路面压实度的试验方法。

钻芯法适用于检验从压实的沥青路面上钻取的沥青混合料芯样试件的密实度,以评定沥青面层的施工压实度,同时适用于龄期较长的无机结合料稳定类基层和底基层的密度检测。

一、目的和适用范围

(1)压实沥青混合料面层的施工压实度是指按规定方法采取的混合料试样的毛体积密度与标准密度之比,以百分率表示。

(2)本方法适用于检验从压实的沥青路面上钻取的沥青混合料芯样试件的密度,以评定沥青面层的施工压实度。

二、仪具与材料

本试验需要下列仪具与材料:

(1)路面取芯钻机。

(2)天平:感量不大于 0.1g。

(3)溢流水槽。

(4)吊篮。

(5)石蜡。

(6)其他:卡尺、毛刷、小勺、取样袋(容器)、电风扇。

三、方法与步骤

1. 钻取芯样

按《公路路基路面现场测试规程》(JTJ 059—95)中“T 0901 路面钻孔及切割取样方法”钻取路面芯样,芯样直径不宜小于 Φ100mm。当一次钻孔取得的芯样包含有不同层位的沥青混合料时,应根据结构组合情况用切割机将芯样沿各层结合面锯开分层进行测定。

2. 测定试件密度

(1)将钻取的试件在水中用毛刷轻轻刷净粘附的粉尘。如边角有浮松颗粒,应仔细清除。

(2)将试件晾干或用电风扇吹干不少于 24h,直至恒重。

(3)按现行《公路工程沥青及沥青混合料试验规程》(JTJ 052—2000)的沥青混合料试件密度试验方法测定试件视密度或毛体积密度 ρ_0。当试件的吸水率小于 2%时,采用水中重法和表干法测定;当吸水率大于 2%时,用蜡封法测定;对孔隙率很大的透水性混合料及开级配混合料用体积法测定。

3. 根据现行的《公路沥青路面施工技术规范》(JTG F40—2004)的规定,确定计算压实度的标准密度。可以分别采用试验室标准密度、最大理论密度和试验段密度三重标准密度。

四、计算

(1)当计算压实度的沥青混合料的标准密度采用马歇尔击实试件成型密度或试验路段钻孔取样密度时,沥青面层的压实度按下式计算:

$$K = \frac{\rho_s}{\rho_o} \times 100 \tag{4-31}$$

式中：K——沥青面层的压实度，%；

ρ_s——沥青混合料芯样试件的湿密度或毛体积密度，g/cm^3；

ρ_o——沥青混合料的标准密度，g/cm^3。

(2)由沥青混合料实测最大密度计算压实度时，应按式(4-32)进行空隙率折算，作为标准密度，再按式(4-31)计算压实度：

$$\rho_o = \rho_t \times \frac{100 - V_v}{100} \tag{4-32}$$

式中：ρ_t——沥青混合料的实测最大密度，g/cm^3；

ρ_o——沥青混合料的标准密度，g/cm^3；

V_v——试样的空隙率，%。

(3)计算一个评定路段检测的压实度的平均值、标准差、变异系数，并计算代表压实度。

五、报告

压实度试验报告应记载压实度检查的标准密度及依据，并列表表示各测点的试验结果，见表4-10。

沥青混凝土路面压实度试验报告 表4-10

承包单位：____________ 合同号：____________

监理单位：____________ 混合料类型：____________ 编　号：____________

试样编号	桩号	厚度(cm)	芯样空气中重(g)	芯样水中重(g)	体积(cm^3)	路面密度(g/cm^3)	路面标准密度(g/cm^3)	路面压实度(%)
1								
2								
3								
4								
5								
6								

自检说明：	监理评语：
1.计算：评定段检测点数 n = 　个； 压实度平均值 $\overline{K}$ = 　； 标准差　S = 　； 代表值　K = 　； 2.评价：	

第六节　路面透水性测定方法

路面的透水性是衡量路面质量好坏的一个指标，它反映着路面结构的密实程度，密不透水的路面可以防止雨水和雪水等透过路面渗入基层和土基从而降低路基路面的整体强度和稳定性，保证路面的正常使用，维持路面的使用寿命。

路面透水性用透水系数来表示，其检验方法有许多种，我国目前常用的一种是路面透水仪。路面的透水性用透水仪在一定的初始静压水头作用下，以单位时间渗入一定路面面积内的水量来表示。

一、目的和适用范围

本方法适用于用路面渗水仪测定沥青路面的渗水系数。

二、仪具与材料

本试验需要下列仪具与材料：

(1)路面渗水仪：形状及尺寸如图4-12所示，上部盛水量筒由透明有机玻璃制成，容积600mL，上有刻度，在100mL及500mL处有粗标线，下方通过ϕ10mm的细管与底座相接，中间有一开关。量筒通过支架联结，底座下方开口内径ϕ150mm，外径ϕ165mm，仪器附压重铁圈两个，每个质量约5kg，内径160mm。

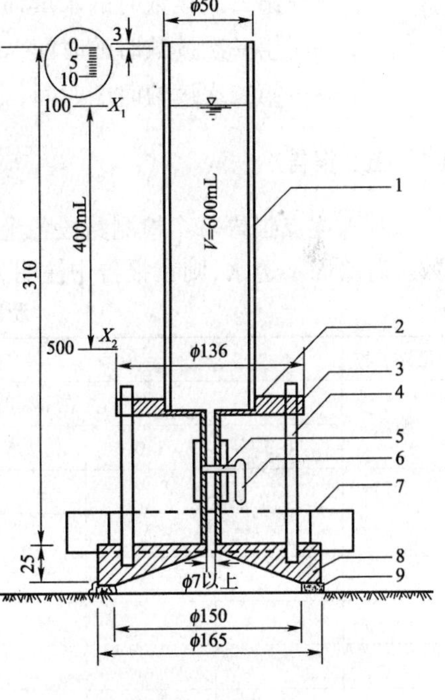

图4-12　渗水仪结构图(尺寸单位：mm)

1-通明有机玻璃筒；2-螺纹连接；3-顶板；4-阀门；5-立柱支架；6-压重铁圈；7-把手；8-底座；9-密封材料

(2)水筒及大漏斗。

(3)秒表。

(4)密封材料：玻璃腻子、油灰或橡皮泥。

(5)其他：水、红墨水、粉笔、扫帚等。

三、方法与步骤

1．准备工作

(1)在测试路段的行车道路面上，按《公路路基路面现场测试随机选点方法》(T 0991—95)选择测试位置，每一个检测路段应测定5个测点，用扫帚清扫表面，并用粉笔画上测试标记。

(2)在洁净的水桶内滴入几点红墨水，使水成淡红色。

(3)装妥路面渗水仪。

2．试验步骤

(1)将清扫后的路面用粉笔按测试仪器底座大小画好圆圈记号。

(2)在路面上沿底座圆圈抹一薄层密封材料，边涂边用手压紧，使密封材料嵌满缝隙且牢固地粘结在路面上，密封料圈的内径与底座内径相同，约150mm，将组合好的渗水试验仪底座用力压在路面密封材料圈上，再加上压重铁圈压住仪器底座，以防压力水从底座与路面间流出。

(3)关闭细管下方的开关，向仪器的上方量筒中注入淡红色的水至满，总量为600mL。

(4)迅速将开关全部打开，水开始从细管下部流出，待水面下降100mL时，立即开动秒表，每间隔60s，读记仪器管的刻度一次，至水面下降500mL时为止。测试过程中，如水从底座与密封材料间渗出，说明底座与路面密封不好，应移至附近干燥路面处重新操作。如水面下降速度很慢，从水面下降至100mL开始，测得3min的渗水量即可停止。若试验时水面下降至一定程度后基本保持不动；说明路面基本不透水或根本不透水，则在报告中注明。

(5)按以上步骤在同1个检测路段选择5个测点测定渗水系数，取其平均值，作为检测结果。

四、计算

沥青路面的透水系数按下式计算,计算时以水面从 100mL 下降至 500mL 所需的时间为标准,若渗水时间过长,亦可采用 3min 通过的水量计算:

$$C_W = \frac{V_2 - V_1}{t_2 - t_1} \times 60 \tag{4-33}$$

式中:C_W——路面渗水系数,mL/min;

V_1——第一次读数时的水量,mL,通常为 100mL;

V_2——第二次读数时的水量,mL,通常为 500mL;

t_1——第一次读数时的时间,s;

t_2——第二次读数时的时间,s。

五、报告

列表逐点报告每个检测路段各个测点的渗水系数,及 5 个测点的平均值、标准差、变异系数。若路面不透水,则在报告中注明为 0,见表 4-11。

沥青路面透水性测试记录表

表 4-11

道路名称			路面类型			干湿状态	
测点	在下列时刻(min)所读数值					透水系数 C_W(mL/min)	备注
	0.5	1.0	1.5	2.0	2.5	3.0		
说明								

测试者: 复核者:

六、透水性评价

路面透水性以透水系数 C_W 来评定,见表 4-12。

路面透水性及透水系数

表 4-12

路面透水情况	密实不透水路面	良好不透水路面	透水路面
C_W(mL/min)	<1~5	<10	>20

第七节 路面评价指标的确定方法

为了评价路面的耐用性能和使用品质,美国 AASHO 提出了耐用性指数的概念。各试验路段在某一试验段的耐用指数是这样评定的,由一批汽车驾驶员驾车高速驶过这些试验路段,并对路况予以严格的检查。然后，对各试验路段的使用品质按五级计分制各自做出评定。综合这批人的意见，从而推算出每条路段的耐用性指数。同时进行道路变形与破坏情况的量测，包括平整度、裂缝数量、车辙深度等。最后用回归分析的方法，推导出耐用指数与各项物理性指标间的关系式。日本也建立了相应的关系式。

由于美国耐用性指数方程是建立在要求路面适应高速而平顺舒适行车的基础之上的，故对路面平整度要求特别高，这点不符合我国的国情。我国根据国情，建立了新的路面性状评价指标体系。现结合沥青路面和水泥混凝土路面分别进行阐述。

一、沥青路面质量评价指标体系

沥青路面的养护对策应根据公路等级、交通量及分项路况评价结果确定。分项路况评价指标包括：路面强度、行驶质量、路面破损状况和抗滑性能等方面。路面综合评价指标仅用于对路面的总体评价。公路养护管理部门可根据公路等级、交通量、分项路况的评价结果，结合养护资金情况，采取相应的维修养护对策。

（一）沥青路面养护质量标准

沥青路面是以道路石油沥青、煤沥青、液体石油沥青、乳化石油沥青、各种改性沥青等为结合料，粘结各种矿料修筑的路面结构。由于其面层使用沥青结合料，因而增加了矿料间的粘结力，提高了混合料的强度和稳定性，使路面的使用质量和耐久性都得到提高。与水泥混凝土路面相比，沥青路面具有表面平整、无接缝、行车舒适、耐磨、振动小、噪声低、施工期短、养护维修简便的特点，因而在目前高等级公路中占据相当大的比重。但由于沥青路面的强度和稳定性受气温、水分、路面材料性质等客观因素影响比较大，因此在养护工作中必须随时掌握路面的使用状况，加强日常保养，及时修补各种破损，保持路面经常处于清洁、完好状态。沥青路面养护的质量应符合表4-13质量标准。

路面平整度、抗滑性能及破损状况养护质量标准 表4-13

序号	评价指数		高速公路、一级公路	其他等级公路
1	平整度	平整度仪 σ	≤3.5	≤4.5(≤5.5或≤7.0)
		3m直尺 h(mm)	≤7	≤10(≤12或≤15)
		IRI(m/km)	≤6	≤8
2	抗滑性能	横向力系数SFC	≥40	≥30
		摆式仪摆值BPN	—	≥32
3	路面状况指数PCI(分)		≥70	>55
4	路面强度系数SSI		≥0.8	≥0.6
5	路面车辙深度(mm)		≤15	—
6	路拱坡度(%)		1.0~2.0	—

（二）沥青路面使用质量评价方法

1．沥青路面评价指标

高等级公路的沥青路面的养护应根据公路等级、交通量及分项路况评价结果来确定养护对策。其中，分项路况评价指标包括路面强度、平整度、破损率和抗滑能力四个方面；养护对策包括大修补强、中修罩面及小修，不含日常养护。各项评价内容所用的指标及其关系如图4-13所示。

2．路面破损状况

路面破损状况采用路面状况指数(PCI)进行评价,路面状况指数根据沥青路面破损率(DR)计算得出。

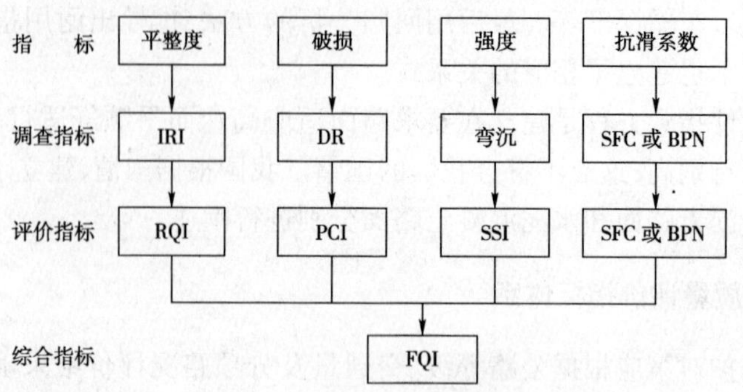

图 4-13　路面评价指标关系图

(1)沥青路面破损率(DR):

$$DR = \frac{D}{A} \times 100 = \sum\sum D_{ij} \cdot K_{ij} \times 100 \tag{4-34}$$

式中:DR——各种破损的实际面积;

D_{ij}——第 i 类损坏、j 类严重程度的实际破损面积,m^2;如为纵横裂缝,其破损面积为裂缝长度(m)×0.2;车辙破损面积为长度(m)×0.4;

K_{ij}——第 i 类损坏、j 类严重程度的换算系数。路面破损换算系数见表 4-14。

路面破损换算系数

表 4-14

破损类型	严重程度	换算系数	破损类型	严重程度	换算系数
龟裂	轻 中 重	0.6 0.8 1.0	车辙	轻 重	0.4 1.0
不规则裂缝	轻 重	0.2 0.4	搓板		0.8
纵裂	轻 重	0.4 0.6	波浪	轻 重	0.4 0.8
横裂	轻 重	0.2 0.4	拥包	轻 重	0.4 0.8
坑槽	轻 重	0.8 1.0	泛油		0.1
麻面		0.1	磨光		0.6
脱皮		0.6	修补损坏面积		0.1
啃边		0.8	冻胀		1.0
松散	轻 重	0.2 0.4	翻浆		1.0
沉陷	轻 重	0.4 1.0			

(2)路面状况指数(PCI)。路面状况指数的数值范围为 0~100。其值越大,路况就越好,计算公式如下:

$$PCI = 100 - DR^{0.412} \tag{4-35}$$

(3)路面破损状况的评价标准。根据路面破损状况,可将路面质量分为优、良、中、次、差五个等级,见表 4-15。

DR 指标评定值及对应养护措施表 表 4-15

评价等级	优	良	中	次	差
路面状况指数 PCI	≥85	70~85	55~70	40~55	<40

3. 路面强度

路面强度指数(SSI)。沥青路面强度采用强度指数作为评价指标,计算公式如下:

$$SSI = \frac{\text{路面设计弯沉值}}{\text{路段代表弯沉值}} \tag{4-36}$$

路段代表弯沉值可依据现行《公路沥青路面设计规范》(JTG F40—2004)的有关规定进行计算,见表 4-16。

路面强度评价标准 表 4-16

标　　准		优	良	中	次	差
强度指数 SSI	高速公路 一级公路	≥1.0	0.83~1.0	0.66~0.83	0.50~0.66	<0.5
	其他等级公路	≥0.83	0.66~0.83	0.50~0.66	0.3~0.5	<0.3

4. 行驶质量指数

路面的行驶质量采用行驶质量指数(RQI)作为评价指标,行驶质量指数由国际平整度指数(IRI)计算。

(1)国际平整度指数(IRI)。国际平整度指数 IRI 可由反应类设备测定,测定结果需经试验标定。IRI 与其他设备的标定关系式如下式所示:

$$IRI = a + b \cdot BI \tag{4-37}$$

式中:BI——平整度测试设备的测试结果;

a, b——标定系数。在使用中,各地可根据实际的标定结果确定其取值;

IRI——国际平整度指数,mm/km。

(2)行驶质量指数(RQI)。路面行驶质量指数(RQI)与国际平整度指数(IRI)的关系式为:

$$RQI = 11.5 - 0.75 \times IRI \tag{4-38}$$

式中:RQI——行驶质量指数,数值范围为 0~10。如出现负值,则 RQI 值取 0;如计算结果大于 10,则 RQI 取值 10。

(3)路面行驶质量评价标准见表 4-17。

路面行驶质量评价标准 表 4-17

等　　级	优	良	中	次	差
行驶质量指数 RQI	≥8.5	7.0~8.5	5.5~7.0	4.0~5.5	<4.0

5. 路面抗滑性能

路面抗滑性能采用抗滑系数作为评价指标,抗滑系数以横向力系数(SFC)或摆式仪的摆值(BPN)表示,见表 4-18。

路面抗滑能力评价标准 表 4-18

标　　准	优	良	中	次	差
横向力系数(SFC)	≥50	40~50	30~40	20~30	<20
摆值(BPN)	≥42	37~42	32~37	27~32	<27

6. 路面的综合评价

(1)路面的综合评价指标(PQI)。PQI 用分项加权计算得出,如下式所示。其数值范围为 0~100,数值越大,路况越好。

$$PQI = PCI' \times P_1 + RQI' \times P_2 + SSI' \times P_3 + SFC' \times P_4 \tag{4-39}$$

式中:P_1, P_2, P_3, P_4——相应指标的权重,按 PCI、RQI、SSI、SFC(或 BPN)的重要性确定,见表 4-19。

P_1, P_2, P_3, P_4 权重建议值 表 4-19

权　重	P_1	P_1	P_1	P_1
高速公路、一级公路	0.25	0.35	0.10	0.30
二级公路	0.30	0.25	0.25	0.20
二级以下公路	0.35	0.20	0.35	0.10

PCI′、RQI′、SSI′、SFC′的赋值见表 4-20。

PCI′、RQI′、SSI′、SFC′的赋值 表 4-20

等　级	PCI、RQI、SSI、SFC(或 BPN)的评定结果				
	优	良	中	次	差
相应指标的赋值	92	80	65	50	30

(2)路面综合评价的评价标准见表 4-21。

路面综合评价的评价标准 表 4-21

等　级	优	良	中	次	差
路面综合评价指标 PQI	≥8.5	7.0~8.5	5.5~7.0	4.0~5.5	<4.0

二、水泥混凝土路面使用性能的评价体系

(一)水泥混凝土路面养护质量标准

水泥混凝土路面的特点是在养护良好的条件下,使用年限比其他路面长。但一旦开始破坏,破损就会继续发展。因此,必须做好预防性、经常性养护,通过经常的巡视观察,及早发现缺陷,查清原因,不失时机地采取适当的措施,有计划地进行修理和改善,以保持路面状况的完好。水泥混凝土路面养护的质量应符合表 4-22 中的质量标准。

水泥混凝土路面的养护质量标准 表 4-22

序号	评　价　指　数		高速公路、一级公路	其他等级公路
1	平整度	平整度仪(σ)	2.5	3.5
		3m 直尺(h)	5	8
		IRI(m/km)	4.2	5.8
2 3	抗滑性能	构造深度 TD(mm)	0.4	0.3
		抗滑值 SRV(BPN)	45	35
		横向力系数	0.38	0.30
4	相邻板高差(mm)		3	5
5	接缝填缝料(mm)		3	5
6	路面状况指数 PCI(分)		≥70	>55

(二)水泥混凝土路面使用质量评价方法

1. 水泥混凝土路面评价指标

高等级公路的水泥混凝土路面的养护应根据公路等级、交通量及分项路况评价结果来确定养护对策。其中,分项路况评价指标包括路面结构承载力、行驶质量、破损状况和抗滑能力四个方面;养护对策包括大修补强、中修罩面及小修保养。

2. 路面状况

路面破损状况采用路面状况指数(PCI)和断板率(DBL)两项指标进行评价,路面状况指数根据路面调查所得到的病害类型、轻重程度和出现的范围或密度三项属性计算得出。

(1)路面状况指数(PCI),按下式计算:

$$\mathrm{PCI} = 100 - \sum_{i=1}^{n}\sum_{j=1}^{m} DP_{ij} W_{ij} \tag{4-40}$$

$$DP_{ij} = A_{ij} D_{ij} B_{ij}$$

$$W_{ij} = \begin{cases} 0.25R_{ij} & R_{ij} < 0.2 \\ 0.50 + 0.686(R_{ij} - 0.20) & 0.20 \leqslant R_{ij} < 0.55 \\ 0.74 + 0.280(R_{ij} - 0.55) & 0.55 \leqslant R_{ij} < 0.80 \\ 0.81 + 0.950(R_{ij} - 0.80) & R_{ij} \geqslant 0.80 \end{cases} \tag{4-41}$$

$$R_{ij} = \frac{DP_{ij}}{\sum_{i=1}^{n}\sum_{j=1}^{m} DP_{ij}} \tag{4-42}$$

式中:i 和 j——病害的种类和轻重程度;

n——病害种类总数;

m——i 种病害的轻重程度等级数;

DP_{ij}——第 i 类病害、j 类严重程度的单项扣分值,它是破损密度 D_{ij} 的函数;

D_{ij}——第 i 类损坏、j 类严重程度的板块数占调查路段板块总数的比例;

A_{ij} 和 B_{ij}——系数,其取值可参考表 4-23;

R_{ij}——第 i 类损坏、j 类严重程度的换算系数;

W_{ij}——第 i 类病害、j 类严重程度的单项扣分值的修正权系数。

计算单项扣分值的系数 A_{ij} 和 B_{ij} 表 4-23

系　数	A_{ij}			B_{ij}		
病害类型	轻	中	重	轻	中	重
纵横斜向裂缝	30	65	93	0.55	0.52	0.54
角隅断裂	49	73	95	0.76	0.64	0.61
交叉裂缝、断裂板	70	88	103	0.60	0.50	0.42
沉陷、胀起	49	65	92	0.76	0.64	0.52
唧泥	25	—	65	0.90	—	0.80
错台	30	60	92	0.70	0.61	0.53
接缝碎裂	23	30	51	0.81	0.61	0.71
拱起	49	65	92	0.76	0.64	0.52
纵缝张开	30	—	70	0.90	—	0.70
填缝料损坏	10	35	60	0.95	0.90	0.80
纹裂或网裂和起皮	22	60	90	0.70	0.60	0.50

续上表

系　　数	A_{ij}			B_{ij}		
磨损和露骨	20	—	60	0.70	—	0.50
坑洞	—	30	—	—	0.60	—
活性集料反应	25	47	70	0.90	0.80	0.70
修补损坏	10	60	90	0.95	0.60	0.54

(2)水泥混凝土路面断板率(DBL)。水泥混凝土路面断板率依据路段破损状况调查得到的断裂病害的板块数,按断裂种类和严重程度的不同,采用不同的权系数进行修正后,按下式计算,以百分数表示。

$$\mathrm{DBL} = \left(\sum_{i=1}^{n}\sum_{j=1}^{m} DB_{ij} W'_{ij}\right) / BS \tag{4-43}$$

式中:DB_{ij}——第 i 类病害、j 类严重程度的单项扣分值,它是破损密度 D_{ij}的函数;

BS——评定路段内的板块总数;

W'_{ij}——第 i 类病害、j 类严重程度的单项扣分值的修正权系数,其取值可参考表 4-24。

计算断板率的权系数 W'_{ij}　　表 4-24

裂缝类型	交叉裂缝			角隅断裂			纵横斜裂缝		
轻重程度 I	轻	中	重	轻	中	重	轻	中	重
权系数 W'_{ij}	0.60	1.00	1.50	0.20	0.70	1.00	0.20	0.60	1.00

(3)路面破损状况的评价标准。根据路面破损状况,可将路面质量分为优、良、中、次、差五个等级,见表 4-25。

路面破损状况等级评定标准　　表 4-25

评价等级	优	良	中	次	差
路面状况指数 PCI	≥85	70~85	55~70	40~55	<40
断板率 DBL(%)	≤1	2~5	6~10	11~20	>20

3. 路面结构承载能力

水泥混凝土路面结构承载能力按《公路水泥混凝土路面设计规范》(JTG D40—2002)中的规定执行。

4. 路面行驶质量

水泥混凝土路面的路面行驶质量采用行驶质量指数(RQI)进行评定,由国际平整度指数(IRI)计算,以十分制表示,国际平整度指数(IRI)的计算与沥青路面的相同,评价标准见表 4-26。

$$\mathrm{RQI} = 10.5 - 0.75\mathrm{IRI} \tag{4-44}$$

路面行驶质量评价标准　　表 4-26

等　　级	优	良	中	次	差
行驶质量指数 RQI	≥8.5	7.0~8.4	4.5~6.9	2.0~4.4	<2.0

5. 路面抗滑性能

路面抗滑能力采用横向力系数(SFC)或抗滑值(SRV)以及构造深度两项指标评定,见表 4-27。

路面抗滑能力评价标准　　表4-27

标　准	优	良	中	次	差
构造深度(mm)	≥0.8	0.7~0.6	0.5~0.4	0.3~0.2	<0.2
抗滑值(SRV)	≥65	64~55	54~45	44~35	<35
横向力系数(SFC)	≥0.55	0.54~0.45	0.44~0.38	0.37~0.30	<0.30

6. 养护对策

高速公路及一级公路的路面破损状况等级为优、良,或者二级及二级以下公路的路面状况指数评价为优、良、中时,可采用日常养护和局部或个别板块修补措施。

若高速公路及一级公路的路面状况等级为中及中以下,或者二级或二级以下公路的路面状况指数评价为次及次以下,应采取全段修复或改善措施。

高速公路及一级公路的行驶质量等级为中及中以下,或者二级或二级以下公路的行驶质量为次及次以下,应采取刻槽、罩面或加铺层等措施改善路面平整度。

高速公路及一级公路的抗滑能力等级为中及中以下,或者二级或二级以下公路的抗滑能力为次及次以下时,应采取刻槽、罩面等措施提高路表面的抗滑能力。

路面结构承载力不满足现有交通的要求时,应采取铺筑沥青混凝土或水泥混凝土加铺层等措施提高其承载能力。

第八节　路面技术状况综合调查

一、原有路面技术状况的综合调查

(一)调查目的和内容

通过调查研究,充分掌握现有路面的技术状况及所负担的交通量,对现有路面结构的使用品质作出正确评价,以确定是否需要改建,为合理选择路面改建方案,进行切合实际的结构设计、材料组成设计以及施工组织安排提供必要的资料,并为建立路面管理系统积累数据,以便进行科学的管理。

路面综合技术调查通常包括交通调查、路况调查,原路强度评定和料场调查等四方面内容。在一般情况下,调查应在路面改建工程开始前一年的不利季节进行。

(二)人员组成及仪具

(1)进行交通量观测及路况调查时,一般由3~5人组成调查组,当同时进行几项内容调查时,人员应酌情增加。

主要仪具有麻花钻一副,100g扭力天平一架,铝盒,取土样袋若干,皮尺,小钢尺,镐、铲各一把,以及记录表,记录本等。

(2)弯沉测定所需人员及仪具见本章第一节。

(3)料场调查组一般由1~2人组成。主要仪具有皮尺、小钢尺、麻花钻、镐、铲各一把以及记录表、记录本等。

(三)调查方法

1. 调查不利季节的昼夜交通量、交通组成和增长率

(1)走访调查。通过道路规划、使用和管理等有关部门了解道路现有的交通量、车型、不利

季节的交通量、车型、路面设计使用年限内交通量的增长率、车型变化及线路使用性质等。

(2)实地观测交通量及其组成。根据调查要求,选定观测的道路,观测断面及有代表性的观测日期。

为了简化工作,便于观察记录,可将车型按后轴重分为 < 3t、4t、6t、8t、10t 及 > 11t 等六类。(计算 P_d 值时,后轴重 4t 者,按跃进 NJ-130 计,后轴重 6t 者,按解放 CA-10B 计,后轴重 8t 者,按吉尔-130 计;后轴重 10t 者,按黄河 JN-150 计,对于后轴重 < 3t 及 > 11t 者,最好能记下车型或估出轴重按轴重最相近的车型的 P_d 值来计算)。观测时,后轴重 3 ~ 5t 者,按 4t 计,5.1 ~ 7t 者按 6t 计;7.1 ~ 9t 者按 8t 计;9.1 ~ 11t 者按 10t 计。

双后轴车,按每一后轴重计作 1 辆,拖挂车与主车分别按各自的后轴重来记数。以观察记录时,可采用在记录表格的后轴重通过次数栏中画"正"字的方法,记录格式见表 4-28。

交通量观测记录表　　表 4-28

线路名称:　　　　　　　　　　　　　　　　　　日期:
观测点位置:　　　路基宽度:　　　路面宽度:　　　气候:

时间分段	后轴重(t)								
	≤3	3.1 ~ 5	5.1 ~ 7	7.1 ~ 9	9.1 ~ 11	>11	双后轴	拖挂车	备注
小计									

观测者:____________

2. 调查原有道路修建和养护的有关技术资料及现有状况

(1)道路修建历史与线路的技术状况。了解原修筑时间、设计、施工以及历年使用、养护及改建情况,收集调查路段的技术标准及有关技术数据、道路病害及其原因、处理措施和效果等。

(2)路基及水文调查。顺线路桩号调查记录全线路基土质、宽度、高度、填挖状况,测定地下水埋藏深度,调查地表水情况,以判定路基土分类及土基干湿类型。

地表排水情况若不能在雨季进行,则应根据附近积水痕迹或由周围地形条件进行分析。对于土质路堑地段,特别是粘土路堑,应记载路堑深度、长度、纵坡大小等资料。

地下水位可自边沟或低洼处用麻花钻钻得,亦可根据附近水井,常积水面分析判定。一般情况下,地下水位每 500m 左右钻孔量测一次,一般以初见水位为准。

路基受泉水、潜流影响,以及路旁有水渠道通过时,均应详细记载对路基可能的影响程度,并提出合理的处理措施意见。

上述部分内容也可结合路面结构调查开挖的试坑进行。

(3)路面结构及路表状况。一般每 500m 应布置一个试坑,以确定原有路面的结构类型、各结构层厚度,并测定路面宽度。试坑应布置在行车带上,开挖范围一般为 50cm × 50cm。路面结构倘有变更则应增补试坑。

对于沥青路面,应取 3kg 未经扰动的试样,通过室内试验测定其单位容重、饱水率、沥青含量和矿料级配组成,同时进行结构、外观描述。如沥青用量、光泽,沥青与矿料结合的紧密程度,结构的整体性及面层与基层的连接和其余内容,均记于记录本。

(4)土基湿度。在路面结构调查试坑内,于土基顶面以下 5 ~ 10cm 处取样测定其干容重和含水量，并用麻花钻钻取与试验 80cm 深度内土基分层(每 10cm 一层)含水量，据以计算 80cm 深度内土基平均含水量。同时取不同土质试样各 20kg，进行室内试验，确定土的类别、液限、塑限、最大干容重与最佳含水量等，为划分土基干湿类型与确定土基强度提供依据。

如土基的土质或水文状况有显著变化，则应根据情况增设试坑。

3. 原路强度评定

评定原有路面综合强度指标一般都采用标准轴载的汽车弯沉测定的回弹弯沉值来表示，其测定方法见第三章第四节。

测定应尽可能在不利季节进行，测定时一般每 50 ~ 100m 布置一测点，路段特殊时可适当加密，测点应布置在路面的行车带上，有条件时可对左、右轮同时测定，当路面宽度大于 7m 时，可在每个断面上往返测定二次。

4. 料场调查

凡是可供使用的路面材料，如砂砾、碎石、矿渣、煤渣、石灰、粉煤灰、粘土等地方材料的料场位置，材料产量、规格、质量、运距、开采难易程度、开采单价及运输方式等均应加以调查。必要时应取样进行质量鉴定试验，以供选取料场，确定结构方案和编制工程预算时参考。

此外，对当地气象、施工技术力量、沿线村庄水源、施工点的位置等，也应进行调查。

(四)资料整理

上述原有路面技术状况综合调查的三个方面内容，通常是同时结合进行的，从而可以获得原有路面以及各层之间的结合情况等。

对于含土的粒料路面结构，应取 3kg 试样通过室内试验确定其小于 0.5mm 细料的含量和塑性指数以及矿料的级配组成。在结构层表面下 5cm 刮取小于 2mm 的细料，在现场测定其含水量。对结构外观进行描述，如结构紧密程度、干硬或湿软状况、粘土颗粒含量、矿料品种及硬度等。

对于路表状况，如路拱大小，表面平整度及坑槽、搓板、松散等情况，一般 50m 作一调查记录，以供设计时考虑原路是否需要进行整平、调拱和加宽处理。

以上调查内容，可填写于《路面野外调查记录表》即表 4-29 中，作为进行补强设计所需要的全面系统的资料。调查后，除提出调查书面报告外，主要技术资料经整理分析后，通常绘制成图 4-14 所示的"道路技术状况图"，作为旧路改建设计的一项重要技术资料。

二、沥青路面破损调查方法

(一)目的和适用范围

本方法适用于测定沥青路面各类破损的数量与面积，计算路面破损率及裂缝率等，供路面质量管理与验收、建立路面管理系统和决定路面维修方案时使用。

(二)仪具与材料

(1)量尺：钢卷尺、皮尺、钢尺等。

(2)破损记录纸(毫米方格纸)。

(3)高速摄影车或其他高效测试设备。

(4)其他：粉笔、扫帚、小红旗及安全标志等。

(三)方法与步骤

1. 沥青路面破损分类

(1)裂缝类破损：包括龟裂、块裂及各类单根裂缝等；

(2)变形类破损：包括车辙、沉陷、拥包、波浪等；

路面野外调查记录表

表 4-29

线路位置			路面结构图式	
试坑位置				
试坑编号				
调查日期				
气候		气温		
交通量	现有	辆/昼夜		
	不利季节	辆/昼夜		
	繁忙季节	辆/昼夜		
	交通增长率	%		
路面修建与改建情况			横断面示意图	

路面材料	层位	取样袋号	细粒含水量					
			盒号	湿重	干重	Δw	w(%)	$\overline{w}$(%)
土基	深度	盒号	湿重	干重	Δw	w(%)	$\overline{w}$(%)	野外土质鉴别及取样袋号
	10							
	20							
	30							
	40							
	50							
	60							
	70							
	80							

路段描述	桩号	土基干湿类型	排水情况	填挖高度	裂缝类型面积	修补和待补坑槽面积	车辙	平整度	粗糙程度	其他损坏	路面状况类别	附注

记录者：____________

(3)松散类破损:包括掉粒、松散、剥落、脱皮等引起的集料散失现象、坑槽等;

(4)其他破损:包括泛油、磨光(抗滑性能差)及各类修补等。

破损严重程度可分为轻微、中度、严重三种不同情况。

2. 准备工作

(1)根据目的选择各类破损调查的时间,如对强度不足或疲劳引起的荷载性裂缝(龟裂),宜再春季或雨季最不利季节之后调查;对由于温度收缩等引起的非荷载性裂缝(块裂及横向裂缝),宜在冬季以后观测;对车辙、拥包、波浪等热稳性变形,宜在夏季观测,对松散类破损宜在雨季观测,也可在规定的同一时间观测,需要时可定期观测,以了解破损情况。为便裂缝观测,宜选择在雨后(或预先洒水)路表已干燥但尚有水迹的时机观测。

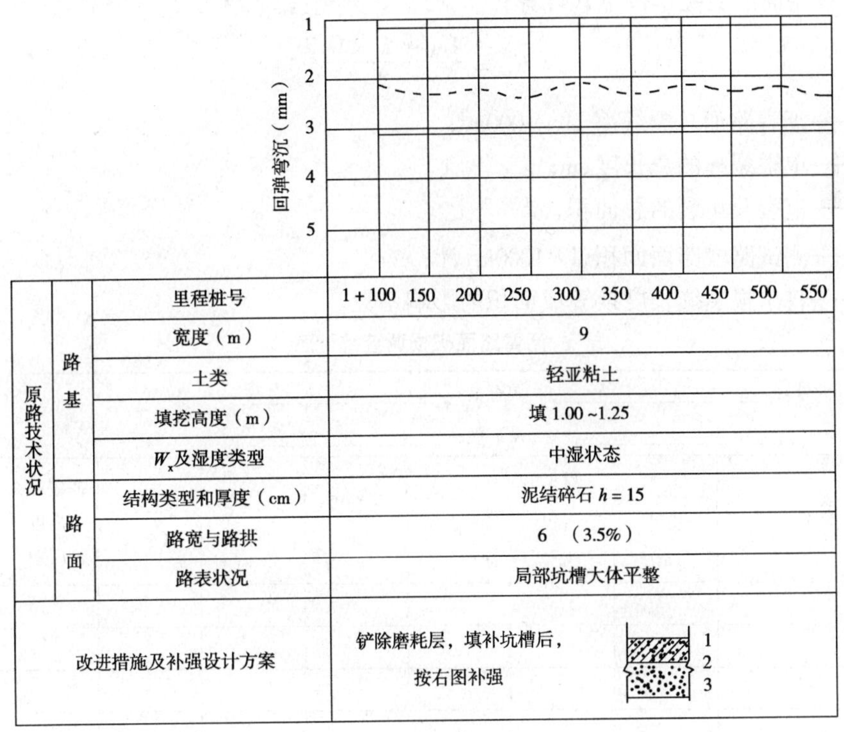

图 4-14 道路技术状况图

(2)选择测试路段并量测其路面的长度及宽度,计算测试路段总面积(A)。

(3)在毫米方格纸上按比例绘制破损记录方格,填好里程桩号。

(4)如路面不洁妨碍观测时,应用扫帚清扫路面。

(5)观测前应通报有关交通管理部门,观测时应有专人指挥交通(必要时可封闭交通),设置交通安全标志等以确保观测车及观测者的安全。

3. 调查步骤

(1)当采用高速摄影车或其他高效测试设备测试时,按有关使用说明书操作,采用自动摄影车测试时,进行连续摄影或录像,然后在室内评定或用计算机检测裂缝等各类破损数量。

(2)当为人工检测时,由 2~4 人组成一组,沿路面仔细观察路面各类破损情况。若观测裂缝时,一般以逆光观测较为清楚,对不明显的裂缝,可在裂缝位置用粉笔作出标记。

(3)目测或用量尺测试路段的路面上各类破损的长度或范围,准确至 0.1m。

(4)车辙检测按相关规定进行。拥包、波浪、沉陷等变形类损坏除记录面积外，尚应测记拥起高度或下陷深度。

(5)记录破损位置(桩号)，就地在方格纸上按比例描绘破损图，记录破损类别。

(6)必要时，可拍摄照片或录像备查。

(四)计算

(1)测试路段的沥青路面各类破损的长度或面积可按表4-30分类统计。

(2)沥青路面的破损率为各种类型破损的换算面积与调查区域总面积之比，按下式计算，根据需要，可以计入破损类型及严重程度的系数，并按破损类别分别统计，从而计算沥青路面的破损率 DR(%)，具体计算见式(4-34)。

(3)沥青路面的裂缝率按下式计算：

$$C_k = \frac{C_A + L \times 0.3}{A} \tag{4-45}$$

式中：C_k——沥青路面总裂缝率，$m^2/1000m^2$；

L——单根裂缝的总长度，m；

C_A——龟裂及块裂的总面积，m^2；

A——测试路段路面面积，以 $1000m^2$ 计；

0.3——将单根裂缝长度换算成面积的影响系数。

沥青路面破损调查统计表

表4-30

调查路段(桩号)：______　调查员：______

调查时间：______　天　气：______

破损类型		数量			裂缝度(%)	裂缝率(%)	破损率(%)	拥包最大高度(cm)	下陷最大深度(cm)
		长度(m)	面积(m^2)	加权换算面积(m^2)					
裂缝类	龟裂								
	块裂								
	横裂								
	纵裂								
	反射裂缝								
	边缘裂缝(啃边)								
变形类	车辙								
	拥包								
	波浪								
	沉陷								
松散类	掉粒、剥落、松散								
	脱皮								
	坑槽								
其他	泛油								
	磨光								
	各类修补								

(4)在没有龟裂和块裂的路面上，沥青路面横向裂缝或纵向裂缝等单根裂缝及总裂缝度按下式计算：

$$\left.\begin{aligned} C_{1d} &= \frac{\sum L_1}{A} \\ C_{2d} &= \frac{\sum L_2}{A} \\ C_d &= C_{1d} + C_{2d} + \cdots\cdots \end{aligned}\right\} \tag{4-46}$$

式中：C_d——沥青路面的总裂缝度，$m/1000m^2$；

C_{1d}——沥青路面横向裂缝的裂缝度，$m/1000m^2$；

C_{2d}——沥青路面纵向裂缝的裂缝度，$m/1000m^2$；

$\sum L_1$——横向裂缝总长度，m；

$\sum L_2$——纵向裂缝总长度，m。

(5)计算裂缝度时可分别原因将各种单根裂缝（如横向裂缝、纵向裂缝、温缩裂缝、接头裂缝、施工接缝、反射裂缝等）单独计算。如欲换算成以面积计算的裂缝率时，宜将其分别乘以0.3m得到。但当将单根裂缝纳入网裂病害用于计算一般公路的好路率时，应遵照《公路养护质量检查评定标准》(JTJ 075—1994)的规定，采用0.2m的系数。

(五)报告

沥青路面破损调查的报告包括如下内容：

(1)路线名称、路面结构、使用年限、交通情况等

(2)破损记录图及调查统计表。

(3)破损率、裂缝率、裂缝度等。

(4)破损原因分析及处理建议。

三、沥青路面车辙测试方法

(一)目的与适用范围

本方法适用于测定沥青路面的车辙，供评定路面使用状况及计算维修工作量时使用。

(二)仪具与材料

根据测定方法选用下列仪具：

(1)路面横断面仪：如图4-15所示，长度不小于一个车道宽度，横梁上有一测量器，可自动记录横断面形状。

(2)路况自动测定车：利用横向布置的一排激光距离传感器、摄影或录像等方式能快速连续测定，并记录测定桩号及各断面的形状的车辆。

(3)横断面尺：如图4-16所示，硬木或金属制直尺，刻度间距5cm，长度不小于一个车道宽度。顶面平直，最大弯曲不超过1mm。两端有把手及高度为10~20cm的支脚，两支脚的高度相同。

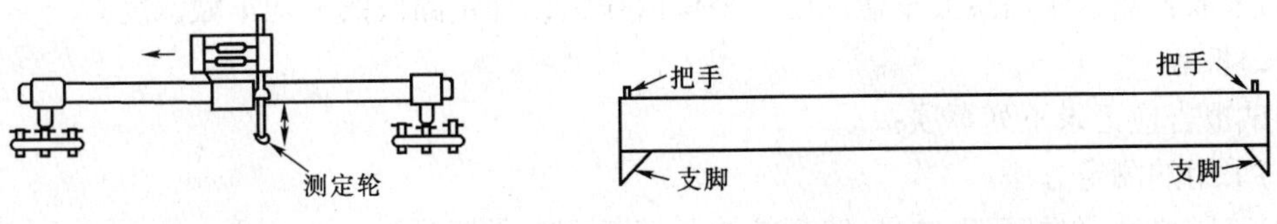

图4-15 路面横断面仪

图4-16 路面横断面尺

(4)量尺:钢板尺、卡尺、塞尺,量程大于车辙深度,刻度至1mm。

(5)其他:皮尺、粉笔等。

(三)方法与步骤

(1)车辙测定的基准测量宽度应符合下列规定:

①对高速公路及一级公路,以一个车道的宽度即车道区划线中到中的距离为基准测量宽度。

②对二级及二级以下公路,有车道区划线时,以一个车道的宽度为基准测量宽度;无车道区划线时,以中线两侧形成车辙部位的一个车道的宽度,作为基准测量宽度。

(2)以一个评定路段为单位,踏勘连续测定的测定区间,或确定非连续测定的测定断面。用路况自动测定车测定时,在测定区间内连续测定,断面间距视仪器性能而异,标准的断面间隔为20m。用其他方法非连续测定时,6行车道上每隔50m作为一测定断面,用粉笔画上标记。根据需要也可按《公路路基路面现场测试随机选点方法》(T0991—95)在行车道上随机选取测定断面,在特殊需要的路段如交叉口前后可予加密。

(3)用路况自动测定车测定的方法:

①将车辆就位于测定区间起点前。

②设定测定断面的间隔。

③开动测定车,同时启动测定及记录装置,自动记录出每个断面的形状及里程桩号。

④到达测定区间后,结束测定。

⑤检验测距记录与实际桩号之差,如误差超过±1%,应重新检测或校准测距仪器。

(4)用路面横断面仪测定的方法:

①将路面横断面仪就位于测定断面上,方向与道路中心线垂直,两端支脚立于测定车道的两侧边缘,记录断面桩号。

②调整两端支脚高度,使其等高。

③移动横断面仪的测量器,从测定车道的一端移至另一端,记录出断面形状。

(5)用横断面尺测定的方法:

①将横断面尺就位于测定断面上,两端支脚置于测定车道两侧。

②沿横断面尺每隔20cm一点,用量尺垂直立于路面上,用目光平视测记横断面尺顶面与路面之间的距离,准确至1mm,如断面的最高处或最低处明显不在测定点上应加测该点距离。

③记录测定读数,绘出断面图,最后连接成圆滑的横断面曲线。

④横断面尺也可用线绳代替。

⑤当不需要测定横断面,仅需要测定最大车辙时,亦可用不带支脚的横断面尺架在路面上由目测确定最大车辙位置,用尺量取。

(四)测定结果计算整理

(1)将断面线按图4-17的方法画出横断面图及顶面基准线。通常为其中之一种形式。

(2)在图上确定车辙深度 D_1 及 D_2,读至1mm。以其中的最大值作为断面的最大车辙深度。

(3)求取各测定断面最大车辙深度的平均值作为该评定路段的平均车辙深度。

(五)报告

测试报告应记录下列事项:

(1)采用的测定方法。

(2)路段描述,包括里程桩号、路面结构及横断面交通情况等。

(3)各测定断面的横断面图。

(4)各测定断面的最大车辙深度表。

(5)各评定路段的最大车辙深度及平均车辙深度。

(6)根据测定目的应记录的其他事项或数据。

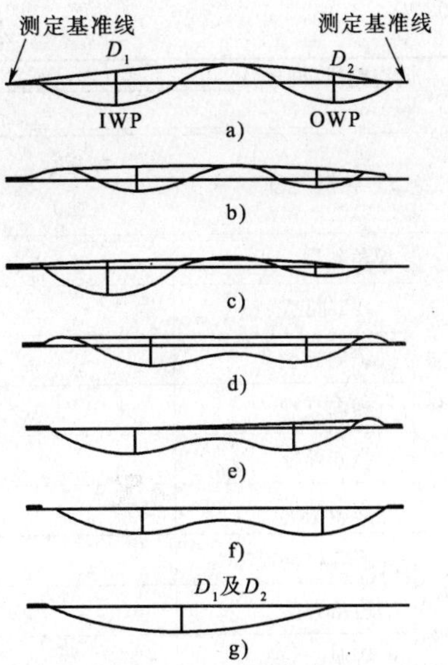

图 4-17　不同形状、不同程度的路面车辙示意图

注:IWP、OWP 表示内侧轮迹带及外侧轮迹带

四、水泥混凝土路面破损调查方法

(一)目的与适用范围

本方法适用于测定水泥混凝土路面的路面板开裂、接缝损坏等各种破损情况,供路面质量管理与验收、建立路面管理系统和决定路面维修方案时使用。

(二)仪具与材料

本试验需要下列仪具与材料:

(1)量尺:钢卷尺、皮尺、钢尺等。

(2)记录纸(毫米方格纸)。

(3)其他:螺丝刀、粉笔、扫帚、小红旗及安全标志等。

(三)方法与步骤

1. 本规程使用的水泥混凝土路面损坏分类

(1)断板类破损:包括板角断裂、D 型裂缝、纵向裂缝、横向裂缝、断板等;

(2)接缝类破损:包括接缝材料损坏、接缝脱开、无接缝料、缝被砂石尘土填塞、边角剥落、唧泥、错台(台阶)、拱起(翘曲)等;

(3)表面类破损:包括表面网状细裂缝、层状剥落、起皮、露骨、集料磨光、坑洞等;

(4)其他破损:如板块沉陷等。

破损严重程度可分为轻微、中皮、严重三种不同情况。

2. 准备工作

(1)选定路段并量测其路面的长度及宽度。

(2)如路面不洁妨碍观测时,可用扫帚清扫裂缝附近路面。

注:为便于观测,宜选择在雨后路面已干燥但裂缝尚有水迹的时机观测。观测时应有专人指挥交通(需要时可封闭交通),并设置交通安全标志等以确保观测者的安全。

3. 调查步骤

(1)沿路面纵向 1~2 人负责一块混凝土板宽度,仔细观察裂缝等各种破损情况,必要时用粉笔作出标记。

(2)用目测或量尺分别测量测试路段的路面上每条裂缝长度及破损面积,准确至 10cm。对伸缩缝接缝处的破坏及边角部已成块的破坏都应单独记录条数、面积。其中接缝拱起还应记录高度。

(3)记录板块号、破损位置(桩号),在方格纸上按比例绘制裂缝及破损情况图。

(4)根据需要,拍摄照片或录像备查。

(四)计算

(1)测试路段路面的各类破损的长度或面积,可按表 4-31 分类统计。其中错台、拱起、板块沉陷还应记录高度或深度。

水泥混凝土路面破损调查统计表 表 4-31

<table>
<tr><td colspan="7">调查路段(桩号):________ 调查员:________
调查时间:________ 天　气:________</td></tr>
<tr><td colspan="2" rowspan="2">破损类型</td><td rowspan="2">坏板数(块)</td><td rowspan="2">坏缝数(条)</td><td colspan="3">数量</td></tr>
<tr><td>面积(m²)</td><td>长度(m)</td><td>高度(cm)</td></tr>
<tr><td rowspan="6">板面裂缝</td><td>板角断裂</td><td></td><td></td><td></td><td></td><td></td></tr>
<tr><td>D 型断裂</td><td></td><td></td><td></td><td></td><td></td></tr>
<tr><td>纵向断裂</td><td></td><td></td><td></td><td></td><td></td></tr>
<tr><td>横向开裂</td><td></td><td></td><td></td><td></td><td></td></tr>
<tr><td>纵向断板</td><td></td><td></td><td></td><td></td><td></td></tr>
<tr><td>横向断板</td><td></td><td></td><td></td><td></td><td></td></tr>
<tr><td rowspan="5">接缝损坏</td><td>接缝材料损坏</td><td></td><td></td><td></td><td></td><td></td></tr>
<tr><td>边角剥落</td><td></td><td></td><td></td><td></td><td></td></tr>
<tr><td>唧泥</td><td></td><td></td><td></td><td></td><td></td></tr>
<tr><td>错台</td><td></td><td></td><td></td><td></td><td></td></tr>
<tr><td>拱起</td><td></td><td></td><td></td><td></td><td></td></tr>
<tr><td rowspan="4">表面缺陷</td><td>网状细裂缝</td><td></td><td></td><td></td><td></td><td></td></tr>
<tr><td>层状剥落、起皮</td><td></td><td></td><td></td><td></td><td></td></tr>
<tr><td>露骨(集料磨光)</td><td></td><td></td><td></td><td></td><td></td></tr>
<tr><td>坑洞</td><td></td><td></td><td></td><td></td><td></td></tr>
<tr><td>其他</td><td>板块沉陷</td><td></td><td></td><td></td><td></td><td></td></tr>
</table>

(2)水泥混凝土路面的坏板率计算。根据需要,可按有关规范对各种坏板类型及严重程度取不同的权值进行计算。坏板率是指已发生板面开裂、断板、接缝损坏、表面缺陷、板块沉陷等各种板的损坏情况。

$$B_k = \frac{\sum\sum A_{ij} \times K_{ij}}{S} \tag{4-47}$$

式中:B_k——水泥混凝土路面的坏板率,%;

A_{ij}——水泥混凝土板各种损坏分别严重程度的累计换算板数,i 表示破损类别,j 表示破损严重程度,可分为轻微、中度、严重三个等级;

K_{ij}——水泥混凝土板各种损坏类型及不同严重程度的权值,根据有关规范规定选用,如无规定时均取为 1;

S——调查路段路面板总块数。

(3)水泥混凝土路面的断板率计算:

$$B_D = \frac{D}{S} \times 100\% \tag{4-48}$$

式中:B_D——水泥混凝土路面的坏板率,%;

D——已经完成折断成两块以上的水泥混凝土路面板;

S——调查路段路面板总块数。

(4)水泥混凝土路面的裂缝度、裂缝率计算:

$$C_d = \frac{\sum L}{A} \tag{4-49}$$

$$C_k = \frac{\sum C_{Ai}}{A} \tag{4-50}$$

上两式中：C_d——水泥混凝土路面的裂缝度，m/1000m^2；

C_k——水泥混凝土路面的裂缝率，m^2/1000m^2；

C_{Ai}——板角裂缝、D 型裂缝及完全碎裂的总面积，m^2；

$\sum L$——水泥混凝土路面板的纵向开裂、横向开裂总长度，m；

A——测试路段的总面积，以 1000m^2 计。

(5)水泥混凝土路面的坏缝率计算：

$$J_k = \frac{\sum J_{C1} + \sum J_{C2}}{J_1 + J_2} \tag{4-51}$$

式中：J_k——水泥混凝土路面的坏缝率，m/1000m；

$\sum J_{C1}$——水泥混凝土路面的横向伸缩缝破坏的总长度，m；

$\sum J_{C2}$——水泥混凝土路面的纵向接缝破坏的总长度，m；

J_1——测试路段的横向伸缩缝的总长度，以 1000m 计；

J_2——测试路段的纵向接缝的总长度，以 1000m 计。

(五)报告

水泥混凝土路面破损调查报告应包括如下内容：

(1)路线名称、路面结构、使用年限、交通情况等。

(2)水泥混凝土路面破损调查表，包括坏板率、裂缝率、坏缝率等。

(3)水泥混凝土路面破损程度评定。

(4)破损原因分析及处理建议。

五、路面错台测试方法

(一)目的与适用范围

本方法适用于测定路面在人工构造物端部接头、水泥混凝土路面或桥梁的伸缩缝以及沥青混凝土裂缝两侧由于沉降所造成的错台(台阶)高度，以评价路面行车舒适性能(跳车情况)，并作为计算维修工作的依据。

(二)仪具与材料

本试验需要下列仪具与材料：

(1)皮尺；

(2)水准仪；

(3)3m 直尺；

(4)钢板尺或钢卷尺；

(5)粉笔。

(三)方法与步骤

(1)非经注明，错台的测定位置以行车车道错台最大处纵断面为准，根据需要也可以其他代表性纵断面为测定位置。

(2)选择需要测定的断面，记录位置及桩号，描述发生错台的原因。

(3)构造物端部由于沉降造成的接头错台的测定步骤：

①将精密水准仪架在距构造物端部不远的路面平顺处调平。

②从构造物端部无沉降或鼓包的断面位置起，沿路线纵向用皮尺量取一定距离，作为测点，在该处立起塔尺，测量高程，再向前量取一定距离，作为测点，测量高程。如此重复，直至无明显沉降的断面为止。无特殊需要，从构造物端部起的 2m 内应每隔 0.2m 量测一次，2～5m 宜每隔 0.5m 量测一次，5m 以上可每隔 1m 量测一次，由此得出沉降纵断面及最大沉降值，即最大错台高度（D_m），准确至 1mm。

(4)测定由水泥混凝土路面或桥梁的伸缩缝或路面横向开裂造成的接缝错台、裂缝错台时，可按上述的方法用水准仪测定接缝或裂缝两侧一定范围内的道路纵断面，确定最大错台位置及高度（D_m），准确至 1mm。

(5)当发生错台变形的范围不足 3m 时，可在错台最大位置沿路线纵向用 3m 直尺架在路面上，其一端位于错台高出的一侧，另一端位于无明显沉降变形处，作为基准线。用钢板尺或钢卷尺每隔 0.2m 量取路面与基准线之间高度（D），同时测记最大错台高度（D_m），准确至 1mm。

(四)资料整理

以测定的错台读数 D 与各测点的距离绘成纵断面图作为测定结果，图中应标明相应断面的设计纵断面高程，最大错台的位置与高度 D_m，准确至 0.001m。

(五)报告

测试报告应记录如下事项：

(1)路线名，测定日期，天气情况。

(2)测定地点，桩号，路面及构造物概况。

(3)道路交通情况及造成错台的原因初步分析。

(4)最大错台高度 D_m 及错台纵断面图。

本章小结

为了保证公路与城市道路最大限度地满足车辆运行的要求，提高车速，增强安全性和舒适性，降低运输成本和延长道路使用年限，要求路面具有一系列基本性能。如路面表面要求平整，但不宜光滑。因此，路面技术性能的现场检测是道路工程施工质量管理和养护管理最重要的内容之一。

平整度是路面施工质量与服务水平的重要指标之一。它是指以规定的标准量规，间断地或连续地量测路表面的凹凸情况，即不平整度的指标。本章重点介绍了国内最常用的测试平整度的方法，3m 直尺法和连续平整度仪法。

路面抗滑性能是指车辆轮胎受到制动时沿表面滑移所产生的力。通常，抗滑性能被看作是路面的表面特性，并用轮胎与路面间的摩阻系数来表示。表面特性包括路表面细构造和粗构造，影响抗滑性能的因素有路面表面特性、路面潮湿程度和行车速度。本章对摩擦系数测定方法作了简要介绍，重点介绍了摆式仪法和构造深度的测定。

压实度是路面施工质量检测的关键指标之一，本章对沥青路面的压实度检测的主要方法作了介绍，核子密度仪法在第三章中作了详细介绍，这里不再赘述。

国内外普遍采用回弹弯沉值来表征路基路面的承载能力，回弹弯沉值越大，承载能力越小，反之则越大。通常所说的回弹弯沉值是指标准后轴双轮组轮隙中心处的最大回弹弯沉值。弯沉值的测试方法较多，目前应用最多的是贝克曼梁法，在我国已有成熟的经验，本章重点介绍了此种方法。

沥青路面铺筑的其中一个基本点是沥青层能够基本上封闭雨水的下渗,路面必须具有良好的防渗水性,如果路面渗水严重,则沥青混合料和路面的耐久性将大幅降低。因此,沥青路面渗水性能成为反映沥青混合料级配组成的一个间接指标。此外,本章结合沥青路面和水泥混凝土路面对我国路面性状评价指标体系分别进行了阐述。

复习思考题

1. 什么是路面弯沉值?常用哪几种方法测定?各测定方法有何特点?
2. 简述贝克曼梁法测定路面回弹弯沉的要点。
3. 简述摆式仪测定路面抗滑性能的要点。
4. 路面抗滑性能测试方法有几种?各种方法的原理是什么?
5. 简述构造深度的测试方法。
6. 简述渗水系数测试的必要性及测试要点。

第五章　路面基层、底基层材料检测技术

【本章学习要点】 本章就目前国内外应用最多的半刚性基层、底基层材料的最佳含水量和最大干密度测定、无侧限抗压强度测定、水泥、石灰稳定土中水泥、石灰剂量的测定、石灰钙、镁含量测定做一介绍。工地压实度测定、承载比(CBR)测定、回弹模量的测定与普通土的测定方法相同,在其他章节中介绍。

路面基层、底基层是主要承重层,是路面结构的主要部分,因此,它必须具有足够的强度、刚度、稳定性,为满足这些要求,切实保证路面基层、底基层的施工质量,对路面基层、底基层材料技术性能的检测显得尤为重要。

公路路面常用的基层与底基层材料可分为三大类:柔性基层、半刚性基层、刚性基层。也可以分为:无机结合料稳定类、有机结合料稳定类和粒料类。我国常用的基层材料包括水泥稳定土、石灰稳定土、石灰工业废渣稳定土、级配碎石、级配砾石或级配砂砾、填隙碎石等类型;在粉碎的或原状松散的土中掺入一定量的无机结合料(包括水泥、石灰或工业废渣等)和水,经拌和得到的混合料在压实与养生后,其抗压强度符合规定要求的材料称为无机结合料稳定材料。无机结合料稳定类基层与底基层主要有:水泥稳定土、石灰稳定土、石灰工业废渣稳定土等。其中土作为基层材料的骨架,水泥和石灰则属于基层材料的胶凝物质。由于胶凝的机理不同,水泥属于水硬性胶凝材料,而石灰属于气硬性胶凝材料。无机结合料稳定土由于胶凝性质的不同和材料配比的多变性原因,其工程性质千差万别,则相应的试验检测方法也较复杂。

按照土中单个颗粒(指碎石、砾石和砂颗粒)的粒径大小和组成,将土分为细粒土、中粒土和粗粒土。

(1)细粒土:颗粒的最大粒径小于10mm,且其中小于2mm的颗粒含量不少于90%;

(2)中粒土:颗粒的最大粒径小于30mm,且其中小于20mm的颗粒含量不少于85%;

(3)粗粒土:颗粒的最大粒径小于50mm,且其中小于40mm的颗粒含量不少于85%。

第一节　活性氧化钙、氧化镁含量测定方法

一、测试原理与标准

石灰的质量主要取决于活性CaO与MgO的含量。它们的含量愈高,则石灰反应后粘结性愈好。

测定原理:利用活性氧化钙能与蔗糖化合成在水中溶解度较大的蔗糖钙,而其他钙盐则不与蔗糖作用的条件,用已知浓度的盐酸对石灰进行滴定(用酚酞指示剂),根据达到终点时盐酸的消耗量,可计算出活性CaO的含量,称为中和法。

氧化镁与蔗糖作用反应缓慢,测定时间长,故此法测定的含量实际上以氧化钙为主,若要测定MgO的含量,可采用EDTA综合滴定法。先测定钙、镁总量,然后测定出钙含量,再计算镁

含量。

在石灰土中，在同种剂量下石灰的等级愈高，其效果愈好。石灰的细度愈大，比表面积愈大，稳定效果愈好。因此，一般石灰应达到三等以上标准。

二、测试仪具与试剂

(1)标准筛：筛孔径 1mm 和 0.15mm 各 1 个；

(2)称量瓶：直径 3cm，容积 20mL；

(3)分析天平：称量 100g，感量 0.001g；

(4)烘箱：恒温 105～110℃；

(5)锥形瓶：容量 250 mL 共 2 个；

(6)滴定管：容量 25 mL 或 50 mL 酸式管 1 支；

(7)滴定架；

(8)干燥器：直径 25cm；

(9)玻璃珠若干；

(10)盐酸(化学纯)，配制成浓度为 0.5 mol/L 的盐酸溶液；

(11)蔗糖(化学纯)；

(12)指示剂：1%酚酞酒精溶液。

三、测试步骤与方法

(1)将石灰试样粉碎，通过 1mm 筛孔，用四分法缩分为 200g，再用研体磨细通过 0.15mm 筛孔，用四分法缩分为 10g 左右。

(2)将试样在 105～110℃的供箱中烘干 1h，然后移于干燥器中冷却。

(3)标定盐酸浓度：取 4mL 盐酸用蒸馏水稀释至 1L 在分析天平上用减量法称取无水碳酸钠约 0.2～0.3g，在锥形瓶中用蒸馏水加热溶解，冷却后滴入甲基橙指示剂两滴，此时溶液呈黄色。将配好的 HCL 液盛于滴定管中，进行滴定直至锥形瓶中溶液由黄色刚转变为橙色为止。记录盐酸耗量(mL)，按下式计算 HCL 溶液的准确浓度：

$$N_{HCL} = m/0.053V_{HCL} \tag{5-1}$$

式中：m——无碳酸钠的质量，g；

V_{HCL}——滴定完成时盐酸的耗量，mL。

(4)将称量瓶用减量法称取试样 0.8～1.0g(准确至 1mg)置于锥形瓶中，迅速加入蔗糖约 5g盖于试样表面(以减少试样与空气的接触)，同时加入玻璃珠约 10 粒。接着加入新煮沸并且冷却的蒸馏水 50mL，立即加盖瓶塞，并强烈摇荡 15min(注意时间不宜过短)。若试样结块或出现粘于瓶壁的现象，则应重新取样。

(5)摇荡后开启瓶塞，加入酚酞指示剂 2～ 3 滴，溶液即呈现粉红色，然后置于滴定架上，用盐酸标准溶液滴定。

(6)滴定时，应先读出滴定管初读数，然后以 2 ～3 滴/s 的速度滴定，直至粉红色消失。如仍出现红色，应再加满盐酸以中和，滴到颜色完全消失之后 5 min 内不再出现红色为宜。

(7)读出中和后盐酸消耗的滴定管读数，减去初读数，即为实际消耗的盐酸数量(mL)。

四、活性氧化钙与氧化镁含量的计算

(1)活性 CaO + MO 的含量按下式计算:

$$\text{CaO 的含量} = 0.028\,NV \times 100\% / G \tag{5-2}$$

式中:V——滴定用盐酸量,mL;

N——盐酸标准溶液的浓度;

0.028——消耗 1mL 盐酸溶液所中和的氧化钙的克数,g;

G——试样质量,g。

(2)消石灰或石灰浆所含 CaO + MgO 的质量百分率按下式计算:

$$x = 0.028NV \times 100\% / G(1 - w) \tag{5-3}$$

式中:w——消石灰或石灰浆的含水率,以小数计。

其他符号意义同前。

氧化镁、氧化钙的测试记录表如表 5-1。

石灰有效氧化钙、氧化镁含量测试表 表 5-1

试样编号________ 试样名称________ 试样来源________

试验次数	称量瓶号	空瓶质量(g)	瓶与石灰试样的质量 m(g)	石灰试样的质量 m(g)	盐酸浓度 N(mol/L)	滴定氧化钙消耗的盐酸量(mL)	石灰中氧化钙的含量(%)
(1)	(2)	(3)	(4)	(5) = (4) - (3)	(6)	(7)	(8)

试验: 计算: 校核:

第二节 水泥或石灰稳定土中石灰水泥剂量测定

一、概述

无机结合料稳定土是整体性半刚性材料,它具有强度高、板体性能好的特性,广泛地被用作路面承重层基层上,尤其是石灰稳定土。而稳定土的效果,即强度形成有许多影响因素,其中无机结合料(石灰、水泥)的剂量起着决定性的作用。经试验,石灰土的石灰剂量应不低于6%,不高于 18%,以 10% ~ 14%为经济实用,石灰、水泥稳定土中石灰、水泥的剂量参考值见表 5-2、表 5-3。

石灰稳定土中石灰的剂量参考值 表 5-2

结构层位	土　类	水泥剂量
基层	砂砾土和碎石土 塑性指数小于 12 的细料土 塑性指数大于 12 的细粒土	3 ~ 7 10 ~ 16 5 ~ 13
底基层	塑性指数小于 12 的细粒土 塑性指数大于 12 的细粒土	8 ~ 14 5 ~ 11

水泥稳定土中水泥的剂量参考值 表 5-3

结构层位	土　类	水泥剂量
基层	中、粗粒土 塑性指数小于 12 的细粒土 其他细粒土	3 ~ 7 5 ~ 11 8 ~ 16
底基层	中、粗粒土 塑性指数小于 12 的细粒土 其他细粒土	3 ~ 7 4 ~ 9 6 ~ 12

稳定土无机结合料剂量的测定方法，常用的有 EDTA 滴定法、钙电极快速测定法两种。前者适用于工地快速测定稳定土的无机结合料的剂量，并可检查拌和的均匀性。后者适用于测定新拌石灰土和水泥土的结合料剂量。

二、EDTA 滴定法

1．目的和使用范围

本试验方法适用于在工地快速测定水泥和石灰稳定土中水泥和石灰的剂量，并可以检查拌和的均匀性。用于稳定的土可以是细粒土也可以是中粒土和粗粒土。本方法不受水泥和石灰稳定土龄期（7 天以内）的影响。工地水泥和石灰稳定土含水量的少量变化（2%），实际上不影响测定结果。

用本方法进行一次剂量测定，只需 10min。本方法也可以用来测定水泥和石灰综合稳定土中的结合料的剂量。

2．仪器设备

滴定管（酸式）50mL，1 支；

滴定台，1 个；

滴定管夹，1 个；

大肚移液管：　10 mL，10 支；

锥形瓶（即三角瓶）：　200 mL，20 支；

烧杯：200mL 或 100mL，1 只；300mL，10 只；

容量瓶：100mL，1 个；

搪瓷杯：容量大于 1200mL，10 只；

不锈钢棒（或粗玻璃棒）：10 根；

量筒:100mL 和 5mL,各 1 只;　50mL, 2 只;

棕色广口瓶;60mL,1 只;

托盘天平:称量 500g、感量 0.5g 和称量 100g、感量 0.1g,各一个;

秒表:1 只;

表面皿:Φ9cm,10 个;

研钵:Φ12~13cm, 1 个;

土样筛:筛孔 2.0mm 或 2.5mm,1 个;

洗耳球(1 两或 2 两):1 个;

精密试纸:pH12~14;

聚乙烯桶:20L,1 个(装蒸馏水);10L,2 个(装氯化氨及 EDTA 二钠标准液); 5L,1 个(装氢氧化钠);

毛刷、去污粉、吸水管、塑料勺、特种铅笔、厘米纸、洗瓶(塑料)。

3. 试剂的配制

(1)0.1mol/m^3 乙二胺四乙酸二钠(简称 EDTA 二钠)标准液:准确称取 EDTA 二钠(分析纯) 37.226g,用微热的无二氧化碳蒸馏水溶解,特全部溶解并冷却至室温后,定容至 1000mL。

(2)10%氯化铵(NH_4Cl)溶液:将 500g 氯化铵(分析纯或化学纯)放在 10L 的聚乙烯筒内。加蒸馏水 4500mL ,充分振荡,使氯化铵完全溶解。也可以分批在 1000 mL 的烧杯中配置,然后倒入塑料桶内摇匀。

(3)1.8%氢氧化钠(内含三乙醇胺)溶液:用 100g 架盘天平称取 18g 氢氧化钠(NaOH) 分析纯,放入洁净干燥的 1000mL 烧杯中,加 1000mL 蒸馏水使其完全溶解,特溶液冷至室温后,加入 2mL 三乙醇胺(分析纯),搅拌均匀后储于塑料桶中。

(4)钙红指示剂:将 0.2g 钙试剂羟酸钠(分子式 $C_{21}H_{13}O_7N_2SNa$,分子量 460.39)与 20g 预先在 105℃烘箱中烘 1h 的硫酸钾混合。一起放入研钵中,研成极细粉末,储于棕色的广口瓶中,以防吸潮。

4. 准备标准曲线

(1)取样:取工地用石灰和集料。风干分别过 2.0 或 2.5mm 筛,用烘干法或酒精法测其含水量(如为水泥可假定其含水量 0%)。

(2)混合料组成的计算:

①公式:　　干料质量 = 混合料质量/(1 + 含水量)

②计算步骤:　　干混合料质量 = 300g/(1 + 最佳含水量)

干土质量 = 干混合料质量/(1 + 水泥或石灰剂量)

水泥(或石灰)质量 = 干混合料质量 - 干土质量

湿土质量 = 干土质量 ×(1 + 含水量)

需加水的质量 = 300g - 湿土质量 - 水泥(或石灰)质量

(3)准备 5 种试样,每种 2 个样品(以水泥集料为例),如下;

1 种:称取 2 份 300g 集料分别放在 2 个搪瓷杯内,集料的含水量应等于工地预期达到的最佳含水量。集料中所加的水应与工地所用的水相同。

2 种:准备 2 分水泥剂量为 2%的水泥混合料试样,每份均重 300g,并分别放在两个搪瓷杯内。水泥土混合料的含水量应等于工地预期达到的最佳含水量。混合料中所加的水应与工地所用的水相同。

3种、4种、5种：各准备2份水泥剂量分别为4%、6%、8%的水泥混合料试样，每份约重300g，分别放在6个搪瓷杯内，其他要求同1种。

注：如为细粒土，则每份的质量可以减少为100g。

在此，准备标准曲线的水泥剂量为：0%、2%、4%、6%、8%，实际工作中应使工地实际所用水泥或石灰的剂量位于标准曲线时所用剂量的中间。

(4)取一个盛有试样的搪瓷杯，在杯内加600mL 10%氯化钠溶液溶液，用不锈钢搅拌棒充分搅拌3min(每分钟搅拌110次~120次)。如水泥(或石灰)土混合料中的土是细粒土，则也可以用1000mL具塞三角瓶代替搪瓷杯，手握三角瓶(瓶口向上)用力振荡3min(每分钟110次~120次)，以代替搅拌棒搅拌，放置沉淀4min〔如4min后得到是浑浊液，则应增加放置沉淀时间，直到出现澄清悬浮液为止，并记录所需的时间，以后所有该种水泥(或石灰)土混合料的试验，均应以同一时间为准〕，然后将上部清液转移到300mL烧杯内，搅匀，加盖表面皿待测。

注：当仅用100g混合料时，只需200mL 10%氯化铵溶液。

(5)用移液管吸取上层(液面下1~2cm)悬浮液10mL放入200mL的三角瓶内，用量筒量取50mL、1.8%氢氧化钠(内含三乙醇胺)溶液倒入三角瓶中，此时溶液pH值为12.5~13.0(可用pH12~14精密试纸检验)，然后加入钙红指示剂(体积约为黄豆粒大小)，摇匀，溶液呈玫瑰红色。用EDTA二钠标准液滴定到纯蓝色为终点；记录EDTA二钠的耗量(以mL计，读至0.1mL)。

(6)对其他几个搪瓷杯中的试样，用同样的方法进行试验，并记录各自的EDTA二钠的耗量。

(7)以同一水泥或石灰剂量混合料消耗EDTA二钠毫升数的平均值为纵坐标，以水泥或石灰剂量(%)为横坐标制图。两者的关系应是一条顺滑的曲线，如素集料或水泥或石灰改变，必须重做标准曲线。

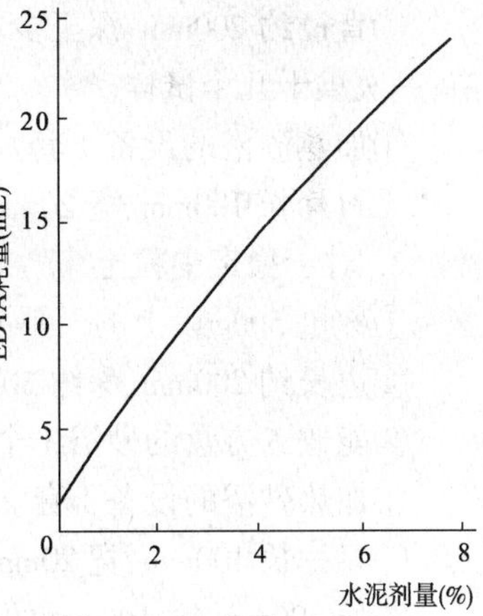

5. 现场试验步骤

(1)选取有代表性的水泥或石灰土混合料，称300g放在搪瓷杯中，用搅拌棒将结块搅散，加600mL、10%氯化铵溶液，然后如前步骤那样进行试验。

(2)利用所绘制的标准曲线，根据所消耗的EDTA二钠毫升数，确定混合料中的水泥或石灰剂量，参见图5-1。

图5-1 标准曲线

6. 注意事项

(1)每个样品搅拌的时间、速度和方式应力求相同；

(2)标准曲线时，如工地实用水泥剂量较大，素集料和低剂量水泥的试样可不做，而直接用较高剂量的做试验，但应有两种剂量大于实际剂量，两种剂量小于实际用量。

第三节 无机结合料稳定类材料的含水量试验

含水量对无机结合料稳定材料的强度有很大影响，当含水量过小时，其发生化学与物理化学作用不充分，不能保证土团得到最大限度的粉碎和均匀拌和，也不能保证达到最大压实度要求，对于无机结合料稳定类结构层，均存在一个最佳含水量。因此，必须对含水量的试验方法有所了解。目前测定含水量的方法有烘干法、砂浴法、酒精法等。

一、烘干法

本法是测定无机结合料稳定土含水量的标准方法。在105~110℃的条件下烘干到恒重的稳定土称为干稳定土,湿稳定土和干稳定土的质量之差与干稳定土的质量之比的百分率称为稳定土的含水量。具体试验方法同第三章中含水量测试的烘干法。值得注意的是测定无机结合料稳定土含水量需要将烘箱提前升温到105~110℃,使放入的混合料一开始就能在105~110℃的条件下烘干。这是因为水泥与水拌和就要发生水化作用,在较高温度下水化作用发生得较快。如需测含水量的水泥混合料放在原为室温的烘箱内,再启动烘箱升温,则在升温过程中水泥与水的水化作用发生得较快,而烘干法又不能除去已与水泥发生水化作用的水,这样得出的含水量往往偏小。

二、砂浴法

(一)目的和适用范围

本方法适用于在工地快速测定无机结合料稳定土的含水量。当土中含有大量石膏、碳酸钙或有机质时,不应使用本方法。

(二)仪器设备

1. 对于稳定细粒土

①铝盒:直径约50mm,高25~30mm。

②称量100g以上的天平1架,感量0.1g。

③直径约200mm、深至少25mm的砂浴1个,其中放有清洁的砂。也可以使用更大的砂浴,一次烘干几个试样。

④加热砂浴的设备1套。

⑤刀片长100mm、宽20mm的调土刀1把。

2. 对于稳定中粒土

①称量500g以上的天平1架,感量0.5g。

②边长约200mm、深约50mm的白铁皮方盘1个。

③能放入方盘的砂浴1个,砂深至少25mm。

④加热砂浴的设备1套。

⑤刀片长100mm、宽20mm的调土刀1把。

⑥长200mm、宽100mm的长方盘1个。

3. 对于稳定粗粒土

①称量5kg以上的台秤1个,感量5g。

②边长约250mm、深50~70mm的白铁皮方盘1个。

③能放入方盘的砂浴1个,砂深至少25mm。

④加热砂浴的设备1套。

⑤刀片长200mm、宽30mrn的调土刀1把。

⑥长200mm、宽100mm的长方盘1个。

(三)试验步骤

(1)对于稳定细粒土,其步骤如下:

①铝盒应该是清洁干燥的,称其质量并精确到0.1g(m_1)。至少取30g试样,经粉碎后松

松地放在铝盒中，盖上盒盖，称其质量并精确到 0.01g(m_2).

②取下盒盖，将盛有试样的铝盒放在正在加热的砂浴内，但需注意勿使砂浴温度太高。在加热过程中，应该经常用调土刀搅拌试样，以促使水分蒸发。

③当加热一段时间（通常 1h 足够）使试样干燥后，从砂浴中取出铝盒，盖上盒盖，并放置冷却。

④将铝盒和烘干试样称其质量并精确到 0.1g(m_3)。

(2)对于稳定中粒土和粗粒土，其步骤如下：

①方盘应该是清洁干燥的，称其质量并精确到 0.5g(m_1)。稳定中粒土的试样至少要 300g，稳定粗粒土的试样至少要 2000g。将试样弄碎并均匀地撒布在方盘内。将有试样的方盘称量，对于稳定中粒土称量到 0.5g(m_2)。对于稳定粗粒土称量到 5g(m_2)。

②将方盘放在正在加热的砂浴内，应注意砂浴温度不要过高。在加热过程中，应该经常用调土刀搅拌试样，以促使水分蒸发。

③当加热一段时间（通常 1h 足够）后，从砂浴中取出方盘，并让其冷却。

④当方盘冷到可以用手拿时，立即称其质量：对于中粒土，准确到 0.5g(m_3)；对于粗粒土，准确到 5g(m_3)。

（四）计算

用下式计算无机结合料稳定土的含水量(%)：

$$\omega = \frac{m_2 - m_1}{m_3 - m_1} \times 100\% \tag{5-4}$$

式中：m_1——铝盒或方盘的质量，g；

m_2——铝盒或方盘和湿稳定土的合计质量，g；

m_3——铝盒或方盘和干稳定土的合计质量，g。

（五）报告

无机结合料稳定土的含水量调整至 1%。

三、酒精法

本方法适用于在工地快速测定无机结合料稳定土的含水量。对于粗粒土，因为需要大量酒精，而且火大有危险，所以不宜使用本方法。如果土中含有大量粘土、石膏、石灰质或有机质，不能使用本方法。

具体试验方法同第三章中含水量测试的酒精法。

砂浴法、酒精法是工地快速测定含水量的方法，但精度较差。

第四节　无机结合料稳定类材料的击实试验

不同的无机结合料稳定土，在不同的无机结合料剂量、不同的含水量、不同的击实功下可以达到不同的密实度，在公路工程的施工质量控制过程中，要求在一定压实功的作用下达到最大的密实度。本试验法适用于在规定的试筒内，对水泥稳定土（在水泥水化前）、石灰稳定土及石灰（或水泥）粉煤灰稳定土进行击实试验，以绘制稳定土的含水量-干密度关系曲线，从而确定其最佳含水量和最大干密度。

一、目的和适用范围

(1)试验集料的最大粒径宜控制在25mm以内,最大不得超过40mm(圆孔筛)。

(2)试验方法类别。本试验方法分三类,各类击实方法的主要参数列于表5-4。

试验方法类别

表5-4

类别	锤的质量(kg)	锤击面直径(cm)	落高(cm)	试筒尺寸			锤击次数	每层锤击次数	平均单位击实功(J)	容许最大粒径(mm)
				内径(cm)	高(cm)	容积(cm^3)				
甲	4.5	5.0	45	10	12.7	997	5	27	2.687	25
乙	4.5	5.0	45	15.2	12.0	2177	5	59	2.687	25
丙	4.5	5.0	45	15.2	12.0	2177	3	98	2.677	40

二、仪器设备

(1)击实筒:小型,内径100mm、高127mm的金属圆筒,套环高50mm,底座;中型,内径152mm、高170mm的金属圆筒,套环高50mm,直径151mm和高50mm的筒内垫块,底座。

(2)击锤和导管:击锤的底面直径50mm,总质量4.5kg,击锤在导管内的总行程为450mm。

(3)天平:感量0.01g。

(4)台秤:称量15kg,感量5g。

(5)圆孔筛:孔径40mm、25mm或20mm以及5mm的筛各1个。

(6)量筒:50mL、100 mL和500mL的量筒各1个。

(7)直刮刀:长200~250mm、宽30mm和厚3mm,一侧开口的直刮刀用以刮平和修饰粒料大试件的表面。

(8)刮土刀:长150~200mm、宽约20mm的刮刀,用以刮平和修饰小试件的表面。

(9)工字型刮平尺:30mm×50mm×310mm,上下两面和侧面均刨平。

(10)拌和工具:约400mm×600mm×70mm的长方形金属盘,拌和用平头小铲等。

(11)脱模器。

(12)测定含水量用的铝盒、烘箱等其他用具。

三、试料准备

将具有代表性的风干试料(必要时,也可以在50℃烘箱内烘干)用木锤或木碾捣碎。土团均应捣碎到能通过5mm的筛孔,但应注意不使粒料的单个颗粒破碎或不使其破碎程度超过施工中拌和机械的破碎率。

如试料是细粒土,将已捣碎的具有代表性的土过5mm筛备用(用甲法或乙法做试验)。

如试料中含有粒径大于5mm的颗粒,则先将试料过25mm的筛,如存留在筛孔25mm筛的颗粒的含量不超过20%,则过筛料留作备用(用甲法或乙法做试验)。

如试料中粒径大于25mm的颗粒含量过多,则将试料过40mm的筛备用(用丙法试验)。

每次筛分后,均应记录超尺寸颗粒的百分率。

在预定做击实试验的前一天,取有代表性的试料测定其风干含水量。对于细粒土,试样应不少于100g;对于中粒土(粒径小于25mm的各种集料),试样应不少于1000g;对于粗粒土的各种集料,试样应不少于2000g。

四、试验步骤

(一)甲法

(1)将已筛分的试样用四分法逐次分小,至最后取出约 10~15kg 试料。再用四分法将已取出的试料分成 5~6 份,每份试料的干质量为 2.0kg(对于细粒土)或 2.5kg(对于各种中粒土)。

(2)预定 5~6 个不同含水量,依次相差 1% ~2%,且其中至少有两个大于和两个小于最佳含水量。对于细粒土,可参照其塑限估计素土的最佳含水量。一般其最佳含水量较塑限约小 3%~10%,对于砂性土接近 3%,对于粘性土约为 6%~10%。天然砂砾土,级配集料等的最佳含水量与集料中细土的含量和塑性指数有关,一般变化在 5%~12%之间。对于细土少的、塑性指数为 0 的未筛分碎石,其最佳含水量接近 5%。对于细土偏多的、塑性指数较大的砂砾土,其最佳含水量约在 10%左右。水泥稳定土的最佳含水量与素土的接近,石灰稳定土的最佳含水量可能较素土大 1%~3%。

(3)按预定含水量制备试样。将 1 份试料平铺于金属盘内,将事先计算得的该份试料中应加的水量均匀地喷洒在试料上,用小铲将试料充分拌和到均匀状态(如为石灰稳定土和水泥、石灰综合稳定土,可将石灰和试料一起拌匀),然后装入密闭容器或塑料口袋内浸润备用。

浸润时间:粘性土 12~24h,粉性土 6~8h,砂性土、砂砾土、红土砂砾、级配砂砾等可以缩短到 4h 左右,含土很少的未筛分碎石、砂砾和砂可缩短到 2h。

应加水量可按下式计算:

$$Q_{\omega} = \left(\frac{Q_{n}}{1+0.01w_{n}} + \frac{Q_{c}}{1+0.01w_{c}}\right) \times 0.01w - \frac{Q_{n}}{1+0.01w_{n}} \times 0.01w_{n} - \frac{Q_{c}}{1+0.01w_{c}} \times 0.01w_{c} \tag{5-5}$$

式中:Q_{ω}——混合料中应加的水量,g;

Q_{n}——混合料中素土(或集料)的质量(原始含水量为 w_{n},即风干含水量),g;

Q_{c}——混合料中水泥或石灰的质量(原始含水量为 w_{c}),g;

w——要求达到的混合料的含水量,%。

(4)将所需要的稳定剂水泥加到浸润后的试料中,并用小铲、泥刀或其他工具充分拌和到均匀状态。加有水泥的试样拌和后,应在 1h 内完成下述击实试验,拌和后超过 1h 的试样,应予作废(石灰稳定土和石灰粉煤灰除外)。

(5)试筒套环与击实底板应紧密联结。将击实筒放在坚实地面上,取制备好的试样(仍用四分法)400~500g(其量应使击实后的试件等于或略高于筒高的 1/5)倒入筒内,整平其表面并稍加压紧,然后按所需击数进行第一层试样的击实。击实时,击锤应自由铅直落下,落高应为 45cm,锤迹必须均匀分布于试样面。第一层击实完后,检查该层高度是否合适,以便调整以后几层的试样用量。用刮土刀将已击实层的表面“拉毛”,然后重复上述做法,进行其余四层试样的击实。最后一层试样击实后,试样超出试筒顶的高度不得大于 6mm,超出高度过大的试件应该作废。

(6)用刮土刀沿套环内壁削挖(使试样与套环脱离)后,扭动并取下套环。齐筒顶细心刮平试样,并拆除底板。如试样底面略突出筒外或有孔洞,则应细心刮平或修补。最后用工字型刮平尺齐筒顶和筒底将试样刮平。擦净试筒的外壁,称其质量并准确至 5g。

(7)用脱模器推出筒内试样。在试样内部从上到下取两个有代表性的样品(可将脱出试件用锤打碎后，用四分法采取)，测定其含水量，计算至0.1%。两个试样的含水量的差值不得大于1%。所取样品的数量见表5-5(如只取一个样品测定含水量，则样品的质量应为表列数值的两倍)。

烘箱的温度应事先调整到110℃左右，以使放入的试样能立即在105℃～110℃的温度下烘干。

测定含水量样品的数量　　表5-5

最大粒径(mm)	样品质量(g)
2	约50g
5	约100g
25	约500g

(8)按上述(3)～(7)项的步骤进行其余含水量下稳定土的击实和测定工作。

凡已用过的试样，一律不再重复使用。

(二)乙法

在缺乏内径10cm的试筒时，以及在需要与承载比等试验结合起来进行时，采用乙法进行击实试验。本法更适宜于粒径达25mm的集料。

(1)将已过筛的试料用四分法逐次分小，至最后取出约30kg试料。再用四分法将取出的试料分成5～6份。每份试料的干重约为4.4kg(细粒土)或5.5kg(中粒土)。

(2)以下各部的做法与甲法第(2)～第(8)项相同，但应该先将垫块放入筒内底板上，然后加料并击实。所不同的是，每层需取制备好的试样约900g(对于水泥或石灰稳定细粒土)或1100g(对于稳定中粒土)，每层的锤击次数为59次。

(三)丙法

(1)将已过筛的试料用四分法逐次分小，至最后取出约33kg试料。再用四分法将取出的试料分成6份(至少要5份)，每份重约5.5kg(风干质量)。

(2)预定5～6个不同含水量，依次相差1%～2%。在估计的最佳含水量左右可只差1%，其余差2%。

(3)同甲法第(3)项。

(4)同甲法第(4)项。

(5)将试筒、套环与夯击底板紧密地联结在一起，并将垫块放在筒内底板上。击实筒应放在坚实(最好是水泥混凝土)地面上；取制备好的试样1.8kg左右[其量应使击实后的试样略高于(高出1～2mm)筒高的1/3]倒入筒内，整平其表面，并稍加压紧。然后按所需击数进行第一层试样的击实(共击98次)。击实时，击锤应自由铅直落下，落高应为45cm，锤迹必须均匀分布于试样面。第1层击实完后检查该层的高度是否合适，以便调整以后两层的试样用量。用刮土刀或螺丝刀将已击实的表面"拉毛"，然后重复上述做法，进行其余两层试样的击实。最后一层试样击实后，试样超出试筒顶的高度不得大于6mm。超出高度过大的试件应该作废。

(6)用刮土刀沿套环内壁削挖(使试样与套环脱离)后，扭动并取下套环。齐筒顶细心刮平试样，并拆除底板，取走垫块。擦净试筒的外壁，称重，准确至5g。

(7)用脱模器推出筒内试样。在试样内部从上到下取两个有代表性的样品(可将脱出试件用锤打碎后，用四分法采取)，测定其含水量，计算至0.1%。两个试样的含水量的差值不得大于1%。所取样品的数量应不少于700g，如只取一个样品测定含水量，则样品的数量应不少于1400g。烘箱的温度应事先调整到110℃左右，以使放入的试样能立即在105～110℃的温度下烘干。

(8)按第(3)～第(7)项进行其余含水量下稳定土的击实和测定。凡已用过的试料，一律不再重复使用。

五、计算及制图

(1)按下式计算每次击实后稳定土的湿密度：

$$\rho_w = \frac{Q_1 - Q_2}{V} \quad (5-6)$$

式中：ρ_w——稳定土的湿密度，g/cm^3；

Q_1——试筒与湿试样的合质量，g；

Q_2——试筒的质量，g；

V——试筒的容积，cm^3。

(2)按下式计算每次击实后稳定土的干密度：

$$\rho_d = \frac{\rho_w}{1 + 0.01\omega} \quad (5-7)$$

式中：ρ_d——土样的干密度，g/cm^3；

w——土样的含水量，%。

以干密度为纵坐标，以含水量为横坐标，在普通直角坐标纸上绘制干密度与含水量的关系曲线，驼峰形曲线顶点的纵横坐标分别为稳定土的最大干密度和最佳合水量。最大干密度用两位小数表示。如最佳含水量的值在12%以上，则用整数表示(即精确到1%)；如最佳含水量的值在6%～12%，则用一位小数"0"或"5"表示(即精确到0.5%)；如最佳合水量的值小于6%，则取一位小数，并用偶数表示(即精确到0.2%)。

如试验点不足以连成完整的驼峰形曲线，则应该进行补充试验。

(3)超尺寸颗粒的校正。当试样中大于规定最大粒径的超尺寸颗粒的含量为5%～30%时，按下式对试验所得最大干密度和最佳含水量进行校正(超尺寸颗粒的含量小于5%时，可以不进行校正)。

最大干密度按下式校正：

$$\rho_{dm}' = \rho_{dm}(1 - 0.01p) + 0.9 \times 0.01pG'_a \quad (5-8)$$

式中：ρ_{dm}'——校正后的最大干密度，g/cm^3；

ρ_{dm}——试验所得的最大干密度，g/cm^3；

p——试样中超尺寸颗粒的百分率，%；

G'_a——超尺寸颗粒的毛体积相对密度。

计算精确至0.01g/cm^3。

最佳含水量按下式校正：

$$\omega_0' = \omega_0(1 - 0.01p) + 0.01p\omega_a \quad (5-9)$$

式中：ω_0'——校正后的最佳含水量，%；

w_0——试验所得的最佳含水量，%；

p——试样中超尺寸颗粒的百分率，%；

w_0——超尺寸颗粒的吸水量，%。

六、精密度或允许误差

应做两次平行试验，两次试验最大干密度的差不应超过0.05g/cm^3(稳定细粒土)和

0.08g/cm^3(稳定中粒土和粗粒土),最佳含水量的差不应超过0.5%(最佳含水量小于10%)和1.0%(最佳含水量大于10%)。

七、报告

报告应包括以下内容:

(1)试样的最大粒径、超尺寸颗粒的百分率;

(2)水泥的种类和标号或石灰中有效氧化钙和氧化镁的含量(%);

(3)水泥和石灰的剂量(%)或石灰粉煤灰土(粒料)的配合比;

(4)所用试验方法类别;

(5)最大干密度(g/cm^3);

(6)最佳含水量(%)并附击实曲线。

第五节　无机结合料稳定类材料的无侧限抗压强度测定

一、试验目的、适用范围和试验标准

(一)目的和适用范围

本试验方法适用于测定无机结合料稳定土(包括稳定细粒土、中料土和粗粒土)试件的无侧限抗压强度,从而可以对无机结合料稳定土的施工质量进行检测;还可以利用本试验进行无机结合料稳定土的组成设计。稳定土的抗压强度是稳定土混合料的主要技术指标,无论设计某种剂量的稳定土混合料(石灰稳定土或水泥稳定土),均必须满足规范的要求。

(二)稳定土抗压强度标准及水泥稳定土的无侧限抗压强度(7d)标准。

其标准见表5-6和表5-7。

石灰稳定细粒土的强度标准(7d浸水抗压强度:MPa)　表5-6

层次＼公路等级	高速	一	二	三、四
基层	>0.8	>1.0	>0.8	>0.7
底基层	>0.8	0.5~0.8	0.5~0.8	>1.0

水泥稳定细粒土的强度标准(7d浸水抗压强度:MPa)　表5-7

层次＼公路等级	高速	一	二	三、四
基层	3.0~4.0	2.5~3.0	2.0~2.5	1.5~2.0
底基层	>1.5	>1.5	>1.3	>1.0

二、无机结合料稳定土的无侧限抗压强度试验设备与方法

本试验方法包括:按照预定干密度用静力压实法制备试件以及用锤击法制备试件。试件都是高:直=1:1的圆柱体。应该尽可能用静力压实法制备等干密度的试件。

其他稳定材料或综合稳定土的抗压强度试验应参照本法。

1. 仪器设备

(1)圆孔筛:孔径 40mm、25mm(或 20mm)及 5mm 的筛各一个。

(2)试模:适用于下列不同土的试模尺寸为:

细粒土(最大粒径不超过 10mm):试模的直径 × 高 = 50mm × 50mm;

中粒土(最大粒径不超过 25mm):试模的直径 × 高 = 100mm × 100mm;

粗粒土(最大粒径不超过 40mm):试模的直径 × 高 = 150mm × 150mm。

(3)脱模器。

(4)反力框架:规格为 400kN 以上。

(5)液压千斤顶(200 ~ 1000kN)。

(6)夯锤的导管。

(7)密封湿气箱或湿气池放在能保持恒温的小房间内。

(8)水槽:深度应大于试件高度 50mm。

(9)路面材料强度试验仪或其他合适的压力机。但后者的规格应不大于 200kN。

(10)天平:感量 0.01g。

(11)台秤:称量 10kg,感量 5g。

(12)量筒、拌和工具、漏斗、大小铝盒、烘箱等。

2. 试料准备

将具有代表性的风干试料(必要时,也可以在对 50℃烘箱内烘干),用木锤和木碾捣碎,但应避免破坏料粒的原粒径。将土过筛并进行分类。如试料为粗粒土,则除去大于 40mm 的颗粒备用;如试料为细粒土,则除去大于 10mm 的颗粒备用。

在预定做试验的前一天,取有代表性的试料测定其风干含水量。对于细粒土,试样应不少于 100g,对于粒径小于 25mm 的中粒土,试样应不少于 1000g;对于粒径小于 40mm 的粗粒土,试样的质量应不少于 2000g。

3. 确定最佳含水量和最大干密度

按《公路工程无机结合料稳定材料试验规程》(JTJ057—94)中 T0804—94 击实试验确定无机结合料混合料的最佳含水量和最大干密度。

4. 制试件

(1)对于同一无机结合料剂量的混合料,需要制相同状态的试件数量(即平行试验的数量)与土类及操作的仔细程度有关,对于无机结合料稳定细粒土,应该制 6 个试件;对于无机结合料稳定中粒土和粗粒土,至少分别应该制 9 个和 13 个试件。

(2)称取一定数量的风干土并计算干土的质量,其数量随试件大小而变。对于 50mm × 50mm 的试件,1 个试件约需干土 180 ~ 210g;对于 100mm × 100mm 的试件,1 个试件约需干土 1700 ~ 1900g;对于 150mm × 150mm 的试件,1 个试件约需干土 5700 ~ 6000g。

对于细料土,可以一次称取 6 个试件的土,对于中粒土可以一次称取 3 个试件的土;对于粗粒土,一次只称取一个试件的土。

(3)将称好的土放在长方盘(约 400mm × 600mm × 70mm)内。向土中加水,对于细粒土(特别是粘性土)使其含水量较最佳含水量小 3%,对于中粒土和粗粒土可按最佳含水量加水。将土和水拌和均匀后放在密闭容器内浸润备用。如为石灰稳定土和水泥、石灰综合稳定土,可将石灰和土一起拌匀后进行浸润。

浸润时间:粘性土 12 ~ 24h,粉性土 6 ~ 8h,砂性土、砂砾土、红土砂砾、级配砂砾等可以缩短到4h左右；含土很少的未筛分碎石、砂砾及砂可以缩短到2h。

注：应加的水量可按下式计算。

$$Q_w = \left(\frac{Q_n}{1+0.01\omega_n} + \frac{Q_c}{1+0.01\omega_c}\right) \times 0.01\omega - \frac{Q_n}{1+0.01\omega_n} \times 0.01\omega_n - \frac{Q_c}{1+0.01\omega_c} \times 0.01\omega_c \tag{5-10}$$

式中：Q_w——混合料中应加的水量，g；

Q_n——混合料中素土(或集料)的质量，g；其含水量 ω_n 为风干含水量(%)；

Q_c——混合料中水泥或石灰的质量，g；其原始含水量为 ω_c(%)(水泥的 ω_c 通常很小，也可以忽略不计)；

ω——要求达到的混合料的含水量，%。

(4)在浸润过的试料中，加入预定数量的水泥或石灰并拌和均匀。在拌和过程中，应将预留的3%的水(对于细粒土)加入土中，使混合料的含水量达到最佳含水量。拌和均匀的加有水泥的混合料应在1h内按下列方法制成试件，超过1h的混合料应该作废。其他结合料稳定土，混合料虽不受此限制，但也应尽快制成试件。

注：水泥或石灰剂量按干土(即干集料)质量的百分率计。

(5)按预定的干密度制件。用反力框架和液压千斤顶制件。制备一个预定干密度的试件，需要稳定土混合料数量随试模的尺寸而变。制备一个试件所需稳定土的质量 m_1 按下式计算：

$$m_1 = \rho_d V(1+\omega) \tag{5-11}$$

式中：V——试模的体积；

ω——稳定土混合料的含水量，%；

ρ_d——稳定土试件的干密度，g/cm^3。

将试模的下压柱放入试模的下部，但外露2cm左右。将称量的规定数量的稳定土混合料分2~3次灌入试模中(利用漏斗)，每次灌入后用夯棒轻轻插实。如制的是50mm×50mm的小试件，则可以将混合料一次倒入试模中，然后将上压柱放入试模内。应使其也外露2cm左右(即上下压柱露出试模外的部分应该相等)。

将整个试模(连同上下压柱)放到反力框架内的千斤顶上(千斤顶下应放一扁球座)，加压直到上下压柱都压入试模为止。维持压力1min。解除压力后，取下试模；拿去上压柱，并放到脱模器上将试件顶出(利用千斤顶和下压柱)。称量试件的质量 m_2，小试件准确到1g；中试件准确到2g；大试件准确到5g；然后用游标卡尺量试件的高度 h，准确到0.1mm。

用击锤制件，步骤同前。只是用击锤(可以利用做击实试验的击锤，但压柱顶面需要垫一块牛皮或胶皮，以保护锤面和压柱顶面不受损伤)将上下压柱打入试模内。

注：事先在试模的内壁及上下压柱的底面涂一薄层机油。

用水泥稳定有粘结性的材料时，制件后可以立即脱模，用水泥稳定无粘结性材料时，最好过几小时再脱模。

小试件指50mm×50mm的试件，中试件指100mm×100mm的试件，大试件指150m×150m的试件。

5. 养生

试件从试模内脱出并称量后，应立即放到密封湿气箱和恒温室内进行保温保湿养生。但中试件和大试件应先用塑料薄膜包覆。有条件时，可采用蜡封保温养生，养生时间视需要而定，作为工地控制，通常都只取7d。整个养生期间的温度，在北方地区应保持20±2℃，在南方地区应保持25±2℃。

养生期的最后一天，应该将试件浸泡在水中，水的深度应使水面在试件顶上约2.5cm。在浸泡水中之前，应再次称试件的质量 m_3，在养生期间，试件质量的损失应该符合下列规定：小试件不超过 1g；中试件不超过 4g；大试件不超过 10g，质量损失超过此规定的试件，应该作废。

6. 试验步骤

将已浸水一昼夜的试件从水中取出，用软的旧布吸去试件表面的可见自由水，并称试件的质量 m_4。

用游标卡尺量试件的高度 h_1，准确到 0.1mm。

将试件放到路面材料强度试验仪的升降台上（台上先放一扁球座），进行抗压试验。试验过程中，应使试件的形变等速度增加，并保持速率约为 1mm/min；记录试件破坏时的最大压力 P(N)。

从试件内部取有代表性的样品（经过打破）测定其含水量 ω_1。

将测试数据填入表 5-8 中。

稳定土无侧限抗压强度测试表 表 5-8

配比______ 龄期______ 应力环系数______ 日期______

编号	实测值			强度求算值				备注
	直径 d (mm)	高度 h (mm)	应力环系数 (10^{-2}mm)	面积 A (mm^2)	荷载 P (N)	强度 R (MPa)	平均值	

试验______ 记录______ 计算______

7. 计算

(1)按下式计算试件无侧限抗压强度：

$$\text{对于小试件：}R_c = P/A = 0.00051P(\text{MPa}) \tag{5-12a}$$

$$\text{对于中试件：}R_c = P/A = 0.000127P(\text{MPa}) \tag{5-12b}$$

$$\text{对于大试件：}R_c = P/A = 0.000057P(\text{MPa}) \tag{5-12c}$$

式中：P——试件破坏时的最大压力，N；

A——试件的截面积，$A = \frac{\pi}{4}D^2$；

D——试件的直径，mm。

(2)精密度或允许误差：

若干次平行试验的偏差系数 C_v(%)应符合下列规定：

小试件不大于 10%

中试件不大于 15%

大试件不大于 20%

8. 报告应包括以下内容

(1)材料的颗粒组成；

(2)水泥的种类和标号或石灰的等级；

(3)确定最佳含水量时的结合料用量以及最佳含水量(%)和最大干密度(g/cm^3)；

(4)水泥或石灰剂量(%)或石灰(或水泥)、粉煤灰和集料的比例；

(5)试件干密度(准确到 $0.01g/cm^3$)或压实度；

(6)吸水量以及测抗压强度时的含水量(%)；

(7)抗压强度:小于 2.0MPa 时,采用两位小数,并用偶数表示;大于 2.0MPa 时,采用一位小数;

(8) 若干个试验结果的最小值和最大值、平均值 R_c、标准差 S、偏差系数 C_v 和 95%概率的值 $R_{c0.95}$($R_{c0.95} = R_c - 1.645S$)。

本 章 小 结

无机结合料稳定类材料强度的高低、稳定性的好坏直接影响公路的质量。公路工程中应用的无机结合料主要是石灰和水泥,其本身质量的好坏将直接影响无机结合料的质量。

石灰中氧化钙与氧化镁的含量又是石灰等级划分的主要指标,本章首先解决了氧化钙与氧化镁含量测定的问题,介绍了工地快速测定方法,即中和法。

无机结合料稳定类材料含水量的测定方法主要有烘干法、砂浴法、酒精燃烧法。烘干法是室内的标准试验方法,基本理论和基本方法与素土的含水量测试相同,只是需提前将烘箱的温度升至 105~110℃。

无机结合料稳定类材料击实试验与普通土的击实试验目的、试验原理和方法基本相同,试验标准不同。

无侧限抗压强度是评价无机结合料稳定类材料质量的关键指标之一,它的大小直接影响无机结合料稳定类材料的路用性能,它也是确定无机结合料稳定类材料配合比例的重要控制指标。

无机结合料的剂量又是无机结合料稳定类材料强度高低的决定因素,本章重点介绍了 EDTA 法测定无机结合料的剂量。

复习思考题

1. 石灰中的氧化钙、氧化镁含量是如何测定的?
2. 无机结合料稳定类材料中的石灰与水泥的含量是如何测定的?
3. 无机结合料稳定类材料含水量的测定与普通土的含水量测定有何区别?
4. 无机结合料稳定类材料击实试验与普通土的击实试验有何区别?
5. 简述无机结合料稳定类材料无侧限抗压强度试验的意义与步骤。

第六章　路面面层材料检测技术

【本章学习要点】 本章重点讲述了沥青路面及水泥混凝土路面面层材料的检测方法。通过学习,必须掌握以下几点:

1. 沥青混合料路面面层材料的常规试验及检测方法;
2. 水泥混凝土路面面层材料的常规试验及检测方法。

第一节　沥青混合料稳定度试验

路面中的沥青混合料在使用中直接承受车辆荷载的作用,应具有一定的强度和稳定性。沥青混合料的强度受温度变化的影响比较大。高温时,沥青混合料的强度会降低,在荷载的作用下容易发发生波浪、车辙、推挤等现象;温度低时,沥青混合料可能会由于塑性不足而产生裂缝。因此,要求其具有足够的高温稳定性和低温抗裂性。我国现行《沥青路面施工及验收规范》规定,采用马歇尔稳定度试验(包括稳定度、流值、马歇尔模数)来评价沥青混合料的高温稳定性,对于高速公路、一级公路、城市快速路、主干路用沥青混合物料,还应通过动稳定度试验检验其抗车辙能力。本节主要介绍沥青混合料的马歇尔稳定度试验及动稳定性的检验(车辙试验)。

一、沥青混合料的马歇尔稳定度试验

(一)沥青混合料试件制作方法(击实法)

1. 目的与适用范围

(1)本方法适用于标准击实法或大型击实法制作沥青混合料试件,以供试验室进行沥青混合料物理力学性质试验使用。

(2)标准击实法适用于马歇尔试验、间接抗拉试验(劈裂法等)所使用的 ϕ101.6mm × 63.5mm 圆柱体试件的成型。大型击实法适用于 ϕ152.4mm × 95.3mm 的大型圆柱体试件的成型。

(3)沥青混合料试件制作时的矿料规格及试件数量应符合如下规定:

①沥青混合料配合比设计及在试验室人工配制沥青混合料制作试件时,试件尺寸应符合试件直径不小于集料公称最大粒径的 4 倍,厚度不小于集料公称最大粒径的 1 ~ 1.5 倍的规定。对直径 ϕ101.6mm 的试件,集料公称最大粒径应不大于 26.5mm。对粒径大于 26.5mm 的粗粒式沥青混合料,其大于 26.5mm 的集料应用等量的 13.2 ~ 26.5mm 集料代替(替代法),也可采用直径 ϕ152.4mm 的大型圆柱体试件。大型圆柱体试件适用集料公称最大粒径不大于 37.5mm 的情况。试验室成型的一组试件的数量不得少于 4 个,必要时宜增加至 5 ~ 6 个。

②用拌和厂及施工现场采集的拌和沥青混合料成品试样制作直径 ϕ101.6mm 的试件时,按下列规定选用不同的方法及试件数量:

a)当集料公称最大粒径小于或等于 26.5mm 时,可直接取样(直接法)。一组试件的数量

通常为4个。

b)当集料公称最大粒径大于26.5mm,但不大于31.5mm,宜将大于26.5mm的集料筛除后使用(过筛法),一组试件数量仍为4个,如采用直接法,一组试件的数量应增加至6个。

c)当集料公称最大粒径大于31.5mm时,必须采用过筛法。过筛的筛孔为26.5mm,一组试件仍为4个。

2. 试验仪器

(1)标准击实仪:由击实锤、ϕ98.5mm平圆形压实头及带手柄的导向棒组成。用人工或机械将压实锤举起,从457.2±1.5mm高度沿导向棒自由落下击实,标准击实锤质量4536±9g。

大型击实仪:由击实锤、ϕ149.5mm平圆形压实头及带手柄的导向棒(直径15.9mm)组成。用机械将压实锤举起,从457.2±2.5mm高度沿导向棒自由落下击实,大型击实锤质量10210±10g。

(2)标准击实台:用以固定试模,在200mm×200mm×457mm的硬木墩上面有一块305mm×305mm×25mm的钢板,木墩用4根型钢固定在下面的水泥混凝土板上。木墩采用青冈栎、松或其他干密度为0.67~0.77g/cm^{3}的硬木制成。人工击实或机械击实均必须有此标准击实台。

自动击实仪是将标准击实锤及标准击实台安装一体并用电力驱动使击实锤连续击实试件且可自动记数的设备,击实速度为60±5次/min。大型击实法电动击实的功率不小于250W。

(3)试验室用沥青混合料拌和机:能保证拌和温度并充分拌和均匀,可控制拌和时间,容量不小于10L,如图6-1所示。搅拌叶自转速度70~80r/min,公转速度40~50r/min。

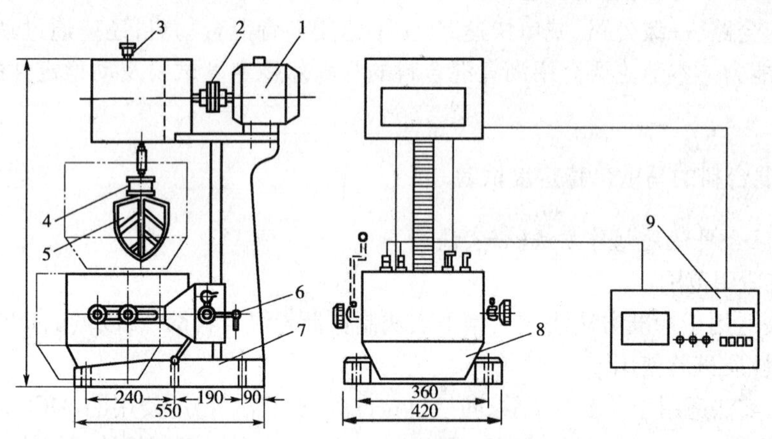

图6-1 试验室用沥青混合料拌和机

1-电机;2-联轴器;3-变速箱;4-弹簧;5-拌和叶片;6-升降手柄;7-底座;8-加热拌和锅;9-温度时间控制仪

(4)脱模器:电动或手动,可无破损地推出圆柱体试件,备有标准圆柱体试件及大型圆柱体试件尺寸的推出环。

(5)试模:由高碳钢或工具钢制成,每组包括内径101.6±0.2mm,高87mm的圆柱形金属筒、底座(直径约120.6mm)和套筒(内径101.6mm、高70mm)各1个。

大型圆柱体试件的试模与套筒如图6-2所示。套筒外径165.1mm,内径155.6±0.3mm,总高83mm。试模内径152.4±0.2mm,总高115mm,底座板厚12.7mm,直径172mm。

(6)烘箱:大、中型各一台,装有温度调节器。

(7)天平或电子秤:用于称量矿料的,感量不大于0.5g;用于称量沥青的,感量不大于0.1g。

(8)沥青运动粘度测定设备:毛细管粘度计、赛波特重油粘度计或布洛克菲尔德粘度计。

(9)插刀或大螺丝刀。

(10)温度计:分度为1℃。宜采用有金属插杆的热电偶沥青温度计,金属插杆的长度不小于300mm。量程0~300℃,数字显示或度盘指针的分度0.1℃,且有留置读数功能。

(11)其他:电炉或煤气炉、沥青熔化锅、拌和铲、标准筛、滤纸(或普通纸)、胶布、卡尺、秒表、粉笔、棉纱等。

3. 准备工作

(1)确定制作沥青混合料试件的拌和与压实温度。

①测定沥青的运动粘度,绘制粘温曲线。当使用石油沥青时,以运动粘度为170±20mm^2/s时的温度为拌和温度;以280±30mm^2/s时的温度为压实温度。亦可用塞氏粘度计测定塞波特粘度,以85±10s时的温度为拌和温度;以140±15s时的温度为压实温度。

②当缺乏沥青运动粘度测定条件时,试件的拌和与压实温度可按表6-1选用,并根据沥青品种和标号作适当调整。针入度小、稠度大的沥青取高限,针入度大、稠度小的沥青取低限,一般取中值。

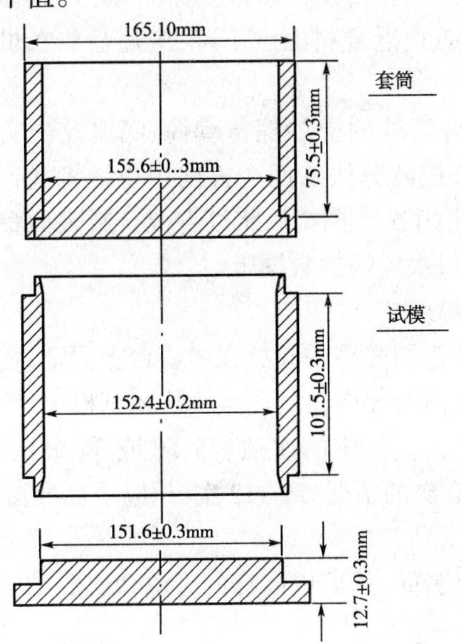

图6-2 大型圆柱体试件的试模和套筒

沥青混合料拌和及压实温度参考表 表6-1

沥青种类	拌和温度(℃)	压实温度(℃)
石油沥青	130~160	120~130
煤沥青	90~120	80~110
改性沥青	160~175	140~170

(2)将各种规格的矿料放在105±5℃的烘箱中烘干至恒重(一般不少于4~6h)。根据需要,可将粗集料先用水冲洗干净后烘干。也可将粗细集料过筛后用水冲洗再烘干备用。

(3)分别测定不同粒径规格粗、细集料、填料(矿粉)及沥青的密度。

(4)将烘干分级的粗细集料,按每个试件设计级配要求称其质量,在一金属盘中混合均匀,矿粉单独加热,置烘箱中预热至沥青拌和温度以上约15℃(采用石油沥青时通常为163℃;采用改性沥青时通常需180℃)备用。一般按一组试件(每组4~6个)备料,但进行配合比设计时宜对每个试件分别备料。当采用替代法时,对粗集料中粒径大于26.5mm的部分,以13.2~26.5mm粗集料等量代替。常温沥青混合料的矿料不应加热。

(5)用恒温烘箱或油浴、电热套熔化加热至规定的沥青混合料拌和温度备用,但不得超过175℃。当不得已采用燃气炉或电炉直接加热进行脱水时,必须使用石棉垫隔开。

(6)用沾有少许黄油的棉纱擦净试模、套筒及击实座等置100℃左右烘箱中加热1h备用。常温沥青混合料用试模不加热。

4．试验步骤

(1)拌制沥青混合料：

①将沥青混合料拌和机预热至拌和温度以上10℃左右备用(对试验室试验研究、配合比设计及采用机械拌和施工的工程，严禁用人工炒拌法热拌沥青混合料)。

②将每个试件预热的粗细集料置于拌和机中，用小铲子适当混合，然后再加入需要数量的已加热至拌和温度的沥青(如沥青已称量在一专用容器内时，可在倒掉沥青后用一部分热矿粉将沾在容器壁上的沥青擦拭一起倒入拌和锅中)，开动拌和机一边搅拌一边将拌和叶片插入混合料中拌和1~1.5min，然后暂停拌和，加入单独加热的矿粉，继续拌和至均匀为止，并使沥青混合料保持在要求的拌和温度范围内。标准的总拌和时间为3min。

(2)试件成型：

①将拌好的沥青混合料，均匀称取一个试件所需的用量(标准马歇尔试件约1200g，大型马歇尔试件约4050g)。当已知沥青混合料的密度时，可根据试件的标准尺寸计算并乘以1.03得到要求的混合料数量。当一次拌和几个试件时，宜将其倒入经预热的金属盘中，用小铲适当拌和均匀分成几份，分别取用。在试件制作过程中，为防止混合料温度下降，应连盘放在烘箱中保温。

②从烘箱中取出预热的试模及套筒，用沾有少许黄油的棉纱擦拭套筒、底座及击实锤底面，将试模装在底座上，垫一张圆形的吸油性小的纸，按四分法从四个方向用小铲将混合料铲入试模中，用插刀或大螺丝刀沿周边插捣15次，中间10次。插捣后将沥青混合料表面整平成凸圆弧面。对大型马歇尔试件，混合料分两次加入，每次插捣次数同上。

③插入温度计，至混合料中心附近，检查混合料温度。

④待混合料温度符合要求的压实温度后，将试模连同底座一起放在击实台上固定，在装好的混合料上面垫一张吸油性小的圆纸，再将装有击实锤及导向棒的压实头插入试模中，然后开启电动机或人工将击实锤从457mm的高度自由落下击实规定的次数(75、50或35次)。对大型马歇尔试件，击实次数为75次(相应于标准击实50次的情况)或112次(相应于标准击实75次的情况)。

⑤试件击实一面后，取下套筒，将试模掉头，装上套筒，然后以同样的方法和次数击实另一面。

⑥试件击实结束后，立即用镊子取掉上下面的纸，用卡尺量取试件离试模上口的高度并由此计算试件高度，如高度不符合要求时，试件应作废，并按下式调整试件的混合料质量，以保证高度符合63.5±1.3mm(标准试件)或95.3±2.5mm(大型试件)的要求。

$$\text{调整后混合料质量}=\frac{\text{要求试件高度}\times\text{原用混合料质量}}{\text{所得试件的高度}} \tag{6-1}$$

⑦卸去套筒和底座，将装有试件的试模横向放置冷却至室温后(不少于12h)，置脱模机上脱出试件。将试件仔细置于干燥洁净的平面上，供试验用。

(二)沥青混合料马歇尔稳定度试验

1．目的与适用范围

(1)本方法适用于马歇尔稳定度试验和浸水马歇尔稳定度试验，以进行沥青混合料的配合比设计或沥青路面施工质量检验。浸水马歇尔稳定度试验（据需要，也可进行真空饱水马歇尔试验)供检验沥青混合料受水损害时抵抗剥落的能力时使用，通过测试其水稳定性检验配合比设计的可行性。

(2)本方法适用于标准马歇尔试件圆柱体和大型马歇尔试件圆柱体。

2. 试验仪器

(1)沥青混合料马歇尔试验仪:符合国家标准《沥青混合料马歇尔试验仪》(GB/T 11823)技术要求的产品,对用于高速公路和一级公路的沥青混合料宜采用自动马歇尔试验仪,用计算机或 *X-Y* 记录仪记录荷载-位移曲线,并具有自动测定荷载与试件垂直变形的传感器、位移计,能自动显示或打印试验结果。对 ϕ63. 5mm 的标准马歇尔试件,试验仪最大荷载不小于 2 5kN,测定精度为 100N。加载速率应能保持 50 ± 5mm/min。钢球直径 16mm,上下压头曲率半径为 50.8mm。当采用 ϕ152.4mm 大型马歇尔试件时,试验仪最大荷载不得小于 50kN。读数准确度为 100N。上下压头的曲率内径为 152.4 ± 0.2mm,上下压头间距 19.05 ± 0.1mm。

大型马歇尔试件的压头尺寸如图 6-3 所示。

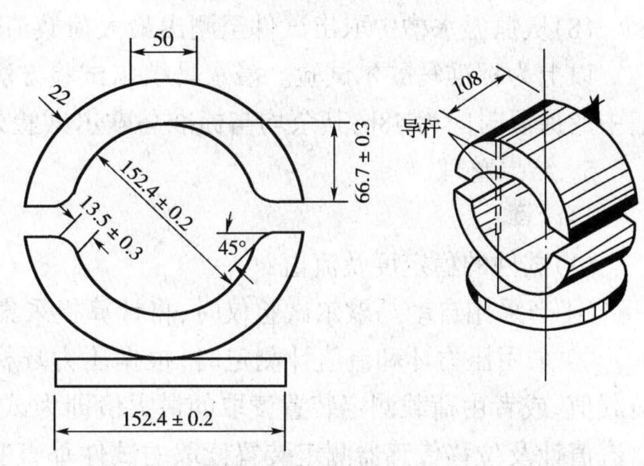

图 6-3 大型马歇尔试验的压头(尺寸单位:mm)

(2)恒温水槽:控温准确度为 1℃,深度不小于 150mm。

(3)真空饱水容器:包括真空泵及真空干燥器。

(4)烘箱。

(5)天平:感量不大于 0.1g。

(6)温度计:分度为 1℃。

(7)卡尺。

(8)其他:棉纱、黄油。

3. 试验准备

(1)按标准击实法成型马歇尔试件,标准马歇尔尺寸应符合直径 101.6 ± 0.2mm、高 63.5 ± 1.3mm 的要求。对大型马歇尔试件,尺寸应符合直径 152.4 ± 0.2mm,高 95.3 ± 2.5mm 的要求。一组试件的数量最少不得少于 4 个,并符合规定。

(2)量测试件的直径及高度:用卡尺测量试件中部的直径,用马歇尔试件高度测定器或用卡尺在十字对称的 4 个方向量测离试件边缘 10mm 处的高度,准确至 0.1mm,并以其平均值作为试件的高度。如试件高度不符合 63.5 ± 1.3mm 或 95.3 ± 2.5mm 要求或两侧高度差大于 2mm 时,此试件应作废。

(3)按本规程规定的方法测定试件的密度、空隙率、沥青体积百分率、沥青饱和度、矿料间隙率等物理指标。

(4)将恒温水槽调节至要求的试验温度,对粘稠石油沥青或烘箱养生过的乳化沥青混合料为 60 ± 1℃,对煤沥青混合料为 33.8 ± 1℃。

4. 试验步骤

(1)将试件置于已达规定温度的恒温水槽中保温,保温时间对标准马歇尔试件需 30 ~ 40min,对大型马歇尔试件需 45 ~ 60min。试件之间应有间隔,底下应垫起,离容器底部不小于 5cm。

(2)将马歇尔试验仪的上下压头放入水槽或烘箱中达到同样温度。将上下压头从水槽或烘箱中取出擦拭干净内面。为使上下压头滑动自如,可在下压头的导棒上涂少量黄油。再将试件取出置于下压头上,盖上上压头,然后装在加载设备上。

(3)在上压头的球座上放妥钢球,并对准荷载测定装置的压头。

(4)当采用自动马歇尔试验仪时,将自动马歇尔试验仪的压力传感器、位移传感器与计算机或 X-Y 记录仪正确连接,调整好适宜的放大比例。调整好计算机程序或将 X-Y 记录仪的记录笔对准原点。

(5)当采用压力环和流值计时,将流值计安装在导棒上,使导向套管轻轻地压住上压头,同时将流值计读数调零。调整压力环中百分表,对零。

(6)启动加载设备,使试件承受荷载,加载速度为 50±5m/min。计算机或 X-Y 记录仪自动记录传感器压力和试件变形曲线并将数据自动存入计算机。

(7)当试验荷载达到最大值的瞬间,取下流值计,同时读取压力环中百分表读数及流值计的流值读数。

(8)从恒温水槽中取出试件至测出最大荷载值的时间,不得超过 30s。

以上为标准马歇尔试验。浸水马歇尔试验方法与标准马歇尔试验方法的不同之处在于水槽中的保温时间为 48h,其余均与标准马歇尔试验方法相同。

5. 结果整理

1)计算:

(1)试件的稳定度及流值:

① 当采用自动马歇尔试验仪时,将计算机采集的数据绘制成压力和试件变形曲线。

② 采用压力环和流值计测定时,根据压力环标定曲线,将压力环中百分表的读数换算为荷载值,或者由荷载测定装置读取的最大值即为试样的稳定度(MS),以 kN 计,准确至0.01kN。由流值计及位移传感器测定装置读取的试件垂直变形,即为试件的流值(FL),以 mm 计,准确至 0.1mm。

(2)试件的马歇尔模数计算:

$$T = \frac{MS}{FL} \tag{6-2}$$

式中:T——试件的马歇尔模数,kN/mm;

MS——试件的稳定度,kN;

FL——试件的流值,mm。

(3)试件的浸水残留稳定度计算:

$$MS_0 = \frac{MS_1}{MS} \times 100\% \tag{6-3}$$

式中:MS_0——试件的浸水残留稳定度,%;

MS_1——试件浸水 48h 后的稳定度,kN。

2)报告:

(1)当一组测定值中某个测定值与平均值之差大于标准差的 k 倍时,该测定值应予舍弃,并以其余测定值的平均值作为试验结果。当试件数目 n 为 3、4、5、6 个时,k 值分别为 1.15、1.46、1.67、1.82。

(2)采用自动马歇尔试验时,试验结果应附上荷载-变形曲线原件或自动打印结果,并报告马歇尔稳定度、流值、马歇尔模数,以及试件尺寸、试件密度、空隙率、沥青用量、沥青体积百分率、沥青饱和度、矿料间隙率等各项物理指标。

6. 试验记录

试验值记录于表 6-2 中。

沥青混合料稳定度试验记录表 表 6-2

试样编号			试样来源				
试样名称			初拟用途				
试件编号	稳定度(N)				流值 FL (kN/mm)	马歇尔模数 T(kN/mm)	备注
	百分表读数 (1/100mm)	折算稳定度	修正系数 k(kN/100mm)	稳定度 MS(kN)			

试验者________ 计算者________ 校核者________ 试验日期________

二、沥青混合料动稳定性检测(车辙试验)

沥青混合料的车辙试验用来反映沥青混合料的高温稳定性。车辙试验是用一块碾压成型的板块试件(通常尺寸为 300mm × 300mm × 50mm)在规定温度条件(通常为 60℃)下,以一个轮压为 0.7MPa 的实心橡胶轮胎在其上行走,测量试件在变形稳定期时,每增加 1mm 变形需要行走的次数,即称为"动稳定度",以次/mm 表示。动稳定度越高表示沥青混合料的高温稳定性能越好。

1. 目的与适用范围

(1)本方法适用于测定沥青混合料的高温抗车辙能力,供混合料配合比设计的高温稳定性检验使用。

(2)车辙试验的试验温度与轮压可根据有关规定和需要选用,非经注明,试验温度为 60℃,轮压为 0.7MPa。根据需要,如在寒冷地区也可采用 45℃,在高温条件下采用 70℃等,但应在报告中注明。计算动稳定度的时间原则上为试验开始后 45 ~ 60min 之间。

(3)本方法适用于用轮碾成型机碾压成型的长 300mm、宽 300mm、厚 50mm 的板块状试件,也适用于现场切割制作长 300mm、宽 150mm、厚 50mm 板块状试件。根据需要,试件的厚度也可采用 40mm。

2. 试验仪器

(1)车辙试验机:示意图如图 6-4,主要由下列部分组成:

①试件台:可牢固地安装两种宽度(300mm

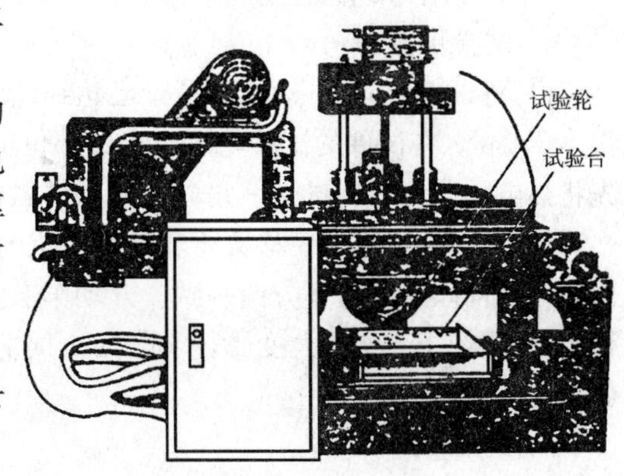

图 6-4 车辙试验机

及150mm)的规定尺寸试件的试模。

②试验轮:橡胶制的实心轮胎,外径 ϕ200mm,轮宽50mm,橡胶层厚15mm。橡胶硬度(国际标准硬度)20℃时为84±4,60℃时为78±2。试验轮行走距离为230±10mm,往返碾压速度为42±1次/min(21次往返/min)。允许采用曲柄连杆驱动试验台运动(试验轮不移动)或链驱动试验轮运动(试验台不动)的任一种方式。

注:轮胎橡胶硬度应注意检验,不符合要求者应及时更换。

③加载装置:使试验轮与试件的接触压强在60℃时为0.7±0.05MPa,施加的总荷重为78kg左右,根据需要可以调整。

④试模:钢板制成,由底板及侧板组成,试模内侧尺寸长为300mm,宽为300mm,厚为50mm(试验室制作),亦可固定150mm宽的现场切制试件。

⑤变形测量装置:自动检测车辙变形并记录曲线的装置,通常用LVDT、电测百分表或非接触位移计。

⑥温度检测装置:自动检测并记录试件表面及恒温室内温度的温度传感器、温度计,精密度0.5℃。

(2)恒温室:车辙试验机必须整机安放在恒温室内,装有加热器、气流循环装置及装有自动温度控制设备,能保持恒温室温度60±1℃(试件内部温度60±0.5℃),根据需要亦可为其他需要的温度。用于保温试件并进行试验。温度应能自动连续记录。

(3)台秤:称量15kg,感量不大于5g。

3. 准备工作

(1)试验轮接地压强测定:测定在60℃时进行,在试验台上放置一块50mm厚的钢板,其上铺一张毫米方格纸,上铺一张新的复写纸,以规定的700N荷载后试验轮静压复写纸,即可在方格纸上得出轮压面积,并由此求得接地压强。当压强不符合0.7±0.05MPa,荷载应予适当调整。

(2)用轮碾成型法制作车辙试验试块。在试验室或工地制备成型的车辙试件,其标准尺寸为300mm×300mm×50mm。也可从路面切割得到300mm×150mm× 50mm的试件。

(3)如需要,将试件脱模测定密度及空隙率等各项物理指标。如经水浸,应用电扇将其吹干,然后再装回原试模中。

(4)试件成型后,连同试模一起在常温条件下放置的时间不得少于12h。对聚合物改性沥青混合料,放置的时间以48h为宜,使聚合物改性沥青充分固化后方可进行车辙试验,但室温放置时间也不得长于一周。

注:为使试件与试模紧密接触应记住四边的方向位置不变。

4. 试验步骤

(1)将试件连同试模一起,置于已达到试验温度60±1℃的恒温室中,保温不少于5h,也不得多于24h。在试件的试验轮不行走的部位上,粘贴一个热电隅温度计(也可在试件制作时预先将热电隅导线埋入试件一角),控制试件温度稳定在60±0.5 ℃。

(2)将试件连同试模移置于轮辙试验机的试验台上,试验轮在试件的中央部位,其行走方向须与试件碾压或行车方向一致。开动车辙变形自动记录仪,然后启动试验机,使试验轮往返行走,时间约1h,或最大变形达到25mm时为止。试验时,记录仪自动记录变形曲线(如图(6-5)及试件温度。

5. 结果整理

(1)计算:

①从图 6-5 上读取 45min(t_1)及 60min(t_2)时的车辙变形 d_1 及 d_2,准确至 0.01mm。

当变形过大,在未到 60min 变形已达 25mm 时,则以达到 25mm(d_2)时的时间为 t_2,将其前 15min 为 t_1,此时的变形量为 d_1。

②沥青混合料试件的动稳定度计算:

$$DS = \frac{(t_2 - t_1) \times N}{d_2 - d_1} C_1 \times C_2 \qquad (6\text{-}4)$$

式中:DS——沥青混合料的动稳定度,次/mm;

d_1——对应于时间 t_1 的变形量,mm;

d_2——对应于时间 t_2 的变形量,mm;

C_1——试验机类型修正系数,曲柄连杆驱动试件的变速行走方式为 1.0,链驱动试验轮的等速方式为 1.5;

C_2——试件系数,试验室制备的宽 300mm 的试件为 1.0,从路面切割的宽 150mm 的试件为 0.8;

N——试验轮往返碾压速度,通常为 42 次/min。

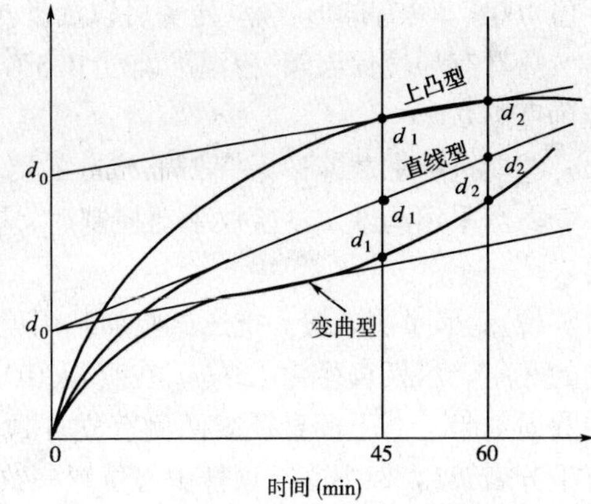

图 6-5　车辙试验自动记录的变形曲线

注:对 300mm 宽且试验时变形较小的试件,也可对一块试件在两侧 1/3 位置上进行两次试验取平均值。

(2)报告:

①同一沥青混合料或同一路段的路面,至少平行试验 3 个试件,当 3 个试件动稳定度变异系数小于 20%时,取其平均值作为试验结果。当变异系数大于 20%时应分析原因,并追加试验。如计算动稳定度值大于 6000 次/mm 时,记作:>6000 次/mm。

②试验报告应注明试验温度、试验轮接地压强、试件密度、空隙率及试件制作方法等。

③精密度或允许差:重复性试验动稳定度变异系数的允许差为 20%。

第二节　抗压强度和抗压弹性模量试验

沥青路面材料在检测过程中,还需要检测沥青混合料的抗压强度和抗压回弹模量,其测试方法是沥青混合料的单轴压缩试验。

一、沥青混合料单轴压缩试验(圆柱体法)

(一)目的与适用范围

(1)本方法适用于测定热拌沥青混合料的抗压回弹模量和抗压强度。按照《公路沥青路面设计规范》(JTJ 014)确定沥青混合料结构层的设计参数时应按本方法执行。如无特殊规定,用于计算弯沉的抗压回弹模量的标准试验温度为 20℃,用于验算弯拉应力的抗压回弹模量的标准试验温度为 15℃。加载速率为 2mm/min。

(2)本方法适用于直径 100 ± 2.0mm,高 100 ± 2.0mm 的沥青混合料圆柱体试件。

(二)试验仪器

(1)万能材料试验机,其他可施加荷载并测试变形的路面材料试验设备也可使用,但均必须满足下列条件:

①最大荷载应满足不超过其量程的 80%,且不小于量程的 20%的要求,宜采用 100kN,分

度值 100N。具有球形支座，压头可以活动与试件紧密接触。

②具有环境保温箱，控温准确度 0.5℃。当缺乏环境保温箱时，试验室应设置空调，控温准确度 1.0℃。

③能符合加载速率保持 2mm/min 的要求。试验机宜有伺服系统，在加载过程中速度基本不变。当采用马歇尔试验仪手动控制时，应事先校正手摇速率，以达到 2mm/min 加载速率的要求。

(2)变形量测装置。抗压试验加载用上下压板，下压板下有带球面的底座。压板直径为 120mm，在直径 102mm 处有一浅的放置试件的圆周刻印。下压板直径线两侧有立柱顶杆，上压板直径线两侧装有千分表架，表架中心与顶杆中心位置一致(见图 6-6)。当试验机具有自动测定试件垂直变形或自动测记试件的压力与变形曲线功能时，可以直接使用，不必另外配备变形量测装置。

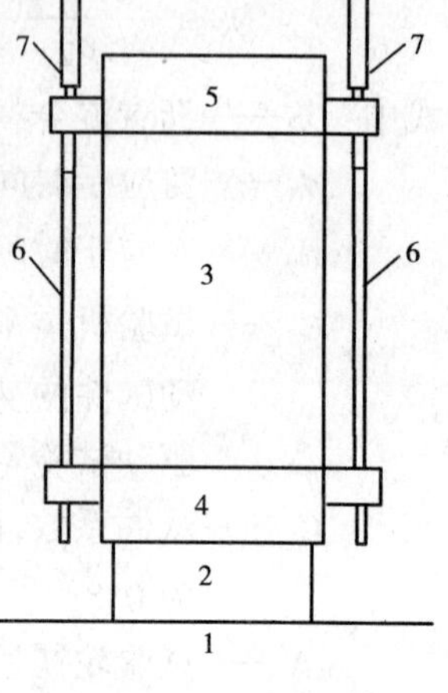

图 6-6　变形量测装置

1-试验机台；2-球座；3-试件；4-下压板；5-上压板；6-顶杆；7-千分表或其他变形量测装置

(3)千分表(1/1000mm)，2 只。

(4)恒温水槽：用于试件保温，温度能满足试验温度要求，控温精密度 ±0.5℃。恒温水槽的液体应能不断循环回流。深度应大于试件高度 50mm。

(5)台秤或天平：感量不大于 0.5g。

(6)温度计：分度为 0.5℃。

(7)秒表、卡尺。

(三)试验步骤

1. 准备工作

(1)用静压法成型沥青混合料试件。也可从轮碾机成型的板块试件上用钻芯机钻取试件。试件尺寸应符合直径 100±2.0mm，高 100±2.0mm 的要求。如有条件，可采用振动压实或搓揉法成型试件(试件尺寸及成型方法应在报告中注明)。试件的密度应符合马歇尔标准击实密度 100%±1.0%的要求。

(2)试件成型后不等完全冷却即可脱模，用卡尺量取试件高度，若最高部位与最低部位的高度差超过 2mm 时试件应作废。用于抗压强度试验的试件数不得少于 3 个，用于抗压回弹模量的一组试件数宜为 3～6 个。

(3)将试件放置在室温条件下 24h，用卡尺在各个试件上下两个断面的垂直方向上正确量取试件直径，取四个数的平均值作为试件的计算直径(d)，准确至 0.1mm。

(4)用卡尺在各个试件的 4 个对称位置上正确量取试件高度，取四个数的平均值作为试件的计算高度(h)，准确至 0.1mm。

(5)按本规程规定的方法测定试件的密度、空隙率等各项物理指标。

(6)将试件置于规定的试验温度(15℃或 20℃)的恒温水槽中保温 2.5h 以上，保温时试件之间的距离应不小于 10mm。此时压板、底座也应同时保温。在有空调的试验室内测试时，将室温调至要求的温度，试件放置 12h 以上。

(7)使试验机环境保温箱或空调试验室达到要求的试验温度。

2. 抗压强度试验步骤

(1)将下压板、底座置于试验机升降台座上对中，迅速取出试件放在下压板中央刻线位置，加上上压板。

(2)将试件从恒温水槽中取出,立即置于压力机台座上,以 2mm/min 的加载速率均匀加载直至破坏,读取荷载峰值(P),准确至 100N。

3. 抗压回弹模量试验步骤

(1)确定加载级别:首先测试抗压强度平均值 P,大体均匀地分成 10 级荷载,分别取$0.1P$,$0.2P$,$0.3P$,…,$0.7P$ 七级(可取成接近的整数)作为试验荷载。

(2)将下压板、底座置于试验机升降台座上对中,迅速取出试件放在下压板中央刻线位置,加上上压板,在两侧千分表架上安置千分表,与下压板相应位置的千分表顶杆接触(见图 6-6)。如果利用试验机的压力与试件变形自动测试功能时,做好相应的测试准备。

(3)调整试验机台座的高度,使加载顶板与压头中心轻轻接触。

(4)以2mm/min 速度加载至 $0.2P$ 进行预压保持 1min,观察两侧千分表增值是否接近,若两个千分表读数反向或增值差异大于 3 倍,则表明试件是偏心受压,应敲动球座适当调整,至读数大致接近,然后卸载,并重复预压一次。卸载至零后记录两个千分表的原始读数。

(5)以 2mm/min 速度加载至第 1 级荷载($0.1P$),立即记取千分表读数及实际荷载数,并以同样的速率卸载回零,开始启动秒表,待试件回弹变形 30s 后,再次记取千分表读数,加载与卸载两次读数之差即为此级荷载下试件的回弹变形(ΔL_1)。然后依次进行第 2,3,…,7 级荷载的加载卸载过程,方法与第 1 级荷载相同,分别加载至 $0.2P$,$0.3P$,…,$0.7P$,卸载,并分别记取千分表读数及实际荷载,得出各级荷载的回弹变形 ΔL_i。

(四)计算

(1)混凝土试件的抗压强度计算:

$$R_c = \frac{4P}{\pi d^2} \tag{6-5}$$

式中:R_c——试件的抗压强度,MPa;

P——试件破坏时的最大荷载,N;

d——试件直径,mm。

(2)按下式计算各级荷载下试件实际承受的压强 q_i。在方格纸上绘制各级荷载的压强 q_i 与回弹变形 ΔL_i,将 $q_i \sim \Delta L_i$ 关系绘成一平顺的连续曲线,使之与坐标轴相交得出修正原点,根据此修正原点坐标轴从第 5 级荷载(0.5P)读取压强 q_5 及相应的 ΔL_5。沥青混合料试件的抗压回弹模量按式(6-7)计算。

$$q_i = \frac{4P_i}{\pi d^2} \tag{6-6}$$

$$E' = \frac{q_5 \times h}{\Delta L_5} \tag{6-7}$$

式中:q_i——相应于各级试验荷载 P_i 作用下的压强,MPa;

P_i——施加于试件的各级荷载值,N;

E'——抗压回弹模量,MPa;

q_5——相应于第 5 级荷载($0.5P$)时的荷载压强, MPa;

h——试件轴心高度,mm;

ΔL_5——相应于第 5 级荷载($0.5P$)时经原点修正后的回弹变形,mm。

(五)报告

(1)当一组试件的测定值中某个测定值与平均值之差大于标准差的 k 倍时,该测定值应予舍弃,有效试件数为 n 时的 k 值列于表 6-3。对其余测定值按下式的 t 分布法计算整理,得到供路面设计用的抗压回弹模量值。

$$E = E' - \frac{t}{\sqrt{n}}S \tag{6-8}$$

式中:E——供路面设计用的抗压回弹模量值,MPa;

E'——一组试件实测的抗压回弹模量的平均值,MPa;

S——一组试件样品实测值的标准差,MPa;

n——一组试件的有效试件数;

t——随保证率而变的系数。对高速公路及一级公路的保证率为 95%,其他等级公路的保证率为 90%。t/n 值如表 6-3 所列。

有效试件数与 t 值的关系 表 6-3

有效试件数 n	临界值 k	t/n	
		保证率 95%	保证率为 90%
3	1.15	1.686	1.089
4	1.46	1.177	0.819
5	1.67	0.954	0.686
6	1.82	0.823	0.603
7	1.94	0.734	0.544
8	2.03	0.670	0.500
9	2.11	0.620	0.466
10	2.18	0.580	0.437

(2)试验结果均应注明试件尺寸、成型方法、试验温度、加载速率,以及试验结果的平均值、标准差、变异系数。必要时注明试件的密度、空隙率等。

强度是水泥混凝土抵抗变形的能力。在道路工程中,一般以混凝土的抗弯拉强度作为控制指标,但抗压强度仍然是设计过程中的一个控制指标。水泥混凝土的抗压强度有立方体抗压强度和轴心抗压强度两种。

二、混凝土抗压强度试验

(一)混凝土立方体抗压强度试验

1. 目的和适用范围

本试验规定了测定混凝土抗压极限强度的方法,以确定混凝土的强度等级,作为评定混凝土品质的主要指标,本试验适用于各类混凝土的立方体试件。

2. 试验仪器

(1)拌和机:自由式或强制式,应附有产品品质保证文件。

(2)振动器:标准振动台,频率为 3000 ± 200 次/min,负荷下的振幅为 0.35mm,空载时的振幅为 0.5mm;平板振动器,功率一般为 1.1kW。

(3)压力机或万能试验机:上下压板平整并有足够刚度,可以均匀地连续加荷卸荷,可以保持固定荷载,开机停机均灵活自如,能够满足试件破型吨位要求。

(4)球座：钢质坚硬，面部平整度要求在100mm距离内高低差值不超过0.05mm，球面及球窝粗糙度 $R_a = 0.32\mu m$，研磨、转动灵活。不应在大球座上作小试件破型。球座最好放置在试件顶面(特别是模柱试件)，并凸面朝上，当试件中均匀受力后，一般不宜再敲动球座。

(5)试模：由铸铁或钢制成，内表面刨光磨光(粗糙度 $R_a = 2.5\mu m$)，平整度用球座规定。可以拆卸擦洗，内部尺寸容许偏差：棱边长度不超过1mm直角则不超过0.5°。

3．试样准备

(1)混凝土抗压强度试件以边长150mm的正立方体为标准试件，其集料最大粒径为40mm。

(2)混凝土抗压强度采用非标准试件时，其集料粒径应符合表6-4规定。

(3)混凝土抗压强度试件同龄期者应为一组，每组为3个同条件制作和养护的混凝土试块。

4．试验步骤

(1)取出试件，先检查其尺寸及形状，相对两面应平行，表面倾斜偏差不得超过0.5mm。量出棱边长度，精确至1mm。试件受力截面积按其与压力机上下接触面的平均值计算。试件如有蜂窝缺陷，应在试验前三天用浓水泥浆填补平整，并在报告中说明。在破型前，保持试件原有湿度，在试验时擦干试件，称出其质量。

(2)以成型时侧面为上下受压面，试件要放在球座上，球座置于压力机中心，几何对中(指试件或球座偏离机台中心在5mm以内，下同)强度等级小于C30的混凝土取0.3～0.5MPa/s的加荷速度；强度等级不低于C30时则取0.5～0.8MPa/s的加荷速度，当试件接近破坏而开始迅速变形时，应停止调整试验机油门，直至试件破坏，记下破坏极限荷载。

5．结果整理

(1)混凝土立方体试件抗压强度按下式计算：

$$R = \frac{P}{A} \tag{6-9}$$

式中：R——混凝土抗压强度，MPa；

P——试件破坏荷载，N；

A——受压面积，mm^2。

(2)以3个试件测值的算术平均值为测定值。如任一个测值与平均值的差值超过平均值的15%时，则取平均值为测定值；如有两个测值与平均值的差值均超过上述规定时，则该组试验结果无效。

(3)非标准试件的抗压强度应乘以尺寸换算系数(见表6-5)，并应在报告中注明。

结果计算精确至0.1MPa。

抗压强度试件尺寸　　表6-4

集料最大粒径(mm)	试件尺寸(mm)
30	100×100×100
40	150×150×150
60	200×200×200

抗压强度尺寸换算系数表　　表6-5

试件尺寸(mm)	试件换算系数
100×100×100	0.95
150×150×150	1.00
200×200×200	1.05

6. 试验记录

试验值记录在表 6-6 中。

水泥混凝土立方体抗压强度试验记录表 表 6-6

试样编号						试样来源					
试样名称						初拟用途					
试件编号	制备日期	试验日期	试验龄期 t	最大荷载 F	试件尺寸		试件截面积(mm²)	抗压强度 f_{cu}		换算系数 k	换算后的抗压强度 $f_{cu,k}$
					长度 a	宽度 b		单个值	平均值		

试验者__________ 计算者__________ 校核者__________ 试验日期__________

(二)混凝土轴心抗压强度试验

混凝土立方体试件在进行抗压强度试验时,由于材料试验机的承压板对试件端部有摩阻效应,使其强度有较大提高。为避免该现象,使混凝土试件在抗压强度试验中的受压状态更接近其在结构物中的实际承压状态,采用棱柱体标准试件按规定方法测试其抗压强度,称为轴心抗压强度。依据抗压强度可提出设计参数及抗压回弹模量试验的荷载标准。

1. 目的和适用范围

本试验规定了测定混凝土轴心抗压强度的方法,以提出设计参数和抗压弹性模量试验荷载标准,本试验适用于各类水泥混凝土的直角棱柱体试件。

2. 试验仪器

拌和机、振动器、压力机或万能试验机、球座、试模等。

3. 试件制备

(1)混凝土轴心抗压强度试件为直角棱柱体,标准试件尺寸为 150mm × 150mm × 300mm,集料最大粒径应为 40mm。

如确有必要,允许采用非标准尺寸的棱柱体试件,但其高宽比应在 2 ~ 3 范围内,其集料粒径应符合表 6-4 的规定。

(2)混凝土轴心抗压强度试件以同龄期者为一组,每组为 3 条同条件制作和养护的混凝土试件。

4. 试验步骤

(1)取出试件,清除表面污垢,擦去表面水分,仔细检查后,在其中部量出高度和宽度,精确至 1mm,在准备过程中,要求保持试件湿度无变化:

(2)在压力机下压板上放好试件,几何对中,球座最好放在试件顶面并凸面朝上。

(3)加荷速度:强度等级小于 C30 的混凝土取 0.3 ~ 0.5MPa/s 的加荷速度;强度等级不低于 C30 时则取 0.5 ~ 0.8MPa/s 的加荷速度,当试件接近破坏而开始迅速变形时,应停止调整试验机油门,直至试件破坏,记下破坏极限荷载。

5. 结果计算

(1)混凝土轴心抗压强度 R_a,按下式计算:

$$R_a = \frac{P}{A} \tag{6-10}$$

式中:R_a——混凝土轴心抗压强度,MPa;

P——极限荷载,N;

A——受压面积,mm^2。

(2)轴心抗压强度测定值计算及异常数据取舍原则,同立方体抗压强度试验的规定。结果计算精确至 0.1MPa。

(3)采用非标准尺寸试件测得的轴心抗压强度,应乘以换算系数,见表 6-5。

水泥混凝土是一种弹-塑性变形体,在持续增加的荷载作用下,会产生弹性和塑性变形。它的抗变形能力的大小一般用弹性模量来表示。

三、混凝土抗压弹性模量试验

(一)目的和适用范围

本试验规定了测定混凝土抗压弹性模量(简称弹性模量)的方法,混凝土的弹性模量取应力为轴心抗压强度 40%时的加荷模量,本试验适用于各类混凝土的直角棱柱体试件。

(二)仪器设备

(1)变形测量仪表:千分表 2 个 (0 级或 1 级),或精度不低于 0.001mm 的其他仪表。

注:使用镜式引伸仪时,允许精度不低于 0.002mm。

(2)千分表座:两对,铝合金(或钢)制成,如图 6-7 和图 6-8。

(3)胶水、钢尺、铅笔等。

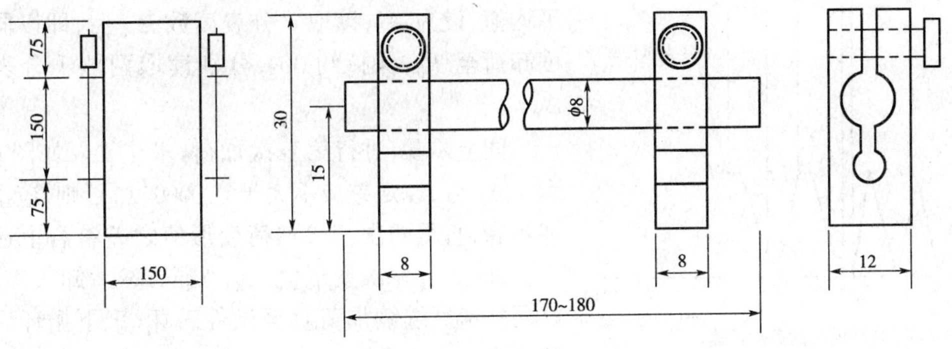

图 6-7 千分表座示意图(一对)(尺寸单位:mm)

(三)试件制备

(1)混凝土抗压弹性模量的试件尺寸为 150mm × 150mm × 300mm,集料的最大粒径为 40mm。

(2)每组为同龄期同条件制作和养护的试件 6 根,其中 3 根用于测定轴心抗压强度,提出弹性模量试验的加荷标准,另 3 根则作弹性模量试验。

(四)试验步骤

(1)试件取出后,用湿毛巾覆盖并及时进行试验,保持试件干湿状态不变。

(2)擦净试件,量出尺寸并检查外形,尺寸量测至 1mm。试件不得有明显缺损,端面不平时须预先抹平。

(3)取3根试件作轴心抗压强度试验，求出其算术平均值 R_a 取 $0.4R_a$ 作为抗压弹性模量试验的加荷标准。

(4)取另3根作抗压弹性模量试件，在其两侧(成型时两侧面)画出中线，标出标距 L，$L=150$mm，或者不大于试件高度的1/2，同时不小于100mm及最大粒径的3倍。

(5)滴数滴502胶水于标距点处，并洒微量水泥粉于其上，立即粘上千分表座或用框式千分表座，几分钟内可凝固。

(6)将试件移于压力机球座上，几何对中，而后装妥千分表。

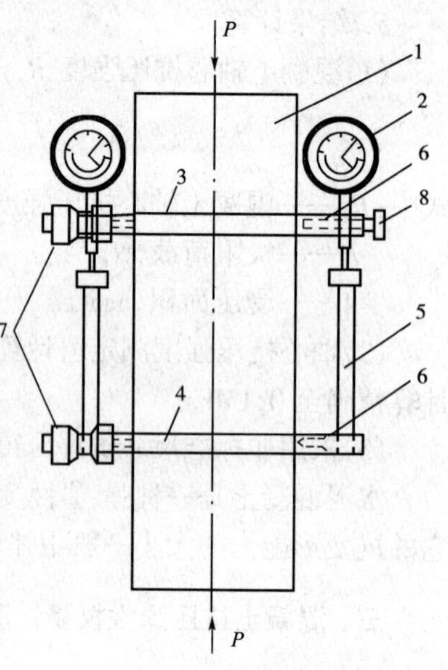

图6-8　框式千分表座示意图(一对)
1-试件；2-量表；3-上金属环；4-下金属环；5-接触杆；6-刀口；7-金属环固定螺母；8-千分表固定螺母

(7)开动压力机，当上压板与试件接近时，调整球座，使接触均衡，以0.2～0.3MPa/s的速度连续而均匀地加荷到 P_A(即 $P_A=0.4R_a\cdot A$)，然后以同样速度卸荷至零，如此反复预压3次。在预压过程中，观察压力机及千分表运转是否正常。试件两侧千分表变形之差，不得大于变形平均值的15%，更不能正负异向，当采用100mm×100mm截面的非标准尺寸试件时，其两侧读得变形之差，不得大于变形平均值的20%，否则，可用硬木棒轻轻敲击球座以调整之，或调整试件位置。

(8)预压三次后，用上述同样速度进行第四次加荷。先加荷到应力约为0.5MPa的初荷载 P_0，保持约30s，分别读取两侧千分表读数 Δ_n，然后加荷至 P_A，保持约30s，分别读取两侧千分表读数 Δ_A，分别计算两侧变形增量 Δ_A-Δ_n，并算出其平均值，设为 Δ_4；读取千分表读数 Δ_A 后，即以同样速度卸荷至 P_0，保持约30s，分别读取两侧千分表读数 Δ_n。

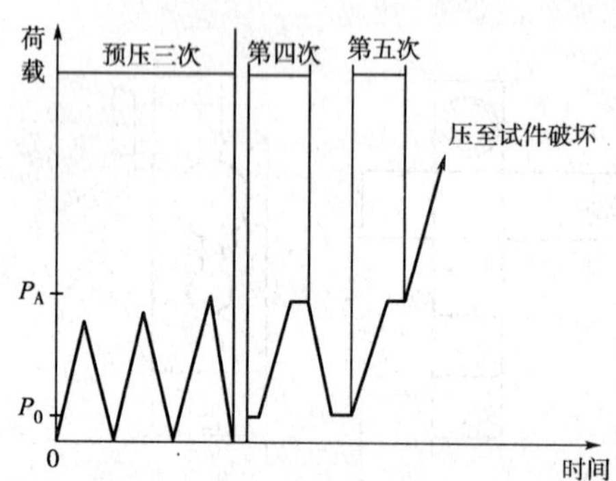

图6-9　弹性模量试验加荷速度示意图

同上步骤，进行第五次加荷，求出 Δ_5，如图6-9所示。Δ_5 与 Δ_4 之差应不大于 $0.00002L$，否则，应重复上述步骤，直至两次相邻加荷变形值之差符合上述要求为止，以最后一次变形值 Δ_n 为准。然后卸去千分表，以同样速度继续加荷直至试件破坏，记下循环后轴心抗压强度 R_a'。

(五)试验结果计算

(1)混凝土抗压弹性模量 E_c 按下式计算：

$$E_c = = \frac{P_A - P_0}{F} \times \frac{L}{\Delta_n} \tag{6-11}$$

式中：E_c——混凝土抗压弹性模量，MPa；

P_A——试件 A 端断面的终荷载，N；

P_0——初荷载，N；

Δ_n——第五次或最后一次加荷时，试件两侧在 P_A 及 P_0 作用下变形差平均值，mm；

L——标距,mm。

(2)以 3 根试件试验结果的算术平均值为测定值。如果其中任一根试件的循环后轴心抗压强度 R_a' 与轴心抗压强度平均值 R_a 之差超过的 R_a 的 20 %时,则弹性模量值按另两根试件试验结果的算术平均值计算,如有两根试件试验结果超出规定,则试验结果无效。

结果计算精确至 100MPa。

第三节　水泥混凝土抗折强度测定

水泥混凝土的抗折强度又称为抗弯拉强度,是指混凝土抵抗弯曲拉伸的能力。混凝土的抗折强度很低,约为抗压强度的 1/5 ~ 1/10,因此,在结构物构件中处于受拉部位的混凝土均需配钢筋。在道路路面或机场跑道使用的水泥混凝土,以抗折强度为主要强度指标,抗压强度为参考指标,因而需要检测混凝土的抗折强度。在道路路面及机场跑道工程中水泥混凝土应测定其抗折时的平均弹性模量,一般取抗折强度 50%时的加荷割线模量。

一、水泥混凝土抗折(抗弯拉)强度试验

(一)目的和适用范围

本试验规定了测定混凝土抗折(抗弯拉)极限强度的方法,以提供设计参数,检查混凝土施工品质和确定抗折弹性模量试验加荷标准,适用于道路混凝土的直角小梁试件。

(二)仪器设备

(1)试验机:50 ~ 300kN 抗折试验机或万能试验机。

(2)抗折试验装置(即三分点处双点加荷和三点自由支承式混凝土抗折强度与抗折弹性模量试验装置):如图 6-10 所示,图中 1、2、6 为一个钢球,3、5 为两个钢球,4 为试件,7 为活动支座,8 为机台,9 为活动船形垫块,共 4 块,另附活动支架,以保证试件准确就位而不损及船形垫块下面的定位弹簧。

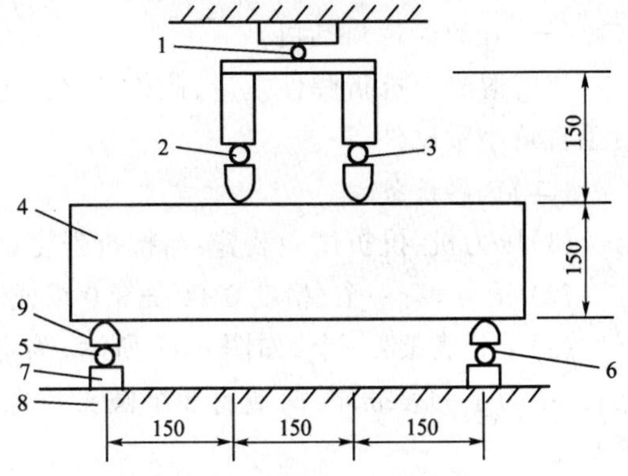

图 6-10　抗折试验装置图(尺寸单位:mm)

1、2、6-一个钢球;3、5-两个钢球;4-试件;7-活动支座;8-机台;9-活动船形垫块

(三)试件制备

(1)混凝土抗折强度试件为直角棱柱体小梁,标准试件尺寸为 150mm × 150mm × 550mm,集料粒径应不大于 40mm,如确有必要,允许采用 100mm × 100mm × 400mm 试件,集料粒径应不大于 30mm。

(2)混凝土抗折强度试件应取同龄期者为一组,每组为同条件制作和养护的试件 3 根。

(四)试验步骤

(1)试验前先检查试件,如试件中部 1/3 长度内有蜂窝(如大于 Φ7mm × 2mm),该试件应立即作废,否则应在记录中注明。

(2)在试件中部量出其宽度和高度,精确至 1mm。

(3)调整两个可移动支座,使其与试验机下压头中心距离各为 225mm,并旋紧两支座,将试

件妥放在支座上,试件成型时的侧面朝上,几何对中后,缓缓加一初荷载,约 1kN,而后以 0.5 ~ 0.7kN/s 的加荷速度,均匀而连续地加荷(低标号时用较低速度)。当试件接近破坏而开始迅速变形时,应停止调整试验机油门,直至试件破坏,记下最大荷载。

(五)试验结果计算

(1)当断面发生在两个加荷点之间时,抗折强度 R_b 按下式计算:

$$R_b = \frac{PL}{bh^2} \tag{6-12}$$

式中:R_b——抗折强度,MPa;

P——极限荷载,N;

L——支座间距离,L = 450mm;

b——试件宽度,mm;

h——试件高度,mm。

(2)如断面位于加荷点外侧,则该试件之结果无效;如有两根试件之结果无效,则该组结果作废。

(3)抗折强度测定值的计算及异常数据取舍原则,同抗压强度的试验规定。结果计算精确至 0.01MPa。

注:断面位置在试件断块短边一侧的底面中轴线上量得。

(4)采用 100mm × 100mm × 400mm 非标准试件时,在三分点加荷的试验方法同前,但所取得的抗折强度值应乘以尺寸换算系数 0.85。

二、水泥混凝土抗折弹性模量

(一)目的和适用范围

测定混凝土抗折弹性模量,此值乃取抗折强度 50% 时的加荷模量。本试验适用于道路混凝土直角小梁试件。

(二)仪器设备

(1)压力机、抗折试验装置:与抗折强度试验相同。

(2) 千分表:一个,精度 0.001mm,0 级或 1 级。

(3)千分表架:一个,如图 6-11 所示,为金属刚性框架,正中为千分表插座,两端有 3 个圆头长螺杆,可以调整高度。

(4)毛玻璃片(每片约 1.0cm^2)、502 胶水、平口刮刀、丁字尺、直尺、钢卷尺、铅笔等。

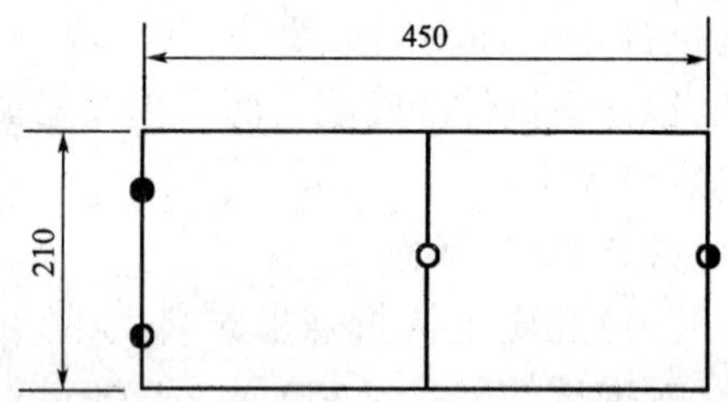

图 6-11 千分表架(尺寸单位:mm)

(三)试件制备

(1)试件尺寸与抗折强度试件同。

(2)每组为同龄期、同条件制作的试件 6 根,其中 3 根用于测定抗折强度,以提出抗折弹性模量试验的加荷标准,另 3 根则用作抗折弹性模量试验。

(四)试验步骤

(1)检查试件与抗折强度试验同。

(2)清除试件表面污垢,修平与装置接触的试件部分(对抗折强度试件即可进行试验),在其上下面,即成型时两侧面,画出中线和装置位置线,在千分表架共 4 个脚点处,用干毛巾先擦干水分，再用 502 胶水粘牢小玻璃片，量出试件中部的宽度和高度，精确至 1mm。

(3)试件妥放在支座上，使成型时的侧面朝上，千分表架放在试件上，压头及支座线垂直于试件中线且无偏心加载情况，而后缓缓加上约 1kN 压力，停机检查支座等各接缝处有无空隙(必要时需加金属薄垫片)，应确保试件不扭动，而后安装千分表，其脚点及表架脚点稳立在小玻璃片上，如图 6-12。

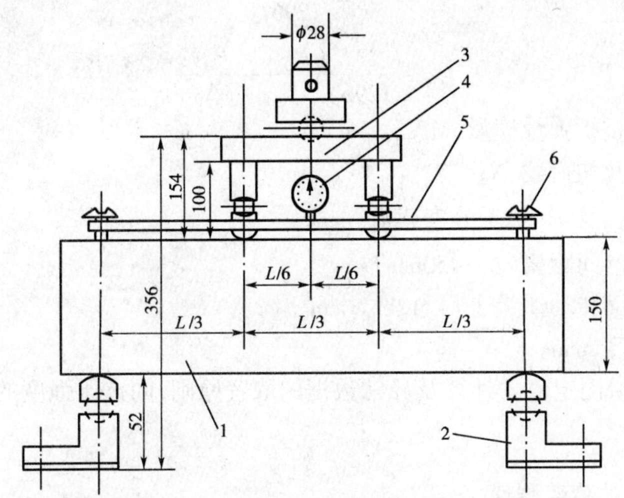

图 6-12 抗折弹性模量试验装置示意图(尺寸单位：mm)

1-试件；2-可移动支座；3-加荷支座；4-千分表；5-千分表架；6-螺杆

(4)取抗折极限荷载平均值的 50% 为抗折弹性模量试验的荷载标准(即 $P_{0.5}$)，进行 5 次加卸荷载循环，由 1kN 起，以 0.15～0.25kN/s 的速度加荷，至 3kN 刻度处停机(设为 P_0)，保持约 30s(在此段加荷时间中，千分表指针应能起动，否则应提高 P_0 至 4kN 等)，记下千分表读数 Δ_0，而后继续加至 $P_{0.5}$，保持约 30s，记下千分表读数 $\Delta_{0.5}$；再以同样速度卸荷至 1kN，保持约 30s，为第一次循环，如图 6-13。

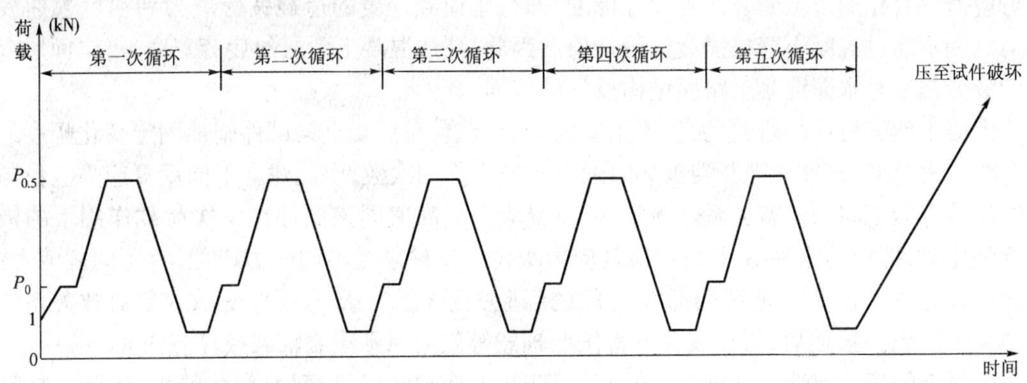

图 6-13 抗折弹性模量试验加载速度示意图

临近 P_0 及 $P_{0.5}$，时；放慢加荷速度，以求测值准确。

(5)第一次循环，共进行 5 次循环，取第五次循环的挠度值为准。如第五次与第四次循环挠度值相差大于 0.5μm 时，须进行第六次循环，……直到两次相邻循环挠度值之差符合上述要求为止，取最后一次挠度值为准。

(6)当最后一次循环完毕，检查各读数无误后，立即去掉千分表，继续加荷直至试件折断，记下循环后抗折强度 R_b',观察断裂面形状和位置。如断面在三分点外侧,则此根试件结果无效;如有两根试件结果无效,则该组试验作废。

(五)试验结果计算

(1)混凝土抗折弹性模量 E_b 按简支梁在三分点各加荷载 $P/2$ 的跨中挠度公式反算求得:

$$E_b = \frac{23PL^3}{1296fJ} \tag{6-13}$$

或

$$E_b = \frac{23L^3(P_{0.5} - P_0)}{1296J|\Delta_{0.5} - \Delta_0|} \tag{6-14}$$

式中:E_b——混凝土抗折弹性模量,MPa;

$P_{0.5}$,P_0——终荷载及初荷载,N;

$\Delta_{0.5}$,Δ_0——对应 $P_{0.5}$ 及 P_0 的千分表读数,mm;

L——试件支座间距离($L = 450$mm);

J——试件断面转动惯量 $J = 1/12bh^3$,mm^4;

f——跨中挠度,mm。

(2)抗折弹性模量测定值的计算及异常数据的取舍原则,同抗压强度的规定。结果计算精确至 100 MPa。

三、路面混凝土的疲劳强度

水泥混凝土面层承受行车荷载及温度变化所产生的反复作用。材料在承受反复应力作用时,会在低于静载极限强度值时出现破坏。材料强度随荷载反复作用而降低的现象称为疲劳。混凝土出现疲劳损坏时所能经受的反复应力重复作用次数,称为混凝土的疲劳寿命。疲劳寿命随反复应力的增大而减小,不同疲劳寿命时混凝土能承受的反复应力的大小,称作混凝土的疲劳强度。

我国现行混凝土路面设计规范规定,水泥混凝土路面面层是以行车荷载疲劳应力和温度疲劳应力综合作用产生断裂作为设计标准,即行车荷载产生的荷载疲劳应力和温度翘曲疲劳应力之和不超过混凝土弯拉强度的设计值。因此,预估混凝土面层的疲劳寿命,得出面层混凝土的疲劳强度是水泥混凝土路面结构设计的依据。

混凝土疲劳特性的研究,大多采用室内疲劳试验,对混凝土梁试件施加固定变化幅度的反复弯曲应力,测定试件出现断裂破坏时的反复应力作用次数,由此建立不同反复应力级位与相应的疲劳寿命之间的经验关系。通常,以反复应力最高值同该试件在一次荷载作用下的极限强度的比值,即应力水平 S 来表示反复应力级位。试件承受不同应力级位,有不同疲劳寿命,由此可以建立级位 S 与疲劳寿命 N 之间的经验关系式。一般采用双对数或单对数关系建立(S-N)的疲劳方程,而后,根据疲劳方程按照轴载等效的原则建立轴载换算方法。

混凝土的疲劳特性受反复应力的变化范围、加载的顺序、加载速率和频率、混凝土材料性质和环境条件等因素的影响。由于在疲劳方程中采用的应力水平包含了混凝土的极限强度值,使得影响疲劳强度的一些材料特性变量,如集料性质、水灰比、龄期等,都可通过极限强度得到反映,而不再成为影响疲劳方程的主要变量。然而,由于混凝土材料具有非均质性,其弯拉强度的变异性较大,同时疲劳试验和弯拉试验测定时不可能采用同一个试件(包括不同应力水平的疲劳试验试件),所以以一组试件弯拉强度测定结果的平均值代表着一批试件的弯拉强度。因而,弯拉强度的变异性会反映到应力比中,也就影响疲劳寿命的精度;并且,影响混凝土弯拉强度值的试验因素，如加荷速率、养生条件等，也成为影响疲劳方程精度的因素。

第四节 水泥混凝土试样的钻取和劈裂试验

水泥混凝土路面的强度控制指标主要是弯拉强度和劈裂强度，由于弯拉强度试验方法比较复杂，不适宜推广，现多用劈裂强度试验来代替。

检验时从混凝土面板中用钻孔取样圆柱形试件进行劈裂试验，按已建立的关系式，由劈裂强度推算面板混凝土的抗折强度，检验其是否符合规定的要求。

用钻芯法检测混凝土的强度、裂缝、接缝、分层、孔洞或离析等缺陷，具有直观、精度高等特点，但也有一定的局限性。

(1)钻芯时结构造成局部损伤，因而对钻芯位置的选择及钻芯数量等均受到一定限制，而且它所代表的区域也是有限的。

(2)钻芯机及芯样加工配套机具与非破损测试仪器相比，比较笨重，移动不方便，测试成本较高。

(3)钻芯后的孔洞要修补，尤其当钻断钢筋时，更增加了修补工作的难度。

一、检测仪器

1. 钻芯机

常见的钻芯机(如图 6-14)有：轻便型取芯机（钻芯直径 ϕ12 ~ 75mm)、轻型钻机(钻芯直径 ϕ12 ~ 200mm)、重型钻机(钻芯直径 ϕ200 ~ 450mm)和超重型钻机(钻芯直径 ϕ330 ~ 700mm)。为了满足钻孔和取芯工作的需要，不论哪种钻芯机都应具备以下 5 个基本功能：

(1)向钻芯头传递压力，推动钻头前进或后退；

(2)驱动钻头旋转，并应具有一定范围的转速，以便保证所需要的线速度；

(3)为了冷却钻头及冲洗钻孔过程中产生的磨削碎屑，应不断供给冷却水；

(4)钻机应具有足够的刚性和稳定性；

(5)钻机移动、安装和拆卸方便。

为了满足上述 5 个条件，钻芯机一般应包括以下几个部分(钻芯机结构见图 6-15)：

图 6-14 钻芯机

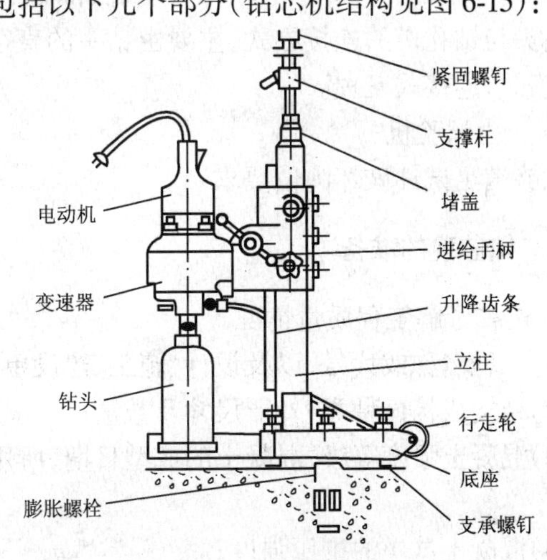

图 6-15 钻芯机构造示意图

①机架部分主要由底座、立柱所组成，底座上一般均安装四个调整水平用的螺钉和两个行

走轮。

②进给部分由滑块导轨、升降座、齿条、齿轮、进给柄等组成。当把升降座上的锁紧螺钉松开后，利用进给手柄可使升降座安全匀速的上下移动，以保证钻头在允许行程内的前进后退。

③变速器由壳体、变速齿轮、变速手柄和旋转水封等组成。

④给水部分在钻芯过程中，必须供应一定流量的冷却水，水经过水嘴后流入水套内，在经过水套进入主轴中心孔，然后经过连接头最后由钻头端部排出。

⑤动力部分主要由电动机、起动机和开关等组成。

2．芯样切割机

当检测混凝土强度时，应将芯样用切割机加工成具有一定尺寸的抗压试件。切割方式可分为两种类型，一种是圆锯片不移动，但工作台可以移动；另一种是锯片平行移动，工作台不动。

3．人造金刚石空心薄壁钻头

空心薄壁钻头主要由钢体和胎环部分组成。钢体一般由无缝钢管车制而成。钻头的胎环是由钢系、青铜系、钨系等冶金粉末和适量的人造金刚石浇铸成型。在胎环上加工若干排水槽(一般称水口)，钻头的构造见图6-16。

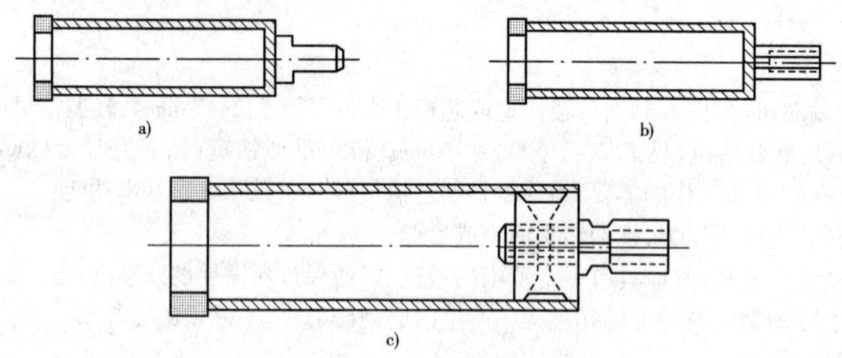

图6-16　空心薄壁钻构造示意图

a)直柄式；b)螺纹式；c)胀卡式

钻头与钻孔机的连接方式，主要由钻头的直径和钻机的构造决定。一般可分为柄式、螺纹连接式和卡连接式三种。

4．压力试验机

能够满足试件破坏吨位要求。

二、钻芯前的准备

1．调查了解工程质量情况

(1)工程名称或代号，以及设计、施工、建设单位名称；

(2)结构或构件种类、外形尺寸及数量；

(3)混凝土强度等级，混凝土的成型日期、所用的水泥品种、粗集料粒径、砂石产地及配合比等；

(4)混凝土试块的抗压强度；

(5)结构或构件的现场质量状况以及施工或使用中存在的质量问题；

(6)有关的结构设计图和施工图。

2. 钻芯机具准备及钻头直径的选择

一般根据被测构件的体积及钻取部位确定钻芯的深度，据此选择合适的钻机及钻头。

应根据检测的目的选择适宜尺寸的钻头。当钻取的芯样是为了进行抗压强度试验时，则芯样的直径与混凝土粗集料粒径之间应保持一定的比例关系。在一般情况下，芯样直径为粗集料的3倍。在钢筋过密或因取芯位置不允许钻取较大芯样的特殊情况下，钻芯直径可为粗集料的2倍。在工程中的梁、柱、板、基础等现浇混凝土结构中，一般使用粗集料的最大粒径为32mm或40mm，这样采用内径为100mm或150mm的钻头已可满足要求。

3. 芯样数量的确定

取芯的数量，应视检测的要求而定。进行强度检测时，一般可分为以下两种情况：

(1)单个构件进行强度检测时，在构件上的取芯个数一般不少于3个；当构件的体积或截面积较小时，取芯过多会影响结构承载能力，这时可取2个。

(2)对构件某一指定局部区域的质量进行检测时，取芯数量应视这一区域的大小而定，如某一区域遭受冻害、火灾、化学腐蚀或质量可疑等情况，这时检测结果仅代表取芯位置的质量，而不能据此对整个构件或结构物强度作出整体评价；至于检查内部缺陷的取芯试验更应视具体情况而定。

4. 取芯位置的选择

取芯时会对结构混凝土造成局部损伤，因此在选择芯样位置时要特别慎重。其原则是：应尽量选择在结构受力较小的部位。对于一些重要构件或者一些构件的重要区城，尽量不在这些部位取芯，以免对结构安全造成不利影响。

在一个混凝土构件中由于施工条件、养护情况及不同位置的影响，各部分的强度并不是均匀一致的。在选择钻芯位置时，应考虑这些因素，以使取芯位置混凝土的强度具有代表性。

三、检测技术

1. 芯样钻取

混凝土芯样的钻取是钻芯测强过程的首要环节，是技术性很强的工作。芯样质量的好坏，钻头和钻机的使用寿命以及工作效率，都与操作者的熟练程度和经验有关。因此，熟练的操作技术，合理调节各部位装置，将会获得较好的钻取效果。

先将钻机安放稳固(钻机的固定方法有：配重法、真空吸附法、顶杆支撑法和膨胀螺栓法等)并调至水平后，安装好钻头，接通水源，启动电动机，然后操作加压手柄，使钻头慢慢接触混凝土表面。当混凝土表面不平时，下钻更应特别小心，待钻头入槽稳定后，方可适当加压进钻。

在进钻过程中应保持冷却水的畅通，水流量宜为3~5L/mim，出口水温不宜过高。冷却水的作用：一是防止金刚石温度升高烧毁钻头，二是及时排除钻孔中产生的大量混凝土碎屑，以利钻头不断切削新的工作面和减少钻头的磨损。水流量的大小与进钻速度和直径成正比，以达到料屑能快速排出，又不致四处飞溅为宜。当钻头钻至芯样要求长度后，退钻至离混凝土表面20~30mm时停电停水，然后将钻头全部退出混凝土表面。如停电停水过早，则容易发生卡钻现象，尤其在深孔作业时更应特别注意。

移开钻机后，用带弧度的钢钎插入圆形槽并用锤敲击，此时由于弯矩的作用，使芯样在底部与结构断离，然后将芯样提出。取出的芯样应及时编号，并检查外观质量情况，作好记录后，妥善保管，以备割成标准尺寸的芯样试件。

为了保证安全操作，取芯机操作人员必须穿戴绝缘鞋及其他防护用品。

2. 芯样加工

(1)芯样尺寸要求及测量方法：

①平均直径：在钻芯过程中，由于受到钻机振动、钻头偏摆等因素的影响，沿芯样高度的任一直径并不是均匀一致的，也就是说同一芯样其直径有的部位大有的部位小。为了方便地计算芯样的截面积，故以平均直径为代表。测量平均直径（图 6-17d）用游标卡尺测量芯样中部，在互相垂直的两个位置上取其两次测量的算术平均值作为平均直径，测量精度为 0.5mm。

②芯样高度（图 6-17a）：通常采用高径比为 2 的圆柱体作为混凝土抗压试验的标准圆试件，其他尺寸或高径比的芯样统称为非标准圆试件。由于芯样尺寸（主要指高度）对抗压强度有较大影响，当采用非标准圆试件时，其抗压强度必须乘以相应的换算系数后才能换算成标准圆试件的强度。

③端面平整度：芯样端面与立面方体试块的侧面一样，是进行劈裂抗拉强度试验时的承压面，其平整度对强度影响很大。端面不平时，向上比向下引起的应力集中更为剧烈，强度会下降很大。因此国内外标准对芯样端面平整度有严格要求。测量端面平整度（图 6-17b）是用钢板尺紧靠在芯样端面上，一面转动钢板尺一面用塞尺测量与芯样之间的缝隙，在 100mm 长度范围内不超过 0.05 为合格。

④垂直度：芯样两个端面应互相平行且应垂直于轴线。芯样端面与轴线间垂直度偏差过大，试验时会降低强度，其影响程度还与试验机的球座及试件的尺寸大小有关。大部分规定垂直度偏差不得超过 ± 1°。垂直度测量（图 6-17c）方法是，用游标量角器分别测量两个端面与轴线间的夹角，在 90° ± 2°时为合格，测量精度为 0.1°。承压线凹凸不应大于 0.25mm。

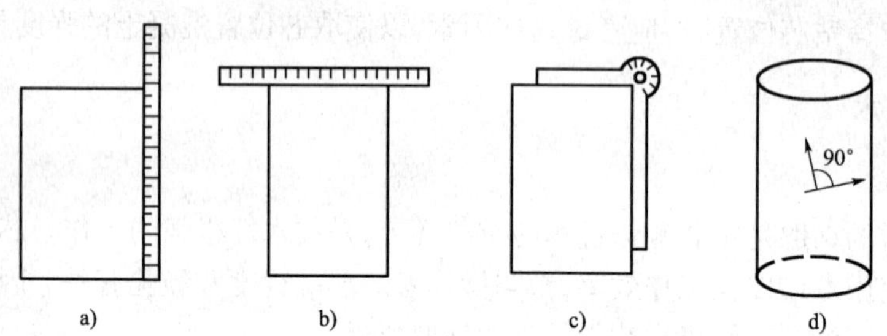

图 6-17 芯样尺寸测量示意图

a)测量高度；b)测量平整度；c)测垂直度；d)测平均直径

(2)芯样切割加工与端面的修整：

①芯样切割：采用切割机和人造金刚石圆锯片进行切割加工。芯样切割部位的选择和切割机操作正确与否，是保证芯样切割质量的重要环节。芯样加工时切除部分和保留部分应根据检测的目的确定。在一般情况下，应将影响强度试验的缺边、掉角、孔洞、疏松层、钢筋等部分切除，但是，在一些特殊情况下，如为了检测混凝土受冻或疏松层的强度时，在切割加工中要注意保留这一部分混凝土。为了强度试验的方便，在满足试件尺寸要求的前提下，同一批试件应尽可能切割成同样的高度。

②芯样端面的修整：芯样在锯切过程中，由于受到振动、夹持不紧或圆锯片偏斜等因素的影响，芯样端面的平整度及垂直度很难完全满足试件尺寸的要求。此时，需采用专用机具进行磨平或补平处理。芯样端面修整基本可分为两种方法：磨平法和补平法。磨平法是在磨平机的磨盘上撒上金刚石砂粒（或直接用金刚石磨轮）对芯样两端进行磨平处理，或采用金刚石车

刀在车床上对芯样端面进行车光处理,直到平整度及垂直度达到要求时为止。补平法是用补平材料对芯样端面进行修整,根据所用材料可分为硫磺补平、硫磺胶泥、硫磺砂浆、水泥净浆、水泥砂浆补平等。

芯样直径两端侧面测定钻取后芯样的高度及端面加工或端面加工后的高度,其尺寸差应在0.25mm之内。

四、钻芯法测定水泥混凝土路面劈裂抗拉强度

用钻芯法测定水泥混凝土路面劈裂抗拉强度的仪器设备有:压力机、钻孔取芯机、切割机、磨平机、劈裂夹具、木质三合板垫层等,如图6-18所示。

1. 芯样的钻取

要求及方法同前所述,但芯样长度应与路面厚度相同。

2. 检查:

(1)外观检查:每个芯样应详细描述有关裂缝、接缝、分层、麻面或离析等不均匀性,必要时应记录以下事项:

①人员集料情况:估计集料的最大粒径、形状及种类,粗细集料的比例与级配。

②密实性:检查并记录存在的气孔、气孔的位置、尺寸与分布情况,必要时应拍下照片。

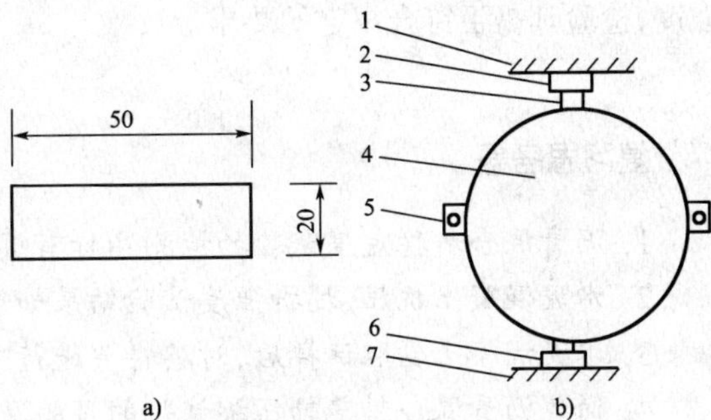

图6-18 芯样劈裂抗拉试验装置

a)夹具钢垫条;b)劈裂夹具

1、7-压力机压板;2、6-夹具钢垫条;3-木质或纤维垫层;4-试件;5-测杆

(2)测量:同前所述。

3. 劈裂抗拉强度试验步骤

(1)试件的制作、试件湿度控制均同前所述。

(2)劈裂试验:

①将试件、劈裂夹具、垫条和垫层如图所示放在压力机上,借助夹具两侧杆,将试件对中。

②开动压力机,当压力机压板与夹具垫条接近时,调整球座使压力均匀接触试件。当压力加到5kN时,将夹具的侧杆抽出,以60+40N/s的速度连续、均匀加荷,直至试件劈裂为止,记下破坏荷载,精确至0.01kN。

4. 试验结果计算

芯样劈裂抗拉强度 R_{ct}按下式计算:

$$R_{ct}=\frac{2P}{\pi A}=\frac{2P}{\pi d_m\times l_m} \tag{6-15}$$

式中:R_{ct}——芯样劈裂抗拉强度,MPa;

P——极限荷载,N;

A——芯样劈裂面面积,mm^2

d_m——芯样截面的平均直径,mm;

l_m——芯样平均长度,mm。

结果计算精确至0.1MPa。

本章小结

本章主要介绍沥青混合料的马歇尔稳定度试验及动稳定性的检验(车辙试验)。沥青路面材料在检测过程中,还需要检测沥青混合料的抗压强度和抗压回弹模量,其测试方法是沥青混合料的单轴压缩试验。水泥混凝土路面的强度控制指标主要是弯拉强度和劈裂强度,由于弯拉强度试验方法比较复杂,不适宜推广,现多用劈裂强度试验来代替。检验时从混凝土面板中用钻孔取样圆柱形试件进行劈裂试验,按已建立的关系式,由劈裂强度推算面板混凝土的抗折强度,检验其是否符合规定的要求。

复习思考题

1. 沥青混合料稳定度试验的检测指标有哪些?反映沥青混合料的什么性质?
2. 水泥混凝土抗压、抗折强度试验结果如何处理?
3. 水泥混凝土钻取试样后,对芯样要进行哪些方面的检测?如何检测?
4. 简述沥青混合料单轴压缩试验的目的及抗压回弹模量的意义。
5. 水泥混凝土面层材料的检测项目有哪些?

第七章　道路工程检测新技术简介

【本章学习要点】 随着科学技术的进步,国内外公路现场检测仪器也在不断改进,许多检测新技术已经广泛应用,使得道路工程质量检测的手段更为快捷、准确、简便、安全。

本章主要介绍弯沉检测新技术,包括落锤式弯沉仪和自动弯沉仪;平整度检测新技术,包括激光平整度仪和颠簸累积仪;抗滑性能检测新技术,包括横向力系数测定车和激光构造深度仪。

第一节　弯沉检测新技术

弯沉是指路基或路面表面在规定的标准车作用下,路基或路面表面轮隙位置产生的总垂直变形,以0.01mm为单位,由于弯沉能够代表路基路面整体抵抗垂直变形的能力,测定又比较直观、简便,因此是路基路面现场质量检测的常规项目之一。公路工程质量评定标准中规定:土方路基、沥青混凝土面层、沥青碎石面层、沥青贯入式面层以及沥青表面处治表层的弯沉值均不得超过设计允许值。

常用的测定弯沉的方法有贝克曼梁弯沉仪测定法、自动弯沉测定仪测定法以及落锤式弯沉仪测定法等,本节就自动弯沉测定仪测定法以及落锤式弯沉仪测定法进行介绍。

一、落锤式弯沉仪

利用贝克曼梁方法测出的回弹弯沉是静态弯沉。因为汽车行进速度很慢,所测得的弯沉也接近静态弯沉。为了模拟汽车快速行使的实际情况,不少国家开发了动态弯沉的测试设备。落锤式弯沉仪(Falling Weight Deflectometer ,简称FWD)模拟行车作用的冲击荷载下的弯沉测量,计算机自动采集数据,速度快,精度高。近几年来,采用落锤式弯沉仪FWD测定路面的动态弯沉,并用来反算路面的回弹模量,已经成为世界各国道路界的热门课题,这种设备特别适用于高等级公路路面的弯沉测量和承载能力评定,落锤式弯沉仪是目前国际上最先进的路面强度无损检测设备之一。

1. 主要设备

落锤式弯沉仪(简称FWD)分为拖车式和内置式。拖车式便于维修和存放,内置式则较小巧、灵便。落锤式弯沉仪由荷载发生装置、弯沉检测装置、运算及控制装置及车辆牵引装置等组成,其测量系统结构如图7-1所示。

(1)荷载发生装置:重锤的质量及落高根据使用的目的与道路的等级选择,荷载由传感器测定,如无特殊需要,重锤的质量为200 ± 10kg,可采用产生50 ± 2.5kN的冲击荷载,承载板宜为十字对称分开成4部分,且底部固定有橡胶片的承载板,承载板是直径为300mm的四分式扇形。

(2)弯沉检测装置:由5~7个高精度位移传感器组成,如图7-2,自中心开始,承载板沿道路纵向设置，隔开一定距离布设一组传感器，传感器总数根据需要及设备性能决定。

(3)运算及控制装置：能在冲击荷载作用的瞬间内，记录冲击荷载及各个传感器所在位置测点的动态变形。

(4)牵引装置：牵引 FWD 并安装运算及控制装置等的车辆。

将测定车开到测定地点，通过计算机控制下的液压系统，启动落锤装置，使一定质量的落锤从一定高度自由落下，冲击力作用于承载板上，并传递到路面，导致路面产生弯沉，分布于距测点不同距离的传感器检测结构层表面的变形，记录系统信号输入计算机，得到路面弯沉及弯沉盆。

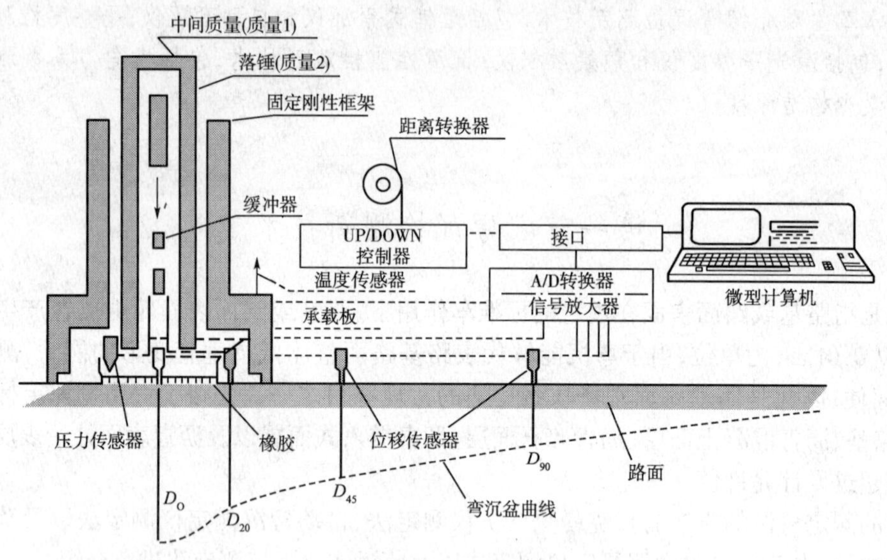

图 7-1 落锤式弯沉仪测量系统示意图

2. 技术要点

(1)通过调节锤重和落高调整冲击荷载大小。例如，我国路面设计标准为 BZZ-100，落锤质量应选为 5t，因为承载板直径为 30cm，对路面的压强正好为 0.7MPa。

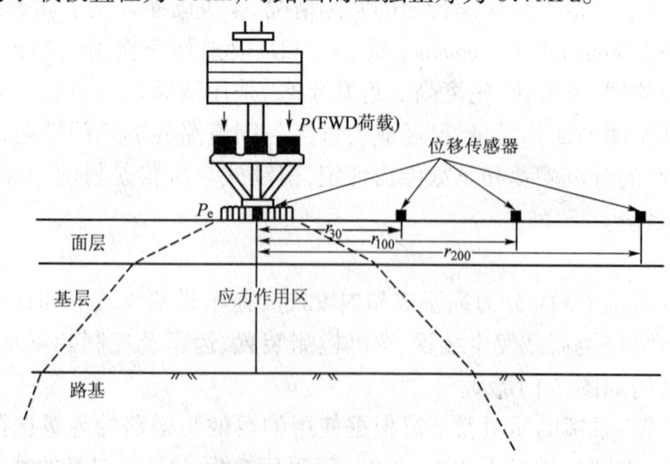

图 7-2 落锤式弯沉仪传感器布置及应力作用状态示例

(2)在测试路段的路基或路面各层表面布置测点，其位置和距离随测试需要而定，如果测定路表面，测点应布置在行车车道的轮迹带上。测试时，也可利用距离传感器定位。

(3)测试前应对位移传感器进行标定,使之达到规定的精度。

(4)检测时,拖车落锤弯沉仪牵引速度最大可达 80km/h,根据我国的实际情况,牵引速度以 50km/h 为宜,内置式落锤弯沉仪最高时速大于 100km/h,每小时可测 65 点。

(5)传感器分布位置为:一个位于承载板中心,其余布置在传感器支架上。路面结构不同,弯沉影响半径也不同。路基或柔性基层沥青路面传感器分布在距荷载中心 2.5m 范围内即可。目前,我国高等级公路大多采用半刚性基层沥青路面结构,弯沉影响半径已达 3~5m,传感器分布范围应布置在距荷载中心 3~4m 范围内,以测量路面弯沉盆形状。

3. 测定方法

(1)承载板中心位置对准测点,承载板自动落下,放下弯沉装置的各个传感器。

(2)启动落锤装置,落锤瞬即自动落下,冲击力作用于承载板上,又立即自动提升至原来位置固定。同时,各个传感器检测结构层表面变形,记录系统将位移信号输入计算机,并得到峰值,即路面弯沉,同时得到弯沉盆,每一测点重复测定不应少于 3 次,舍去第一个测定值,取以后几个测定值的平均值作为计算依据,因为第一次测定的结果往往不稳定。

(3)提起传感器及承载板,牵引车向前移动至下一个测点,重复上述步骤,进行测定。

弯沉检测装置操作方式为计算机控制下的自动测量,所有测试数据均可显示在屏幕上或打印出来或储存在软盘上,可以输出作用荷载、弯沉(盆)、路表温度、测点间距等;可打印弯沉平均值、标准差、变异系数以及代表弯沉值等数据。

应当注意,落锤式弯沉仪所测弯沉为动态总弯沉,与贝克曼梁所测的静态弯沉不同,一般通过对比试验,得到两者之间的关系,然后根据这个关系将落锤式弯沉仪所测动态总弯沉换算成贝克曼梁所测的静态弯沉。具体做法如下:

(1)选择结构类型完全相同、长度为 300~500m 的路段进行两种测定方法的对比试验,以便将落锤式弯沉仪测定的弯沉换算成贝克曼梁测定的回弹弯沉值。

(2)采用与实际使用相同且符合要求的落锤式弯沉仪及贝克曼梁弯沉仪测定车,落锤式弯沉仪的冲击荷载应与贝克曼梁弯沉仪测定车的后轴双轮荷载相同。

(3)用油漆标记对比路段起点位置。

(4)用贝克曼梁弯沉仪测定回弹弯沉,测定车开走后,用粉笔以测点为圆心,在周围画一个半径为 15cm 的圆,标明测点位置。

(5)将落锤式弯沉仪的承载板对准圆圈,位置偏差不超过 30mm,测定弯沉。两种仪器对同一点弯沉测试的时间间隔不应超过 10min。

(6)逐点对应计算两者的相关关系,得出回归方程, $L_B = a + bL_{FWD}$,式中 L_B、L_{FWD}分别为落锤式弯沉仪和贝克曼梁测定的弯沉值,相关系数不应小于 0.90。

二、自动弯沉仪

利用贝克曼梁测定路面回弹弯沉值操作简便,应用广泛,我国路面设计及检测的标准方法和基本参数都是建立在这种实验方法基础之上的,但是,这种试验方法整个测试过程全部由人工操作,因此测试结果受人为因素影响很大,并且测试速度很慢,自动弯沉仪是测定路面弯沉的高效自动化设备,可以对路面进行高密集点的强度测量,适用于路面施工质量控制、尚无坑洞等严重破坏的道路验收检查及旧路面强度评价,以及路面养护管理。

1. 主要仪器设备

自动弯沉仪测定车:洛克鲁瓦型,由测试汽车、测量机构、数据采集处理系统三部分组成。

测试机构如图 7-3 所示。它安装在测试车底盘下面,测臂夹在后轴轮隙中间,汽车运行时测量机构提起,离开路面。

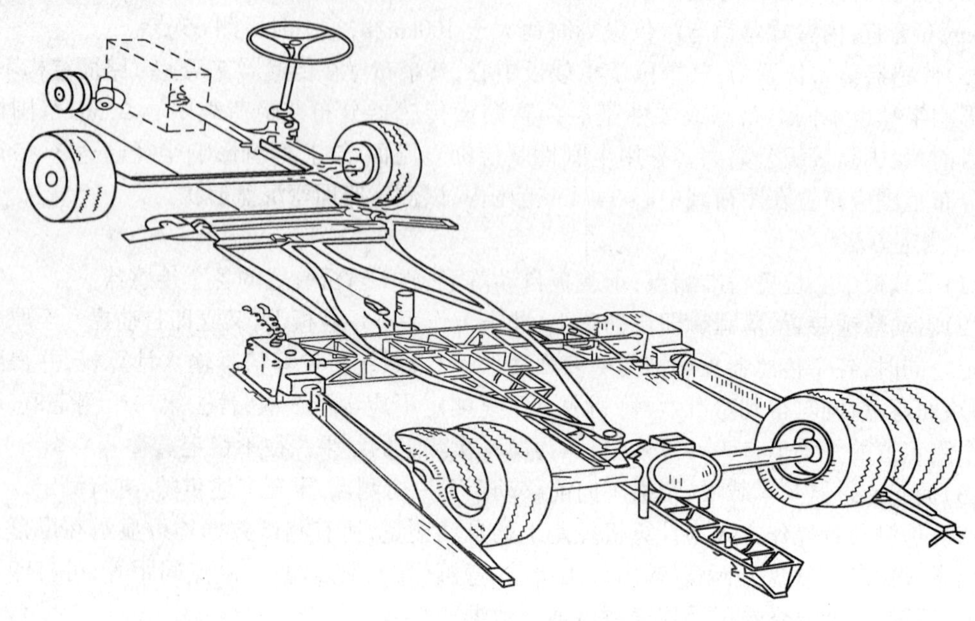

图 7-3　自动弯沉仪的测量机构

自动弯沉仪测定车的主要技术参数如下:

测试车轴距	6.75m;
测臂长度	1.75 ~ 2.40m;
后轴荷载	100kN;
测定轮对路面的压强	0.7MPa;
最小测试步距	4 ~ 10m;
测试精度	0.01mm;
测试速度	1.5 ~ 4.0km/h。

2. 工作原理

自动弯沉仪的工作原理与贝克曼梁的原理是相同的,都是采用简单的杠杆原理。自动弯沉仪测定车在检测路段以一定的速度行驶,将安装在测试车前后轴之间底盘下的弯沉测定梁放到车辆底盘的前端并支于地面保持不动,当后轴双轮轮隙通过测头时,弯沉通过位移传感器等装置被自动记录下来,这时,测定梁被拖动,以两倍的汽车速度拖到下一测点,周而复始地向前连续测定,通过计算机输出弯沉检测统计计算结果。

3. 使用技术要点

(1)自动弯沉仪作长距离移动时,应根据路况把一些通过能力影响比较大的组件、部件拆下来,待移动到测量工地时再进行安装调试。

(2)了保证系统转换板与位移传感器的测量精度,应对自动弯沉仪进行标定。

(3)自动弯沉仪所采集的数据存储于计算机中,输入有关信息和参数后,可以显示出左右双侧的弯沉峰值、距离和温度等,计算出平均值、标准差和代表弯沉值。

4. 测定方法

(1)将自动弯沉仪测定车开到检测路段的测定车道(一般为行车道)上,测点应在路面行车车道的轮迹带上。

(2)汽车到达测试地点第一个测点位置后,按照下列步骤放下测量机构:

①关闭汽车发动机;

②松开离合器转盘;

③放下测量头,测量头位于测定梁(后轴)前方的一定距离上;

④放下后支点,勾好手把;

⑤放下测量架,肖好把手;

⑥放下导向机构;

⑦插上仪器与汽车的连接肖杆或开动液压转向同步系统;

⑧检查钢丝绳一定要在离合器的槽内;

⑨起动汽车发动机,在操作盘上按动离合器开关,竖测量机构于最前端。

5. 开始测试时,汽车以一定的速度行进,测量头连续检测汽车后轴左右轮隙下产生的路面瞬间弯沉。通过测定梁支点的位移传感器将位移转换为电信号,并传送到数据记录器,待汽车后轮通过测量头后,监程器上显示弯沉盆或弯沉峰值,打印机输出弯沉峰值及测定距离。当第一点测定完毕后,车辆前面的牵引装置以两倍于汽车行进速度的速度把测量机构拉到测定轮前方,汽车继续行进,达到下一个测点时,开始第二点测定,周而复始地向前测定。汽车在整个测试过程中应保持在规定的速度范围内稳定行驶,标准的行车速度应为3.0~3.5km/h。在标准速度下的测试步距不应大于10m。

6. 测定结束后,汽车停止前进,按下列步骤收起测量机构:

①先提起导向机构;

②提起测量架机构;

③提起后支点;

④最后挂起测头。

7. 数据处理

测定结果应按计算区间输出计算结果,计算区间长度可根据公路等级和测试要求确定,标准的计算区间为100 m。

在测定时,随着打印机输出的同时,应将数据用文件方式同时记录在磁带或硬盘上,长期保存,通过计算机输出计算结果,即每一个计算区间的平均总弯沉值、标准差、代表总弯沉值,例如:对国道312线K4091+100~K4091+400实测如表7-1。

国道312线K4091+100~K4091+400实测数据 表7-1

记录号	路线号	公里桩	百米桩	平均总弯沉值(0.01mm)	标准差(0.01mm)	代表总弯沉(0.01mm)
1	312	4091	100	41	19.256	79
2	312	4091	200	45	9.916	65
3	312	4091	300	55	18.442	92
4	312	4091	400	57	12.739	82
5	312	4091	500	42	9.096	60

注:本表计算区间为100m,代表总弯沉按平均总弯沉加2倍标准差计算。

应当注意,自动弯沉仪测定的是总弯沉,所以与贝克曼梁测定的回弹弯沉值有所不同,可以通过自动弯沉仪总弯沉与贝克曼梁回弹弯沉的对比试验,得到两者的相互关系,换算为回弹弯沉,用于路基、路面强度评定,另外,当路面严重损坏、不平整、有坑槽时,测定设备有可能损

坏,或者当平曲线半径过小时,都不能进行检测。具体做法如下:

(1)采用同一辆自动弯沉仪测定车,使测定车型、荷载大小和轮胎作用面积完全相同;

(2)用油漆标记对比路段起点位置;

(3)用自动弯沉仪测定车测定,同时仔细用油漆标出每一测点的位置;

(4)在每一标记的位置用贝克曼梁测定回弹弯沉,测定范围准确至 $10cm^2$ 以内;

(5)逐点对应计算两者的相关关系,得出回归方程 $L_B = a + bL_A$,式中 L_B、L_A 分别为贝克曼梁和自动弯沉仪测定的弯沉值,相关系数不应小于 0.90。

三、各种弯沉检测仪器的特点

弯沉检测设备分为两类四种:第一类为静态弯沉,含回弹弯沉和总弯沉两种,回弹弯沉用贝克曼梁检测,总弯沉用自动弯沉仪检测(国产设备为 JG 型自动弯沉检测车,进口设备为洛克鲁瓦型自动弯沉检测车)。第二类为动态弯沉,有冲击弯沉和滚动弯沉两种,冲击弯沉由落锤式弯沉仪(FWD)检测,滚动弯沉由激光弯沉仪进行检测。

我国路面设计理论体系是根据使用期末年的回弹弯沉进行路面结构设计的,因此弯沉的评价指标也是回弹弯沉,所以现在的路面设计体系下贝克曼梁测量的结果和评价指标一致,不需要换算,而其他弯沉检测设备必须回归到回弹弯沉(贝克曼梁)上,但是,贝克曼梁的检测速度慢,耗费大量的人力物力,检测结果的人为因素很多,影响了测试结果的准确性,虽然在质量控制上必不可少,但已经不适应道路验收检测的要求。

我国共有十多台自动弯沉车,其中进口的有两台,自动弯沉车实现了测量、记录和数据处理的自动化,测量数据不受人为因素的干扰,与贝克曼梁的对比回归相关性较好,测试结果可靠,检测效率高,但不能检测路基、路面底基层的弯沉,由于国产自动弯沉车的设备的制造工艺不过关,多数设备在使用时故障率较高,而进口设备又比较昂贵,影响了自动弯沉车的使用。

由于落锤式弯沉仪模拟了车辆对路面的作用,所测数据和车辆作用的实际符合较好,国际上很多国家把它作为设计和评价标准,我国许多省市都购买了落锤式弯沉仪,落锤式弯沉仪测量、记录和数据处理也为自动化,测量数据不受人为因素的干扰、测试结果重复性较好,与贝克曼梁的对比试验回归有较好的相关性,在路基和路面各结构层上均能进行检测,但检测速度较慢,检测效率不是很高,目前由于弯沉的评价标准仍然是回弹弯沉,根据不同的路面结构和环境条件与贝克曼梁进行对比试验工作量较大。

高速激光落锤弯沉仪是目前最先进的弯沉检测设备,由于检测的汽车在路面上行驶的滚动弯沉,完全与汽车对路面的作用一致,具有数据自动化,测量数据不受人为因素的干扰,也可进行路基、路面各结构层的弯沉检测,检测速度达到 30 ~ 50km/h,检测效率非常高,但价格也很贵,约 100 万美元以上。我国目前尚未使用。

第二节 平整度检测新技术

路面平整度是评价路面使用品质和施工质量优劣的重要指标,路面平整度是以几何平面为基准,以规定的标准,间断地或连续地测定路面的表面纵、横方向的凸凹量,它是一个整体性指标,又是衡量工程质量及现有路面破坏程度的一个重要指标。它不仅影响汽车行驶条件、汽车的动力作用、行驶速度、轮胎消耗、燃料和润滑油的消耗及运输成本,而且还影响着路面的使用年限。因此必须对路面的平整度给予高度重视。

常用的测定方法有三 m 直尺测定法、颠簸累计仪测定法和激光平整度测定仪等方法,用三 m 直尺测定路面平整度,虽然简单、直观,但是测试速度太慢,所用劳动力过多。连续式平整度仪的测试速度虽然比三 m 直尺速度快,但是工作效率并不高。目前颠簸累计仪是应用最广泛的反映类设备,激光平整度测定仪则是最先进的断面类设备。

一、激光平整度测定仪

激光路面平整度测定仪是一种与路面无接触的测量仪器,测速快、精度高,这种仪器还可以同时进行路面纵断面、横坡、车辙等测量,因此也被称为激光路面断面测试仪。

1. 主要仪器

激光平整度测定仪是一台装备有激光传感器、加速度计和陀螺仪的测试车,它同时具备有先进的数据采集和处理系统,如图 7-4 所示。

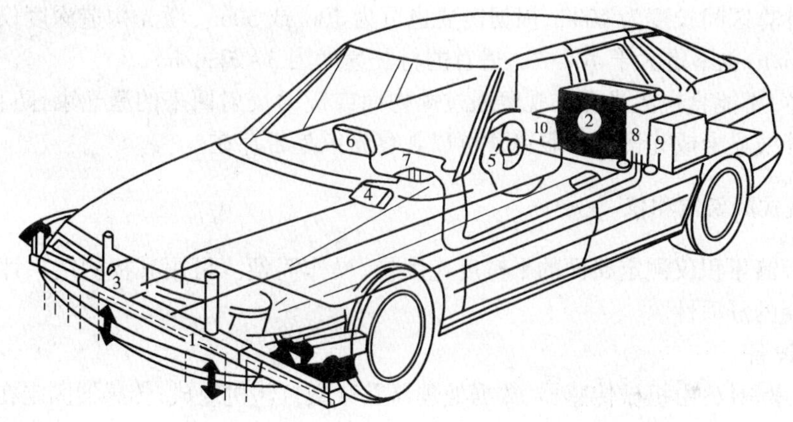

图 7-4　激光平整度测定仪示意图

1-激光传感器;2-激光盒;3-陀螺盒;4-测量束控制台;5-距离测量;6-微机屏幕;7-微机键盘;8-微机;9-计算机存储器;10-电源

2. 工作原理

测试车以一定的速度在路面上行驶,固定在汽车底盘上的一排激光传感器通过测试激光束反射回读数器的角度来测试路面,这个距离信号同测试车上装的加速度计信号进行互差,消除车身自身颠簸,输出路面真实断面信号。信号处理系统将来自激光传感器的模拟信号转换成数值信号并记录下来。随着汽车的进行,每隔一定的距离,采集一次数据,通过数据分析系统,可显示打印出国际平整度指数 IRI 等平整度检测结果。

3. 使用技术要点

(1)数据采集完全在计算机控制下进行,根据具体情况输入有关信息和命令。

(2)为了保证测量精度,应进行系统检查,如作静态振动实验、直尺试验、轮胎气压检查、传感器标定检查。

(3)测试速度一般在 20 ~ 120km/h 范围内。

(4)测试宽度大于 2.5m。如在测试梁上安装两个扩展臂,测试宽度可增加至 3.5m 或更大。

(5)采样间隔一般为 0.1m,最小为 5mm。

(6)可显示测试状态及有关数据,输出分析结果,如平整度指数 IRI、车辙、横坡等。

4. 测定方法

(1)将激光构造深度仪处于待测工作状态(READY),仪器备有下列四档程序:

①校准程序(CALIBRATION)或厂家调试程序。

②大孔隙或粗糙度大的路面测量程序(TEXTURE-HRA)。

③一般路面测量程序(TEXTURE)。

④传感器校核程序(SENSOR CHECK)。

正式测量时应首先使用传感器校核程序在待测路面上进行传感器检测校核,其峰值数(百分数)应分布在112～144范围内。如果峰值分布显著过高或过低,则表示轮胎气压不正常、已严重磨损或粘满了沥青材料。

(2)根据被测路面状况,选择一般路面测量程序或大孔隙粗糙度大的路面测量程序进行测量。

(3)以稳定的速度推车行驶进行测定,仪器按每一个计算区间打印出该段构造深度的平均值。标准的计算区间长度为100m,根据需要也可为10m或50m。激光构造深度仪的行驶速度不得小于3km/h,也不得大于10km/h,适宜的行驶速度为3～5km/h。

应当注意,不能直视激光孔或观察通过抛物面或镜面反射回来的激光束,防止损伤眼睛。只能通过红外线显卡或光谱变换眼镜才可以观察光束是否存在。

二、车载式颠簸累积仪

车载式颠簸累积仪测定路面的平整度速度快、操作简便。可用其检测结果评定路面施工质量和适用期的舒适性。

1．主要设备

(1)颠簸累积仪:由机械传感器、数据处理器及微型打印机组成,传感器固定在测试车底板上,如图7-5所示。

(2)测试车:旅行车、越野车或小轿车

2．工作原理

测试车以一定的速度在路面上行驶,路面上的凸凹不平引起汽车的激振,通过机械传感器可测量后轴同车箱之间的单向位移累计值VBI,以cm/km为单位,VBI值越大,说明路面平整度越差,乘车时越不舒服。

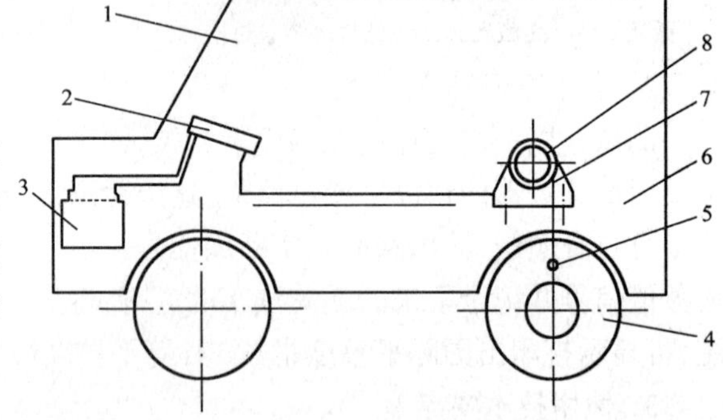

图7-5 车载试验颠簸累积仪安装示意图

1-测试车;2-数据处理器;3-电瓶;4-后桥;5-挂钩;6-底板;7-钢丝绳;8-颠簸累计仪传感器

3．使用技术要点

(1)仪器安装应准确、牢固、便于操作。

(2)因为颠簸累积值的大小与测试车的底盘悬挂性能有关,仪器安装后必须进行标定。

(3)测试时,只要向计算机输入有关信息及命令,就可自动采集数据。

(4)检测结果与测试车机械系统的振动特性和车辆行驶速度有很大的关系,因此必须通过对机械的保养和检测时严格控制车速来保持测定结果的稳定性。

4．测试方法

(1)汽车停在测量起点前约300～500m处,打开数据处理器的电源,打印机打印出“VBI”等字头,在数码管上显示"P"字样,表示仪器已经准备好。

(2)在键盘上输入测试年、月、日,然后按"D"键,打印机打印出测试日期。

(3)在键盘上输入测试路段编码后按"C"键,路段编码即被打出。

(4)在键盘上输入测试路段起点公里桩号及百米桩号,然后按"A"键,起点桩号即被打出。

(5)发动汽车向被测路段驶去,逐渐加速,保证在到大测试起点前稳定在选定的测试速度范围内,但必须与标定时的速度相同,然后控制测试速度的误差不超过 ± 3km/h。除了特殊要求外,标准的测试速度为 32km/h。

(6)到达测试起点时,按下开始测量键"B",仪器即开始自动累积被测路面的单向颠簸值。

(7)当到达预定测试终点时,按所选的测试路段计算区间长度相对应的数字键,将测试路段的颠簸累积值换算成以公里计的颠簸累积值打印出来。

(8)连续测试。

(9)测试结果:常规路面调查一般可取一次测量结果,如属重要路面评价测试与前次测试结果有较大差别时,应重复测试 2 ~ 3 次,取平均值作为测试结果。

例如 × × 公路自 K4220 + 000 ~ K4221 + 000,实测数据如表 7-2。

× × 公路自 K4220 + 000 ~ K4221 + 000 实测数据 表 7-2

桩号	测试距离(m)	国际平整度指数(m/km)	标准差(mm)	行驶质量指数	颠簸累积值(cm/km)	测试速度(km/h)
K4220 + 000	100	1.41	0.85	10.00	65	49
	200	1.39	0.83	10.00	64	50
	300	1.17	0.70	10.00	54	52
	400	1.19	0.71	10.00	55	52
	500	1.26	0.75	10.00	58	51
	600	1.14	0.69	10.00	53	50
	700	0.90	0.54	10.00	42	51
	800	1.77	1.06	10.00	81	51
	900	1.17	0.70	10.00	54	52
	1000	0.87	0.52	10.00	41	53

应该注意本方法适用于测定平面表面平整度,以评定路面的施工质量和适用期的舒适性,不适用于在已有较多坑槽、破损严重的路面上测定。

用车载式颠簸累积仪测定的 VBI 值与其他平整度指标进行换算时,应将车载式累积颠簸仪的测试结果进行评定,即与相关的平整度仪测量结果建立相关关系,相关系数均不得小于 0.90。

第三节 抗滑性能检测新技术

路面的表面应有足够的抗滑能力,以保证行车的安全。如果路面的抗滑能力不足时,汽车启动会发生空转打滑现象;汽车在弯道上行驶,会产生横向滑移;紧急制动,所需的制动距离会增长。这些都很容易发生交通事故。经过调查,交通事故 80% 以上与路面滑溜有关,即与路面的摩擦系数低有关。因此,对于路面来说,抗滑性能是一项非常重要的质量评定指标。测定路面抗滑性能的方法很多,现就摩擦系数测定车测定路面横向力系数及激光构造深度仪介绍如下。

一、摩擦系数测定车测定路面横向力系数

由于摆式仪测定摆值受人为因素影响很大,而且检测速度很慢,只适用于一般公路不具备摩擦系数测定车时的抗滑性能检测。摩擦系数测定车测定的路面横向力系数即表示车辆在路面上制动时的路面抗力,还表征车辆在路面上发生侧滑时的路面抗力,因此它是路面纵横向摩擦系数的综合指标,反映较高速度下的路面抗滑能力。由于测试车自备水箱,能直接洒在轮前30cm宽的路面上,可控制路面水膜厚度,测速较高,不妨碍交通,特别适用于高速公路和一级公路上进行测试。

1. 主要设备

(1)摩擦系数测定车:SCRIM型,主要组成如图7-6所示。由车辆底盘、测量机构、供水系统、荷载传感器、仪表、操作记录系统及标定装置等组成。

(2)测量机构:可以为单侧或双侧各安装一套,测试车轮与车辆行驶方向成20°角,作用于测试轮上的静态标准荷载为2kN,测试轮胎应为3.00-20的光面轮胎,其标准气压为0.35 ± 0.01MPa。当轮胎直径减少达6mm时(每个测试轮约测350~400km)需更换新轮胎。

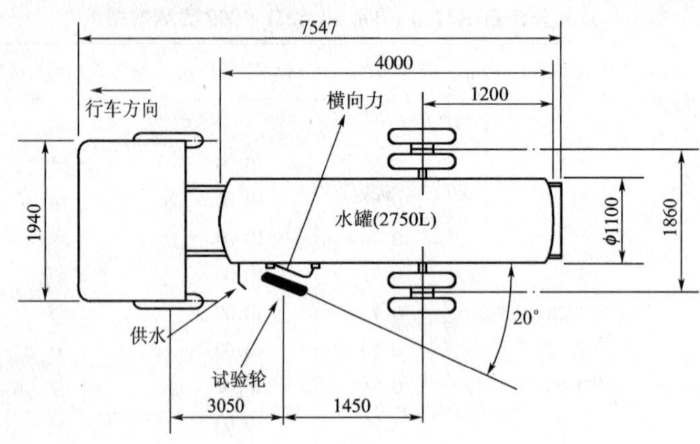

图7-6 横向摩擦系数测定车机构示意图(尺寸单位:mm)

2. 工作原理

测定车上装有与车辆行驶方向成20°角的测试轮,测定时,供水系统洒水,降下测试论,并对其施加一定的荷载,荷载传感器测量与测试轮轮胎面成垂直的横向力,此力与轮荷载之比即为横向力系数。横向力系数越大,说明路面抗滑能力越强。

3. 使用技术要点

(1)测试前对仪器设备进行标定、检查,保持测试车的规范性。

(2)测试轮的垂直荷载为2kN。

(3)测速为50km/h。

(4)可连续或断续测定设定计算区间的横向力系数。

(5)计算机打印出每一个评定段的横向力系数值、统计个数、平均值、标准差、变异系数。

4. 检测方法

(1)测试车在测试路段起点前约500m处停住,开机预热不少于10min。

(2)降下测试轮,打开水阀检查水流情况是否正常及水流是否符合需要,检查仪表指数是否正常,然后升起测试轮。

(3)将车辆行驶到测试路段，提前 100 ~ 200m 处降下测试轮，测试车的车速可根据公路等级的需要选择。除特殊情况外，标准车速为 50km/h，测试中必须保持匀速。

(4)进入测试段后，按开始键，开始测试。在显示器上监视测试运行变化情况，检查速度、距离有无反常波动，当需要表明特征（如桥位、路面变化等）时，操作功能键插入到数据流中，整公里里程桩上也应作相应的记录。

应该注意本方法适用于以标准的摩擦系数测定车测定沥青路面或水泥混凝土路面的横向力系数，测试结果可作为竣工验收或使用期评定路面抗滑能力的依据。使用时特别注意除自检和标定外，在水流还未到测试轮前方路面上时，不得降下测试轮，测试轮降到位后，严禁车辆倒行。

二、激光构造深度仪

路面宏观构造深度可用铺沙法和激光构造深度仪测定。铺砂法测定误差大，效率低。激光构造深度测定仪测定的构造深度与铺砂法有良好的相关关系，而且速度快，精度高。

激光构造深度仪是小型手推式路面构造深度测试仪，也称激光纹理测试仪，具有运输方便，操作快捷，费用低廉，可靠性好等特点。

1. 主要设备

(1)激光构造深度仪：如图 7-7 所示。在两轮的手推小车上装有光电测试设备、打印机及仪器操作装置。最大测量范围为 20mm，精度 0.01mm。

(2)扫帚、打气筒、充电器、打印纸、色带、标志板、小红旗等。

2. 工作原理

高速脉冲半导体激光器产生红外线投射到道路表面，从投影面上散射的光线由接收透镜聚焦到以线性布置的光敏二极管上，接收光线最多的二极管位置给出了这一瞬间到道路表面的距离，通过一系列计算可得出构造深度。

图 7-7　激光构造深度仪

3. 用技术要点

(1)查仪器、安装手柄。

(2)根据被测路面状况，选择测量程序。

(3)适宜的检测速度为 3 ~ 5 km/h，即人步行的正常速度。

(4)仪器按每一个计算区间打印出该路段的构造深度的平均值。

4. 检测方法

(1)将激光构造深度仪处于待机状态，仪器备有下列四档：

①校准程序或厂家调试程序。

②大孔隙或粗糙度大的路面测量程序。

③一般路面测量程序。

④传感器校核程序。

正式测量时应首先使用传感器校核程序在待测路面上进行传感器检测校核，其峰值数（百分数）应分布在 112 ~ 144 范围内。如果峰值分布显著过高或过低，则表示轮胎气压不正常、已严重磨损或粘满了沥青材料。

(2)根据路面被测状况，选择一般路面测量程序或大孔隙粗糙度大的路面测量程序进行测量。

(3)以稳定的速度推车行驶进行测定，仪器按每一个计算区间打印出该段构造深度平均值。标准的计算长度区间为100m，根据需要也可为10m或50m。激光构造深度仪的行驶速度不得小于3 km/h，也不得大于10km/h，适宜的行驶速度为3~5 km/h。

应该注意，本方法适用于测定沥青路面干燥表面的构造深度，用以评价路面抗滑及排水能力，测试温度不低于0℃，同一个计算区间两次测定进行校核的重复性误差不大于0.02mm。并且利用激光构造深度仪测出的构造深度与铺砂法测出的构造深度不同，但两者有较好的线性关系，因此，激光构造深度仪所测的构造深度不能直接用于评定路面的抗滑性能，必须换算为铺砂法的构造深度后才能判断路面抗滑性能是否满足要求。

第四节　探地雷达和瑞雷波检测技术

一、路面雷达测试系统

路面雷达测试系统，能在高速公路快速行车情况下，实施收集公路雷达信息，然后将信息输入电脑程序内，在很短的时间内，电脑程序便会自动分析出公路或桥面内各层厚度、湿度、空隙位置、破损位置及程度。路面雷达测试系统见图7-8。

1．主要设备

(1)天线：将电磁波定向辐射入路面系统。

(2)发射机：产生正弦型脉冲，高平电磁波。

(3)接收机：捕捉反射信号，然后将这些信号传递给信号处理机对信号进行处理。

(4)信号处理机：对信号进行处理。

(5)计算机：数据采集、处理、储存、显示、分析。

图7-8　路面雷达测试系统

2．工作原理

雷达发射机产生的高频电磁脉冲离开天线后便成为发射信号，发射信号经由空气到达路表面时，一部分信号会透射路表继续向下传播，另一部分信号会被路面反射回来。这样电磁波在路面系统内传播的过程中，每遇到不同的结构层，就会在层间界面发生透射和反射，反射回来的那部分电磁波由雷达接收天线接收，并采用采样技术将其化为数字信号进行处理。由于路面各种材料的电介质常数明显不同，因此，电介质常数突变处，也就是两结构层的界面。当结构层发生破损(如空洞、裂缝、脱腔等)在雷达资料中便会出现明显的特征反射，如脱腔时产生夹层反射，空洞是产生绕射等；当结构层因透水性问题而使某层含水量增大，或出现软弱夹层时电介质常数将明显增大，在资料中可以得到高含水性的反射，探地雷达具有及高的探测精度，可以根据测知的各种路面材料的电介质常数及波速，计算路面各结构层的厚度、含水量、损坏位置等。

3．使用技术要点

(1)检测速度可达80km/h。

(2)检测距离：以80km/h的速度对路面及桥面进行连续检测不少于4 h(320 km)。

(3)采集雷达信号实时地数字化并直接存储在硬盘上。

(4)厚度精确度一般为深度的 2% ~ 5%。

(5)数据处理后可显示路面彩色剖面图、三维路面厚度剖面图、雷达波形图等(见图 7-9)。

4. 检测方法

根据检测目的的不同,仪器的不同检测方法详见路面雷达测试系统使用说明书。

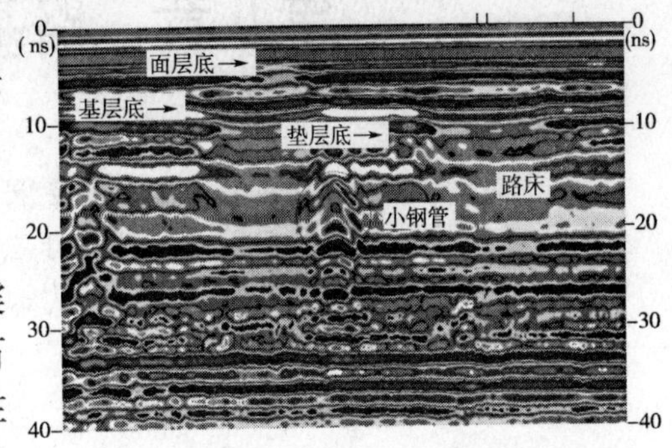

图 7-9 典型埋设物(钢管)探地雷达检测剖面图

二、瑞利波检测新技术

瑞利波探测法是国内外近年来浅层工程地震勘探兴起的方法之一，现已广泛应用于煤炭、石油、建筑、地震、矿山及工业实时控制等领域。在煤矿生产过程中,查清掘进面前方地质小构造,特别是断层、老窑、岩溶等灾害性构造情况,直接关系到煤矿安全生产以及经济效益和社会效益,用于公路检测还属于试验阶段,例如用于检测路基的压实度,由于灌砂法检测速度慢,受人为因素影响大而且每 2000m^2 检测 6 个以上点,这对路基来讲只是通过个别点的压实度来推测而不是检测整个路基的压实度,而核子密度仪只能测定细粒土,除此之外还有体积法、承载板法和锤击法,这些方法对于超粒径土都没有理想的处理方法,而利用波动的方法可以免除这些现象,其作用机理是在物体表面激发一种应力脉冲,它将通过物体进行传播,如遇到不同的截面就会产生反射和折射,通过安装在物体表面的传感器接收到这些波,在根据这些信息将物体的内部特征提取出来,找出波速与密度的关系,完成无破损检测。

本 章 小 结

公路工程建设的特点是线长面广,工程量和投资大,影响因素复杂。在施工过程中任何环节出问题都会给工程质量带来严重的危害,甚至造成巨大的损失,而客观、准确、及时的检测数据是公路工程实践的真实记录,是指导、控制和评定工程质量的科学依据,试验检测过程中应不断应用新技术、新方法提高检测速度和检测质量。本章以此为目的主要介绍了路基路面检测新技术,包括弯沉检测新技术、落锤式弯沉仪和自动弯沉仪;平整度检测新技术,包括激光平整度仪和颠簸累积仪;抗滑性能检测新技术,包括横向力系数测定车和激光构造深度仪;路面雷达测试系统以及瑞利波检测新技术。

复习思考题

1. 弯沉仪、落锤式弯沉仪与贝克曼梁测出的弯沉值有何区别?

2. 颠簸累积仪、激光平整度仪及连续式平整度仪检测结果分别是什么? 它们能否相互换算?

3. 为什么要测定路面的横向力系数? 激光构造深度仪所测结果能否直接用于我国公路路面构造深度评定? 为什么?

4. 路面雷达测试系统的主要用途是什么?

第八章　路基工程质量评定

【本章学习要点】 本章内容主要依据现行交通部颁布《公路工程质量检验评定标准》(JTG F80/1—2004),它既适用于公路工程质量监督部门对工程质量的检查鉴定和监理工程师对工程质量的检查认定,同时也适用于施工单位自检和分项工程的交接验收。

第一节　路基工程质量评定概述

路基路面是道路的基本构造物。路基工程包括路基本体、排水构造物和防护支挡工程三大部分,它们组成一个整体才能具有相应的功能。本章主要介绍这三部分的施工质量检查项目,评定标准(规定值或允许偏差),检查方法、频率和规定分值,路基工程质量基本要求和外观鉴定。

从道路结构物的修建来说,路基工程是一个基础工程,道路工程的质量评定与检测贯穿于工程的各个过程,而路基工程质量的评定与检测又是首先进行的,可以最先获得工程的质量信息,从而起到影响、保证整个道路工程质量的作用。

一、路基工程质量评定方法

(一)建设项目分级

为了控制和保证路基工程的质量,在路基工程设计施工过程中和完工后必须对工程的每一个项目和各工序进行检查和验收,正确反映其质量水平,评定其质量等级。根据建设任务、施工管理和质量检验评定的需要,应在施工准备阶段按表 8-1 将建设项目划分为单位工程、分部工程和分项工程。施工单位、工程监理单位和建设单位应按相同的工程项目划分进行工程质量的监控和管理。

1. 单位工程

在建设项目中,是指根据签订的合同,具有独立施工条件的工程。就道路工程来说,路基工程就是单位工程。

2. 分部工程

在单位工程中,应按结构部位、路段长度及施工特点或施工任务划分为若干个分部工程。由此,路基工程按结构部位可划分为路基本体、排水工程和防护支挡工程;按施工特点如施工对象、方法要求可划分为一般的土方、石方作业或人工砌筑工程;又可按任务或路段长度划分为一定长度段的工程。

3. 分项工程

在分部工程中,应按不同的施工方法、材料、工序及路段长度等划分为若干个分项工程。由于划分的依据不同,因此,既可划分为填、挖方,或某一断面部位,又可按某种排水结构物划分等。

单位、分部及分项工程的划分　表 8-1

单位工程	分部工程	分项工程
路基工程（每10km或每标段）	路基土石方工程＊①（1km路段）②	土方路基＊，石方路基＊，软土地基＊，土工合成材料处治层＊等
	排水工程（1～3km路段）	管节预制，管道基础及管节安装＊，检查（雨水）井砌筑＊，土沟，浆砌排水沟＊，盲沟，跌水，急流槽＊，水簸箕，排水泵站等
	小桥及符合小桥标准的通道＊，人行天桥，渡槽（每座）	基础及下部构造＊，上部构造预制、安装或浇筑＊，桥面＊，栏杆，人行道等
	涵洞、通道（1～3km路段）	基础及下部构造＊，主要构件预制、安装或浇筑＊，填土，总体等
	砌筑防护工程（1～3km路段）	挡土墙＊，墙背填土，抗滑桩＊，锚喷防护＊，锥、护坡，导流工程，石笼防护等
	大型挡土墙＊，组合式挡土墙＊（每处）	基础＊，墙身＊，墙背填土，构件预制＊，构件安装＊，筋带，锚杆、拉杆，总体＊等
路面工程（每10km或每标段）	路面工程（1～3km路段）＊	底基层，基层＊，面层＊，垫层，联结层，路缘石，人行道，路肩，路面边缘排水系统等

注：1. 表内标注＊号者为主要工程，评分时给以2的权值，不带＊者，为一般工程，权值为1。

2. 按路段长度划分的分部工程，高速公路、一级公路宜取低值，二级及二级以下公路可取高值。

（二）工程质量评分方法

公路工程质量检验评定以分项工程为评定单元，采用100分制进行。在分项工程评分的基础上，逐级计算各相应分部工程、单位工程、合同段和建设项目评分值。工程质量评定等级分为合格与不合格，应按分项、分部、单位工程、合同段和建设项目逐级评定。

施工单位应对各分项工程按《公路工程质量检验评定标准》（以下简称《标准》）所列基本要求、实测项目和外观鉴定进行自检，按"分项工程质量检验评定表"及相关施工技术规范提交真实、完整的自检资料，对工程质量进行自我评定。工程监理单位应按规定要求对工程质量进行独立抽检，对施工单位检评资料进行签认，对工程质量进行评定。建设单位根据对工程质量的检查及平时掌握的情况，对工程监理单位所做的工程质量评分等级进行审定。质量监督部门、质量检测机构可依据《标准》对公路工程质量进行检测评定。

1. 分项工程质量评分

分项工程质量检验内容包括基本要求、实测项目、外观鉴定和质量保证资料四个部分。只有在其使用的原材料、半成品、成品及施工工艺符合基本要求的规定，且无严重外观缺陷和质量保证资料真实并基本齐全时，才能对分项工程质量进行检验评定。

涉及结构安全和使用功能的重要实测项目为关键项目（在文中以"△"标识），其合格率不得低于90%（属于工厂加工制造的桥梁金属构件不低于95%，机电工程为100%），且检测值不得超过规定极值，否则必须进行返工处理。

实测项目的规定极值是指任一单个检测值都不能突破的极限值，不符合要求时该实测项目为不合格。

采用本书第九章第一节所列方法进行评定的关键项目，不符合要求时则该分项工程评为不合格。

分项工程的评分值满分为100分，按实测项目采用加权平均法计算。存在外观缺陷或资料不全时，应予减分。

$$分项工程得分 = \frac{\sum[检查项目得分 \times 权值]}{\sum 检查项目权值}$$

$$分项工程评分值 = 分项工程得分 - 外观缺陷减分 - 资料不全减分$$

(1)基本要求检查。分项工程所列基本要求，对施工质量优劣具有关键作用，应按基本要求对工程进行认真检查。经检查不符合基本要求规定时，不得进行工程质量的检验和评定。

(2)实测项目计分。对规定检查项目采用现场抽样方法，按照规定频率和下列计分方法对分项工程的施工质量直接进行检测计分。

检查项目除按数理统计方法评定的项目以外，均应按单点(组)测定值是否符合标准要求进行评定，并按合格率计分。

$$检查项目合格率 = \frac{检查合格的点(组)数}{该检查项目的全部检查点(组)数} \times 100\%$$

$$检查项目得分 = 检查项目合格率 \times 100$$

(3)外观缺陷减分。对工程外表状况应逐项进行全面检查，如发现外观缺陷，应进行减分。对于较严重的外观缺陷，施工单位须采取措施进行整修处理。

(4)资料不全减分。分项工程的施工资料和图表残缺，会使工程质量评定缺乏最基本的数据，或有伪造涂改者，不予检查和评定。资料不全者应予减分，减分幅度可按照质量保证资料所列各项逐款检查，视资料不全情况，每款减1~3分。

2．分部工程和单位工程质量评分

表8-1所列分项工程和分部工程区分为一般工程和主要(主体)工程，分别给以1和2的权值。进行分部工程和单位工程评分时，采用加权平均值计算法确定相应的评分值。

$$分部(单位)工程评分值 = \frac{\sum[分项(分部)工程评分值 \times 相应权值]}{\sum 分项(分部)工程权值} \times 100\%$$

3．合同段和建设项目工程质量评分

合同段和建设项目工程质量评分值按《公路工程竣(交)工验收办法》计算。

4．质量保证资料

施工单位应有完整的施工原始记录、试验数据、分项工程自查数据等质量保证资料，并进行整理分析，负责提交齐全、真实和系统的施工资料及图表。工程监理单位负责提交齐全、真实和系统的监理资料。质量保证资料应包括以下六个方面：

①所用原材料、半成品和成品质量检验结果；

②材料配比、拌和加工控制检验和试验数据；

③地基处理、隐蔽工程施工记录和大桥、隧道施工监控资料；

④各项质量控制指标的试验记录和质量检验汇总图表；

⑤施工过程中遇到的非正常情况记录及其对工程质量影响分析；

⑥施工过程中如发生质量事故，经处理补救后，达到设计要求的认可证明文件。

(三)工程质量等级评定

1．分项工程质量等级评定

分项工程评分值不小于75分者为合格，小于75分者为不合格；机电工程、属于工厂加工制造的桥梁金属构件不小于90分者为合格，小于90分者为不合格。

评定为不合格的分项工程，经加固、补强或返工、调测，满足设计要求后，可以重新评定其质量等级,但计算分部工程评分值时按其复评分值的90%计算。

2. 分部工程质量等级评定

所属各分项工程全部合格,则该分部工程评为合格;所属任一分项工程不合格,则该分部工程为不合格。

3. 单位工程质量等级评定

所属各分部工程全部合格,则该单位工程评为合格;所属任一分部工程不合格,则该单位工程为不合格。

4. 合同段和建设项目质量等级评定

合同段和建设项目所含单位工程全部合格,其工程质量等级为合格;所属任一单位工程不合格,则合同段和建设项目为不合格。

二、路基工程质量评定与检测特点

路基工程作为整个道路工程的基础,通常是最先设计、施工和竣工的,评定与检测也是最先进行的。所以,路基工程的评定与检测具有实践上的先行性,并且对整个质检工作有直接的影响。

由于地形、地质的条件,修筑路基的岩土材料可能来源不同。因此,路基在长度方向,或者在不同层位,有的还可能在不同断面部位采用不同的填料。这样,其质量特性往往表现为不均匀性,有较大的差异,质量评定与检测应十分重视数理统计的方法。

路基工程受到自然条件的直接影响,而且由于施工期较长,这一影响要持续较长时间和具有多变的特点,如经历干燥、潮湿的季节,有的还可能受到冰冻的影响。因此,其质量的评定与检测需要考虑这一影响,有的数据还应做出季节影响的修正。

作为基础工程,路基修筑完后,要在其上铺筑路面结构层。因此,该项工程具有隐蔽的性质,它的质量对后续工程具有保证的意义。必须重视其工程质量,做好各项质量评定与检测的记录。

综上所述,路基工程包括路基本体、排水、防护支挡结构三个部分,因此结构物具有多样性,其质量特性的评定与检测有很大差异。例如,结构物的种类、几何尺寸,质量基本要求和检测项目都可能不同,质量评定与检测的手段和方法也不尽一致。

三、路基工程质量评定与检测内容

1. 材料的评定与检测

路基填料土、砂石的种类、状态,砌筑工程的石料、砂浆的强度等级和各种技术要求都要进行评定与检测。

2. 一般工程的评定与检测

包括路基、排水、防护支挡结构的评定与检测。其中要特别注意诸如基底处理、地下排水、地基基础等结构工程。这些结构物的质量关系到工程整体的质量,但是一旦完工却又掩埋于下面,除了严格检查以外,有关施工材料、过程,施工中出现的问题和采取的措施都应详细记录。

3. 原始记录

原始记录有材料品种、规格、数量、产地以及各种试验报告等各种纪录。施工过程中,则有准备工作、基地处理、填(砌)筑过程和整修作业的相应记录。此外,还有技术处理和变更设计等各种报告材料。

四、路基工程质量评定与检测步骤

工程质量的具体评定与检测,应按如下顺序进行:

1. 基本要求的检查

路基工程的施工,对不同结构物提出了相应的材料要求、施工方法和填筑、砌筑质量要求。材料是构成结构物的基本元素,必须符合工程的要求。不同的结构物有不同的施工方法,只有遵守施工规程才能修筑出符合质量要求的工程。

2. 工程项目实测检查

实测检查是对路基工程的规定检查项目包括结构的几何尺寸、密实度、强度和表面状况等进行检查的,一般,相应的技术标准都提出了数量上的要求。检查按规定的频率、现场抽样进行。

3. 外观鉴定

路基路面工程对各结构物的外观形状是有一定要求的,它构成了整个道路轮廓即路容。外观鉴定有的有尺寸检测要求,有的则按目测评定。

第二节　路基工程的质量评定

一、一般规定

(1)土方路基和石方路基的实测项目技术指标的规定值或允许偏差按高速公路、一级公路和其他公路(指二级及以下公路)两档设定,其中土方路基压实度按高速公路和一级公路、二级公路、三级和四级公路三档设定。

(2)本节规定的实测项目的检查频率,如果检查路段以延米计时,则为双车道公路每一检查段内的最低检查频率;多车道公路必须按车道数与双车道之比,相应增加检查数量。

(3)路基压实度须分层检测,并符合第九章第一节路基、路面压实度评定的规定。路基其他检查项目均在路基顶面进行检查测定。

(4)路肩工程可作为路面工程的一个分项工程进行检查评定。

(5)服务区停车场、收费广场的土方工程压实标准可按土方路基要求进行监控。

二、土方路基

(一)基本要求

(1)在路基用地和取土坑范围内,应清除地表植被、杂物、积水、淤泥和表土,处理坑塘,并按规范和设计要求对基底进行压实。

(2)路基填料应符合规范和设计的规定,经认真调查、试验后合理选用。

(3)填方路基须分层填筑压实,每层表面平整,路拱合适,排水良好。

(4)施工临时排水系统应与设计排水系统结合,避免冲刷边坡,勿使路基附近积水。

(5)在设定取土区内合理取土,不得滥开滥挖。完工后应按要求对取土坑和弃土场进行修整,保持合理的几何外形。

(二)实测项目

土方路基实测项目见表 8-2。

(三)外观鉴定

(1)路基表面平整,边线直顺,曲线圆滑。不符合要求时,单向累计长度每 50m 减 1~2 分。

(2)路基边坡坡面平顺、稳定、不得亏坡,曲线圆滑。不符合要求时,单项累计长度每 50m 减 1~2 分。

(3)取土坑、弃土堆、护坡道、碎落台的位置适当,外形整齐、美观,防止水土流失。不符合要求时,每处减 1~2 分。

土方路基实测项目 表 8-2

<table>
<tr><th rowspan="3">项次</th><th rowspan="3" colspan="3">检查项目</th><th colspan="3">规定值或允许偏差</th><th rowspan="3">检查方法和频率</th><th rowspan="3">权值</th></tr>
<tr><th rowspan="2">高速公路
一级公路</th><th colspan="2">其他公路</th></tr>
<tr><th>二级公路</th><th>三、四级公路</th></tr>
<tr><td rowspan="5">1△</td><td rowspan="5">压实度(%)</td><td rowspan="2">零填及挖方(m)</td><td>0~0.30</td><td>—</td><td>—</td><td>94</td><td rowspan="5">按第九章路基、路面压实度评定检查
密度法:每 200m 每压实层测 4 处</td><td rowspan="5">3</td></tr>
<tr><td>0~0.80</td><td>≥96</td><td>≥95</td><td>—</td></tr>
<tr><td rowspan="3">填方(m)</td><td>0~0.80</td><td>≥96</td><td>≥95</td><td>≥94</td></tr>
<tr><td>0.80~1.50</td><td>≥94</td><td>≥94</td><td>≥93</td></tr>
<tr><td>>1.50</td><td>≥93</td><td>≥92</td><td>≥90</td></tr>
<tr><td>2△</td><td colspan="3">弯沉(0.01mm)</td><td colspan="3">不大于设计要求值</td><td>按第九章路基、柔性基层、沥青路面弯沉值评定检查</td><td>3</td></tr>
<tr><td>3</td><td colspan="3">纵断高程(mm)</td><td>+10,-15</td><td colspan="2">+10,-20</td><td>水准仪:每 200m 测 4 断面</td><td>2</td></tr>
<tr><td>4</td><td colspan="3">中线偏位(mm)</td><td>50</td><td colspan="2">100</td><td>经纬仪:每 200m 测 4 点,弯道加 HY、YH 两点</td><td>2</td></tr>
<tr><td>5</td><td colspan="3">宽度(mm)</td><td colspan="3">符合设计要求</td><td>米尺:每 200m 测 4 处</td><td>2</td></tr>
<tr><td>6</td><td colspan="3">平整度(mm)</td><td>15</td><td colspan="2">20</td><td>3m 直尺:每 200m 测 2 处×10 尺</td><td>2</td></tr>
<tr><td>7</td><td colspan="3">横坡(%)</td><td>±0.3</td><td colspan="2">±0.5</td><td>水准仪:每 200m 测 4 个断面</td><td>1</td></tr>
<tr><td>8</td><td colspan="3">边坡</td><td colspan="3">符合设计要求</td><td>尺量:每 200m 测 4 处</td><td>1</td></tr>
</table>

注:1. 表列压实度以重型击实试验法为准,评定路段内的压实度平均值下置信界限不得小于规定标准,单个测定值不得小于极值(表列规定值减 5 个百分点)。小于表列规定值 2 个百分点的测点,按其数量占总检查点的百分率计算减分值。

2. 采用核子仪检验压实度时应进行标定试验,确认其可靠性。

3. 特殊干旱、特殊潮湿地区或过湿土路基,可按交通部颁发的路基设计、施工规范所规定的压实度标准进行评定。

4. 三、四级公路铺筑沥青混凝土或水泥混凝土路面时,其路基压实度应采用二级公路标准。

三、石方路基

(一)基本要求

(1)石方路堑的开挖宜采用光面爆破法。爆破后应及时清理险石、松石,确保边坡安全、稳定。

(2)修筑填石路堤时,应进行地表清理,逐层水平填筑石块,摆放平稳,码砌边部。填筑层厚度及石块尺寸应符合设计和施工规范规定。填石空隙用石渣、石屑嵌压稳定。上、下路床填料和石料最大尺寸应符合规范规定。采用振动压路机分层碾压，压至填筑层顶面石块稳定，20t 以上压路机振压两遍无明显标高差异。

(3)路基表面应整修平整。

(二)实测项目

石方路基实测项目见表 8-3。

(三)外观鉴定

(1)上边坡不得有松石。不符合要求时，每处减 1~2 分。

(2)路基边线直顺，曲线圆滑。不符合要求时，单向累计长度每 50m 减 1~2 分。

石方路基实测项目 表 8-3

项次	检查项目		规定值或允许偏差		检查方法和频率	权值
			高速公路一级公路	其他公路		
1	压实		层厚和碾压遍数符合要求		查施工记录	3
2	纵断高程(mm)		+10，-20	+10，-30	水准仪：每 200m 测 4 断面	2
3	中线偏位(mm)		50	100	经纬仪：每 200m 测 4 点，弯道加 HY、YH 两点	2
4	宽度(mm)		符合设计要求		米尺：每 200m 测 4 处	2
5	平整度(mm)		20	30	3m 直尺：每 200m 测 2 处×10 尺	2
6	横坡(%)		±0.3	±0.5	水准仪：每 200m 测 4 断面	1
7	边坡	坡度	符合设计要求		每 200m 抽查 4 处	1
		平顺度	符合设计要求			

注：土石混填路基压实度或固体体积率可根据实际可能进行检验，其他检测项目与石方路基相同。

四、软土地基处治

(一)基本要求

(1)换填地基的填筑压实要求同土方路基。

(2)砂垫层：砂的质量和规格必须符合设计要求和规范规定；适当洒水，分层压实；砂垫层宽度应宽出路基边脚 0.5~1.0m，两侧端以片石护砌；砂垫层厚度及其上铺设的反滤层应符合设计要求。

(3)反压护道：填筑材料、护道高度、宽度应符合设计要求，压实度不低于 90%。

(4)袋装沙井、塑料排水板：砂的质量、规格、砂袋织物质量和塑料排水板质量必须符合设计要求；砂袋和塑料排水板下沉时不得出现扭结、断裂等现象；井(板)底高程必须符合设计要求，其顶端必须按规范要求伸入砂垫层。

(5)碎石桩：碎石材料应符合设计要求；应严格按试桩结果控制电流和振冲器的留振时间；分批加入碎石，注意振密挤实效果，防止发生“断桩”或“颈缩桩”。

(6)砂桩：砂料应符合规定要求；砂的含水量应根据成桩方法合理确定；桩体应确保连续、密实。

(7)粉喷桩：水泥应符合设计要求；根据成桩试验确定的技术参数进行施工；严格控制喷粉时间、停粉时间和水泥喷入量，不得中断喷粉，确保粉喷桩长度；桩身上部范围内必须进行二次搅拌，确保桩身质量；发现喷粉量不足时，应整桩复打；喷粉中断时，复打重叠孔段应大于 1m。

(8)软土地基上的路堤，应在施工过程中进行沉降观测和稳定性观测，并根据观测结果对路堤填筑速率和预压期等作必要调整。

(二)实测项目

砂垫层、袋装砂井、塑料排水板、碎石桩、粉喷桩实测项目见表8-4~表8-7。

砂垫层实测项目 表8-4

项次	检查项目	规定值或允许偏差	检查方法和频率	权值
1	砂垫层厚度	不小于设计要求	每200m检查4处	3
2	砂垫层宽度	不小于设计要求	每200m检查4处	1
3	反滤层设置	符合设计要求	每200m检查4处	1
4	压实度(%)	90	每200m检查4处	2

袋装砂井、塑料排水板实测项目 表8-5

项次	检查项目	规定值或允许偏差	检查方法和频率	权值
1	井(板)间距(mm)	±150	抽查2%	2
2△	井(板)长度	不小于设计要求	查施工记录	3
3	竖直度(%)	1.5	查施工记录	2
4	砂井直径(mm)	+10,-0	挖验2%	1
5	灌砂量(%)	-5	查施工记录	2

碎石桩(砂桩)实测项目 表8-6

项次	检查项目	规定值或允许偏差	检查方法和频率	权值
1	桩距(mm)	±150	抽查2%	1
2	桩径(mm)	不小于设计要求	抽查2%	2
3△	桩长(m)	不小于设计要求	查施工记录	3
4	竖直度(%)	1.5	查施工记录	2
5	灌石(砂)量	不小于设计要求	查施工记录	2

粉喷桩实测项目 表8-7

项次	检查项目	规定值或允许偏差	检查方法和频率	权值
1	桩距(mm)	±100	抽查2%	1
2	桩径(mm)	不小于设计要求	抽查2%	2
3△	桩长(m)	不小于设计要求	查施工记录	3
4	竖直度(%)	1.5	查施工记录	1
5	单桩喷粉量	符合设计要求	查施工记录	3
6	强渡(kPa)	不小于设计要求	抽查5%	3

(三)外观鉴定

砂垫层表面坑洼不平时,每处减1~2分。

五、土工合成材料处治层

(一)基本要求

(1)土工合成材料质量应符合设计要求,无老化,外观无破损,无污染。

(2)土工合成材料应紧贴下承层,按设计和施工要求铺设、张拉、固定。

(3)土工合成材料的接缝搭接、粘结强度和长度应符合设计要求,上、下层土工合成材料搭接缝应交替错开。

(二)实测项目

加筋工程土工合成材料、隔离工程土工合成材料、过滤排水工程土工合成材料、防裂工程土工合成材料的实测项目见表8-8~表8-11。

(三)外观鉴定

(1)土工合成材料重叠、皱折不平顺,每处减1~2分。

(2)土工合成材料固定处松动,每处减1~2分。

加筋工程土工合成材料实测项目 表8-8

项次	检查项目	规定值或允许偏差	检查方法和频率	权值
1	下承层平整度、拱度	符合设计、施工要求	每200m检查4处	1
2	搭接宽度(mm)	+50,-0	抽查2%	2
3	搭接缝错开距离(mm)	符合设计、施工要求	抽查2%	2
4	锚固长度(mm)	符合设计、施工要求	抽查2%	3

隔离工程土工合成材料实测项目 表8-9

项次	检查项目	规定值或允许偏差	检查方法和频率	权值
1	下承层平整度、拱度	符合设计、施工要求	每200m检查4处	1
2	搭接宽度(mm)	+50,-0	抽查2%	2
3	搭接缝错开距离(mm)	符合设计、施工要求	抽查2%	2
4	搭接处透水点	不多于1个	每缝	3

过滤排水工程土工合成材料实测项目 表8-10

项次	检查项目	规定值或允许偏差	检查方法和频率	权值
1	下承层平整度、拱度	符合设计、施工要求	每200m检查4处	1
2	搭接宽度(mm)	+50,-0	抽查2%	3
3	搭接缝错开距离(mm)	符合设计、施工要求	抽查2%	3

防裂工程土工合成材料实测项目 表8-11

项次	检查项目	规定值或允许偏差	检查方法和频率	权值
1	下承层平整度、拱度	符合设计、施工要求	每200m检查4处	1
2	搭接宽度(mm)	≥50(横向)	抽查2%	3
3	粘结力(N)	≥20	抽查2%	3

第三节 排水工程的质量评定

一、一般规定

(1)排水工程应按设计要求及施工规范的要求施工,依照实际地形,选择合适的位置,将地面水和地下水排出路基以外。

(2)本节土沟和浆砌排水沟包括边沟、截水沟、排水沟等。

(3)跌水、急流槽、水簸箕等其他排水工程可按照本节浆砌排水沟的标准进行评定。

(4)路面拦水带纳入路缘石分项工程,排水基层可按照第九章的标准进行评定。

(5)沟槽回填土应符合设计要求及施工规范的规定。

(6)排水泵站明开挖基础可按照砌体或混凝土浇筑标准进行评定。

(7)钢筋混凝土构件包含钢筋加工及安装分项工程,预应力混凝土构件包括预应力钢筋的加工和张拉分项工程。

二、管节预制

(一)基本要求

(1)所用的水泥、砂、石、水、外加剂和掺和料的质量和规格应符合有关规范的要求,按规定的配合比施工。

(2)混凝土应符合耐久性(抗冻、抗渗、抗侵蚀)等设计要求。

(3)不得出现露筋和空洞现象。

(二)实测项目

管节预制实测项目见表 8-12。

管节预制实测项目 表 8-12

项次	检查项目	规定值或允许偏差	检查方法和频率	权值
1△	混凝土强度(MPa)	在合格标准内	按第九章水泥混凝土抗压强度评定检查	3
2	内径(mm)	不小于设计要求	尺量:2个断面	2
3	壁厚(mm)	不小于设计壁厚-3	尺量:2个断面	2
4	顺直度	矢度不大于0.2%管节长	沿管节拉线量,取最大矢高	1
5	长度(mm)	+5,-0	尺量	1

(三)外观鉴定

(1)管节表面蜂窝、麻面面积不得超过该面面积的1%。不符合要求时,每超过1%减3分;深度超过10mm的必须处理。

(2)管节混凝土表面平整。不符合要求时减1~2分。

三、管道基础及管节安装

(一)基本要求

(1)管材必须逐节检查,不得有裂缝、破损。

(2)基础混凝土强度达到5MPa以上时,方可进行管节铺设。

(3)管节铺设应平顺、稳固,管底坡度不得出现反坡,管节接头处流水面高差不得大于5mm。管内不得有泥土、砖石、砂浆等杂物。

(4)管道内的管口缝,当管径大于750mm时,应在管内作整圈勾缝。

(5)管口内缝砂浆平整密实,不得有裂缝、空鼓现象。

(6)抹带前,管口必须洗刷干净,管口表面应平整密实,无裂缝现象。抹带后应及时覆盖养生。

(7)设计中要求防渗漏的排水管须做渗漏试验,渗漏量应符合要求。

(二)实测项目

管道基础及管节安装实测项目见表 8-13。

(三)外观鉴定

(1)管道基础混凝土表面平整密实,侧面蜂窝不得超过该表面积的1%,深度不超过10mm。不符合要求时,减1~3分。

(2)管节铺设直顺,管口缝带圈平整密实,无开裂脱皮现象。不符合要求时,每处减1~2分。

(3)抹带接口表面应密实光洁,不得有间断和裂缝、空鼓。不符合要求时,每处减1~2分。

管道基础及管节安装实测项目 表8-13

项次	检查项目		规定值或允许偏差	检查方法和频率	权值
1	混凝土抗压强度或砂浆强度(MPa)		在合格标准内	按第九章水泥混凝土抗压强度评定、水泥砂浆强度评定检查	3
2	管轴线偏位(mm)		15	经纬仪或拉线:每两井间测3处	2
3	管内底高程(mm)		±10	水准仪:每两井间测2处	2
4	基础厚度(mm)		不小于设计要求	尺量:每两井间测3处	1
5	管座	肩宽(mm)	+10,-5	尺量、挂边线:每两井间测2处	1
		肩高(mm)	±10		
6	抹带	宽度	不小于设计要求	尺量:按10%抽查	2
		厚度	不小于设计要求		

四、检查(雨水)井砌筑

(一)基本要求

(1)井基混凝土强度达到5MPa时,方可砌筑井体。

(2)砌筑砂浆配合比准确,井壁砂浆饱满,灰缝平整。圆形检查井内壁应圆顺,抹面密实光洁,踏步安装牢固。

(3)井框、井盖安装必须平稳,井口周围不得有积水。

(二)实测项目

检查(雨水)井砌筑实测项目见表8-14。

检查(雨水)井砌筑实测项目 表8-14

项次	检查项目	规定值或允许偏差		检查方法和频率	权值
1△	砂浆强度(MPa)	在合格标准内		按水泥砂浆强度评定检查	3
2	轴线偏位(mm)	50		经纬仪:每个检查井检查	1
3	圆井直径或方井长、宽(mm)	±20		尺量:每个检查井检查	1
4	井底高程(mm)	±15		水准仪:每个检查井检查	1
5	井盖与相邻路面高程(mm)	雨水井	+0,-4	水准仪、水平尺:每个检查井检查	2
		检查井	+4,-0		

(三)外观鉴定

(1)井内砂浆抹面无裂缝。不符合要求时,减1~2分。

(2)井内平整圆滑，收分均匀。不符合要求时，减1~2分。

五、土沟

(一)基本要求

(1)土沟边坡必须平整、坚实、稳定，严禁贴坡。

(2)沟底应平顺整齐，不得有松散土和其他杂物，排水畅通。

(二)实测项目

土沟实测项目见表8-15。

土沟实测项目 表8-15

项次	检查项目	规定值或允许偏差	检查方法和频率	权值
1	沟底高程(mm)	+0，-30	水准仪：每200m测4处	2
2	断面尺寸(mm)	不小于设计要求	尺量：每200m测2处	2
3	边坡坡度	不陡于设计要求	尺量：每200m测2处	1
4	边棱直顺度(mm)	50	尺量：20m拉线，每200m测2处	1

(三)外观鉴定

沟底无明显凹凸不平或阻水现象。不符合要求时，每处减1~2分。

六、浆砌排水沟

(一)基本要求

(1)砌体砂浆配合比准确，砌缝内砂浆均匀饱满，勾缝密实。

(2)浆砌片(块)石、混凝土预制块的质量和规格应符合设计要求。

(3)基础中缩缝应与墙身缩缝对齐。

(4)砌体抹面应平整、压光、直顺、不得有裂缝、空鼓现象。

(二)实测项目

浆砌排水沟实测项目见表8-16。

浆砌排水沟实测项目 表8-16

项次	检查项目	规定值或允许偏差	检查方法和频率	权值
1△	砂浆强度(MPa)	在合格标准内	按水泥砂浆强度评定检查	3
2	轴线偏位(mm)	50	经纬仪或尺量：每200m测5处	1
3	沟底高程(mm)	±15	水准仪：每200m测5点	2
4	墙面直顺度(mm)或坡度	30或符合设计要求	20m拉线、坡度尺：每200m测2处	1
5	断面尺寸(mm)	±30	尺量：每200m测2处	2
6	铺砌厚度(mm)	不小于设计要求	尺量：每200m测2处	1
7	基础垫层宽、厚(mm)	不小于设计要求	尺量：每200m测2处	1

(三)外观鉴定

(1)砌体内侧及沟底应平顺。不符合要求时，减1~2分。

(2)沟底不得有杂物。不符合要求时，减1~2分。

七、盲沟

(一)基本要求

(1)盲沟的设置及材料的质量和规格应符合设计要求和施工规范规定。

(2)反滤层应用筛选过的中砂、粗砂、砾石等渗水性材料分层填筑。

(3)排水层应采用石质坚硬的较大粒料填筑,以保证排水孔隙度。

(二)实测项目

盲沟实测项目见表 8-17。

盲沟实测项目 表 8-17

项次	检查项目	规定值或允许偏差	检查方法和频率	权值
1	沟底高程(mm)	±15	水准仪:每 10~20m 测 1 处	1
2	断面尺寸(mm)	不小于设计要求	尺量:每 20m 测 1 处	1

(三)外观鉴定

(1)反滤层应层次分明。不符合要求时,减 1~2 分。

(2)进、出水口应排水通畅。不符合要求时,减 1~2 分。

八、排水泵站

(一)基本要求

(1)地基应具有足够的承载能力,不应扰动基底土壤。

(2)井壁混凝土应密实,混凝土强度达到合格标准后方可进行下沉。

(3)沉井下沉过程中,应随时注意正位,发现偏位及倾斜时须及时纠正。

(4)沉井封底应密实不漏水。

(5)水泵、管及管件应安装牢固,位置正确。

(二)实测项目

排水泵站(沉井)实测项目见表 8-18。

排水泵站(沉井)实测项目 表 8-18

项次	检查项目	规定值或允许偏差	检查方法和频率	权值
1△	混凝土强度(MPa)	在合格标准内	按水泥混凝土抗压强度评定检查	2
2	轴线平面偏位(mm)	1%井深	经纬仪:纵、横向各 2 处	1
3	垂直度(mm)	1%井深	用垂线检查:纵、横向各 1 处	1
4	底板高程(mm)	±50	水准仪:测 4 处	2

(三)外观鉴定

泵站轮廓线条清晰,表面平整。不符合要求时,减 1~2 分。

第四节　防护加固工程的质量评定

一、一般规定

本节包括挡土墙、防护及其他砌筑工程。

(1)对砌体挡土墙,当平均墙高小于6m或墙身面积小于1200m²时,每处可作为分项工程进行评定;当平均墙高达到或超过6m且墙身面积不小于1200m²时,为大型挡土墙,每处应作为分部工程进行评定。

(2)悬臂式和扶壁式挡土墙,桩板式、锚杆、锚碇板和加筋土挡土墙应作为分部工程进行评定。

(3)丁坝、护岸可参照挡土墙的标准进行评定。

(4)本节砌石工程可用于本节未列出名称的其他砌石构造物的评定。

(5)钢筋混凝土结构或构件均应包含钢筋加工及安装分项工程,其评定方法和标准见《公路工程质量检验评定标准》第一册土建工程8.3节

二、砌体挡土墙

(一)基本要求

(1)石料或混凝土预制块的质量和规格应符合有关规范和设计要求。

(2)砂浆所用的水泥、砂、水的质量应符合有关规范的要求,按规定的配合比施工。

(3)地基承载力必须满足设计要求。

(4)砌筑应分层错缝。浆砌时坐浆挤紧,嵌填饱满密实,不得有空洞;干砌时不得松动、叠砌和浮塞。

(5)沉降缝、泄水孔、反滤层的设置位置、质量和数量应符合设计要求。

(二)实测项目

砌体挡土墙和干砌挡土墙实测项目见表8-19和表8-20。

砌体挡土墙实测项目 表8-19

项次	检查项目		规定值或允许偏差	检查方法和频率	权值
1△	砂浆强度(MPa)		在合格标准内	按水泥砂浆强度评定检查	3
2	平面位置(mm)		50	经纬仪:每20m检查墙顶外边线3点	1
3	顶面高程(mm)		±20	水准仪:每20m检查1点	1
4	竖直度或坡度(mm)		0.5	吊垂线:每20m检查2点	1
5△	断面尺寸(mm)		不小于设计要求	尺量:每20m量2个断面	3
6	底面高程(mm)		±50	水准仪:每20m检查1点	1
7	表面平整度(mm)	块石	20	2m直尺:每20m检查3处,每处检查竖直和墙长两个方向	1
		片石	30		
		混凝土块、料石	10		

干砌挡土墙实测项目 表8-20

项次	检查项目	规定值或允许偏差	检查方法和频率	权值
1	平面位置(mm)	50	经纬仪:每20m检查3点	2
2	顶面高程(mm)	±30	水准仪:每20m测3点	2
3	竖直度或坡度(mm)	0.5	尺量:每20m吊垂线检查3点	1
4△	断面尺寸(mm)	不小于设计要求	尺量:每20m检查2处	2
5	底面高程(mm)	±50	水准仪:每20m测1点	2
6	表面平整度(mm)	50	2m直尺:每20m检查3处,每处检查竖直和墙长两个方向	1

(三)外观鉴定

(1)砌体表面平整,砌缝完好、无开裂现象,勾缝平顺、无脱落现象。不符合要求时减1~3分。

(2)泄水孔坡度向外,无堵塞现象。不符合要求时必须进行处理,并减1~3分。

(3)沉降缝整齐垂直,上下贯通。不符合要求时必须进行处理,并减1~3分。

三、悬臂式和扶臂式挡土墙

(一)基本要求

(1)混凝土所用的水泥、石、砂、水和外掺剂的质量和规格应符合有关规范的要求,按规定的配合比施工。

(2)地基强度必须满足设计要求。

(3)不得有露筋和空洞现象。

(4)沉降缝、泄水孔的设置位置、质量和数量应符合设计要求。

(二)实测项目

悬臂式和扶臂式挡土墙实测项目见表8-21。

悬臂式和扶臂式挡土墙实测项目 表8-21

项次	检查项目	规定值或允许偏差	检查方法和频率	权值
1△	混凝土强度(MPa)	在合格标准内	按水泥混凝土抗压强度评定检查	3
2	平面位置(mm)	30	经纬仪:每20m检查3点	1
3	顶面高程(mm)	±20	水准仪:每20m检查1点	1
4	竖直度或坡度(mm)	0.3	吊垂线:每20m检查2点	1
5△	断面尺寸(mm)	不小于设计要求	尺量:每20m检查2个断面,抽查扶臂2个	2
6	底面高程(mm)	±30	水准仪:每20m检查1点	1
7	表面平整度(mm)	5	2m直尺:每20m检查2处,每处检查竖直和墙长两个方向	1

(三)外观鉴定

(1)混凝土施工缝平顺。不符合要求时减1~2分。

(2)蜂窝、麻面面积不得超过该面面积的0.5%。不符合要求时,每超过0.5%减3分;深度超过10mm的必须处理。

(3)混凝土表面出现非受力裂缝,减1~3分。裂缝宽度超过设计规定或设计未规定时,超过0.15mm必须处理。

(4)泄水孔坡度向外,无堵塞现象。不符合要求时必须进行处理,并减1~3分。

(5)沉降缝整齐垂直,上下贯通。不符合要求时应进行处理,并减1~3分。

四、锚杆、锚碇板和加筋土挡土墙

(一)基本要求

(1)混凝土所用的水泥、砂、石、水和外掺剂的质量和规格必须符合有关规范的要求,按规定的配合比施工。

(2)地基强度必须满足设计要求。

(3)锚杆、拉杆或筋带的质量和规格,必须满足设计和有关规范的要求,根数不得少于设计数量。

(4)筋带须理顺,放平拉直,拉筋与面板、筋带与筋带连接牢固。

(5)混凝土不得出现露筋和空洞现象。

(二)实测项目

基础和肋柱预制分别按《规范》第 8.5、8.12 节有关规定检查,其他实测项目见表 8-22 ~ 表 8-26。

筋带实测项目 表 8-22

项次	检查项目	规定值或允许偏差	检查方法和频率	权值
1	筋带长度	不小于设计要求	尺量:每 20m 检查 5 根(速)	2
2	筋带与面板连接	符合设计要求	目测:每 20m 检查 5 处	2
3	筋带与筋带连接	符合设计要求	目测:每 20m 检查 5 处	2
4	筋带铺设	符合设计要求	目测:每 20m 检查 5 处	1

锚杆、拉杆实测项目 表 8-23

项次	检查项目	规定值或允许偏差	检查方法和频率	权值
1	锚杆、拉杆长度	符合设计要求	尺量:每 20m 检查 5 根	2
2	锚杆、拉杆间距(mm)	±20	尺量:每 20m 检查 5 根	1
3	锚杆、拉杆与面板连接	符合设计要求	目测:每 20m 检查 5 处	2
4	锚杆、拉杆防护	符合设计要求	目测:每 20m 检查 10 处	2
5△	锚杆抗拔力	抗拔力平均值≥设计值,最小抗拔力≥0.9 设计值	拔力实验:锚杆数 1%,且不少于 3 根	3

面板预制实测项目 表 8-24

项次	检查项目	规定值或允许偏差	检查方法和频率	权值
1△	混凝土强度(MPa)	在合格标准内	按水泥混凝土抗压强度评定检查	3
2	边长(mm)	±5 或 0.5%边长	尺量:长宽各量 1 次,每批抽查 10%	2
3	两对角线差(mm)	10 或 0.7%最大对角线长	尺量:每批抽查 10%	1
4△	厚度(mm)	+5,-3	尺量:检查 2 处,每批抽查 10%	2
5	表面平整度(mm)	4 或 0.3%边长	2m 直尺:长、宽方向各测 1 次,每批抽查 10%	1
6	预埋件位置(mm)	5	尺量:检查每件,每批抽查 10%	1

面板安装实测项目 表 8-25

项次	检查项目	规定值或允许偏差	检查方法和频率	权值
1	每层面板高程(mm)	±10	水准仪:每 20m 抽查 3 组板	1
2	轴线偏位(mm)	10	挂线、尺量:每 20m 量 3 处	2
3	面板竖直度或坡度	+0,-0.5%	吊垂线或坡度板:每 20m 检查 3 处	1
4	相邻面板错台(mm)	5	尺量:每 20m 检查面板交界处查 3 处	1

注:面板安装以同层相邻两板为一组。

锚杆、锚碇板和加筋土挡土墙总体实测项目

表 8-26

项次	检查项目		规定值或允许偏差	检查方法和频率	权值
1	墙顶和肋柱平面位置(mm)	路堤式	+50, -100	经纬仪:每 20m 检查 3 处	2
		路肩式	±50		
2	墙顶和柱顶高程(mm)	路堤式	±50	水准仪:每 20m 测 3 点	2
		路肩式	±30		
3	肋柱间距(mm)		±15	尺量:每柱间	1
4	墙面倾斜度(mm)		+0.5% H 且不大于 +50, -1% H 且不小于 -100	吊垂线或坡度板:每 20m 测 2 处	2
5	面板缝宽(mm)		10	尺量:每 20m 至少检查 5 条	1
6	墙面平整度(mm)		15	2m 直尺:每 20m 测 3 处,每处检查竖直和墙长两个方向	1

注:1. 平面位置和倾斜度"+"指向外,"-"指向内。

2. H 为墙高。

(三)外观鉴定

(1)预制面板表面平整光洁,线条顺直美观,不得有破损翘曲、掉角、啃边等现象。不符合要求时减 1~2 分。

(2)蜂窝、麻面面积不得超过该面面积的 0.5%。不符合要求时,每超过 0.5%减 2 分;深度超过 10mm 的必须处理。

(3)混凝土表面出现非受力裂缝减 1~3 分。裂缝宽度超过设计规定或设计未规定时超过 0.15mm 必须处理。

(4)墙面直顺,线型顺适,板缝均匀,伸缩缝贯通垂直。不符合要求时减 1~3 分。

(5)露在面板外的锚头应封闭密实、牢固,整齐美观。不符合要求时减 1~5 分。

五、墙背填土

(一)基本要求

(1)墙背填土应采用透水性材料或设计规定的填料,严禁采用膨胀土、高液限粘土、腐殖土、盐渍土、淤泥和冻土块等不良填料。填料中不应含有机物、冰块、草皮、树根等杂物或生活垃圾。

(2)墙背填土必须和挖方路基、填方路基有效搭接,纵向接缝必须设台阶。

(3)必须分层填筑压实,每层表面平整,路拱合适。

(4)墙身强度达到设计强度 75%以上时方可开始填土。

(二)实测项目

距面板 1m 范围以内压实度实测项目见表 8-27,其他部分填土和其他类型挡土墙填土的压实度要求均与路基相同。

锚杆、锚碇板和加筋土挡土墙墙背填土实测项目

表 8-27

项次	检查项目	规定值或允许偏差	检查方法和频率	权值
1△	距面板 1m 范围以内压实度(%)	90	按路基、路面压实度评定检查,每 100m 每压实层测 1 处,并不得少于 1 处	1

(三)外观鉴定

(1)填土表面应平整,边线直顺。不符合要求时减1~3分。

(2)边坡坡面平顺稳定,不得亏坡,曲线圆滑。不符合要求时减1~3分。

六、抗滑桩

(一)基本要求

(1)混凝土所用的水泥、砂、石、水和外掺剂的质量和规格,必须符合设计和有关规范的要求,按规定的配合比施工。

(2)施工中应核对滑动面位置,如图纸与实际位置有出入,应变更抗滑桩的深度。

(3)做好桩区地面截、排水及防渗设施,孔口地面上应加筑适当高度的围埂。

(二)实测项目

抗滑桩实测项目见表8-28。

抗滑桩实测项目 表8-28

项次	检查项目		规定值或允许偏差	检查方法和频率	权值
1△	混凝土强度(MPa)		在合格标准内	按水泥混凝土抗压强度评定检查	3
2△	桩长(m)		不小于设计要求	测绳量:每桩测量	2
3△	孔径或截面尺寸(mm)		不小于设计要求	探孔器:每桩测量	2
4	桩位(mm)		100	经纬仪:每桩测量	1
5	竖直度(mm)	钻孔桩	1%桩长,且不大于500	测壁仪或吊垂线:每桩检查	1
		挖孔桩	0.5%桩长,且不大于200	吊垂线:每桩测量	
6	钢筋骨架底面高程(mm)		±50	水准仪:测每桩骨架顶面高程后反算	1

七、挖方边坡锚喷防护

(一)基本要求

(1)锚杆、钢筋和土工格栅的强度、数量、质量和规格,必须符合设计和有关规范的要求。

(2)混凝土及砂浆所用的水泥、砂、石、水和外掺剂,必须符合有关规范的要求,按规定的配合比施工。

(3)边坡坡度、坡面应符合设计要求。岩面应无风化、无浮石,喷射前应用水冲洗干净。

(4)钢筋应清除污锈,钢筋网与锚杆或其他锚固装置连接牢固,喷射时钢筋不得晃动。

(5)锚杆插入锚孔深度不得小于设计长度的95%,孔内砂浆应密实、饱满。

(6)喷射前应做好排水设施,对漏水的空洞、缝隙应采用堵水等措施,确保支护质量。

(7)钢筋、土工格栅或锚杆不得外露,混凝土不得开裂脱落。

(8)有关预应力锚索的基本要求见《标准》第8.3.2条1,锚索非锚固段套管安装位置必须符合设计要求。

(二)实测项目

锚喷防护实测项目见表8-29。

锚喷防护实测项目

表 8-29

项次	检查项目	规定值或允许偏差	检查方法和频率	权值
1△	混凝土强度(MPa)	在合格标准内	按喷射混凝土抗压强度评定检查	3
2△	砂浆强度(MPa)	在合格标准内	按水泥砂浆强度评定检查	3
3	锚孔深度(mm)	不小于设计要求	尺量:抽查 10%	1
4	锚杆(索)间距(mm)	±100	尺量:抽查 10%	1
5△	锚杆拔力(kN)	拔力平均值≥设计值,最小拔力≥0.9 设计值	拔力实验:锚杆数 1%,且不少于 3 根	3
6	喷层厚度(mm)	平均厚度≥设计厚度;60% 检查点的厚度≥设计厚度;最小厚度≥0.5 设计厚度,且不小于设计规定	尺量(凿孔)或雷达断面仪:每 10m 检查 1 个断面,每 3m 检查 1 点	2
7△	锚索张拉应力(MPa)	符合设计要求	油压表:每索由读数反算	3
8	张拉伸长率(%)	符合设计规定;设计未规定时采用 ±6	尺量:每索	2
9	断丝、滑丝数	每束 1 根,且每断面不超过钢丝总数的 1%	目测:逐根(束)检查	2

注:实际工程中未涉及的项目不参与评定。

(三)外观鉴定

混凝土表面密实,不得有突变;与原表面结合紧密,不应起鼓。不符合要求时减 1~3 分。

八、锥、护坡

(一)基本要求

(1)石料的质量和规格应符合有关规定。砂浆所用的水泥、砂、水的质量应符合有关规范的要求,按规定的配合比施工。

(2)锥、护坡基础埋置深度及地基承载力应符合设计要求。

(3)砌体应咬扣紧密,嵌缝饱满密实。

(4)锥、护坡填土密实度应达到设计要求,对坡面刷坡整平后方可铺砌。

(二)实测项目

锥、护坡实测项目见表 8-30。

锥、护坡实测项目

表 8-30

项次	检查项目	规定值或允许偏差	检查方法和频率	权值
1△	砂浆强度(MPa)	在合格标准内	按水泥砂浆强度评定检查	3
2	顶面高程(mm)	±50	水准仪:每 50m 检查 3 点,不足 50m 时至少 2 点	1
3	表面平整度(mm)	30	2m 直尺:锥坡检查 3 处,护坡每 50m 检查 3 处	1
4	坡度	不陡于设计要求	坡度尺量:每 50m 量 3 处	1
5△	厚度(mm)	不小于设计要求	尺量:每 100m 检查 3 处	2
6	底面高程(mm)	±50	水准仪:每 50m 检查 3 点	1

(三)外观鉴定

(1)表面平整,无垂直通缝。不符合要求时减 1~3 分。

(2)勾缝平顺,无脱落现象。不符合要求时减 1~3 分。

九、砌石工程

(一)基本要求

(1)石料的质量和规格及砂浆所用材料的质量和规格应符合设计要求,按规定的配合比施工。

(2)砌块应错缝砌筑、相互咬紧;浆砌时砌块应坐浆挤紧,嵌缝后砂浆饱满,无空洞现象;干砌时不松动、无叠砌和浮塞。

(二)实测项目

浆砌砌体和干浆片石实测项目见表 8-31 和表 8-32。

浆砌砌体实测项目 表 8-31

项次	检查项目		规定值或允许偏差	检查方法和频率	权值
1△	砂浆强度(MPa)		在合格标准内	按水泥砂浆强度评定检查	3
2	顶面高程(mm)	料、块石	±15	水准仪:每 20m 检查 3 点	1
		片石	±20		
3	竖直度或坡度	料、块石	0.3%	吊垂线:每 20m 检查 3 点	2
		片石	0.5%		
4△	断面尺寸(mm)	料石	±20	尺量:每 20m 检查 2 处	2
		块石	±30		
		片石	±50		
5	表面平整度(mm)	料石	10	2m 直尺:每 20m 检查 5 处×3 尺	2
		块石	20		
		片石	30		

干砌片石实测项目 表 8-32

项次	检查项目	规定值或允许偏差	检查方法和频率	权值
1	顶面高程(mm)	±30	水准仪:每 20m 测 3 点	1
2	外形尺寸(mm)	±100	尺量:每 20m 或自然段,长宽各 3 处	2
3△	厚度(mm)	±50	尺量:每 20m 检查 3 处	3
4	表面平整度(mm)	50	2m 直尺:每 20m 检查 5 处×3 尺	2

(三)外观鉴定

(1)砌体边缘直顺,外露表面平整。不符合要求时减 1~3 分。

(2)勾缝平顺,缝宽均匀,无脱落现象。不符合要求时减 1~3 分。

本章小结

考虑建设任务、施工管理和质量控制需要,建设项目划分为单位工程、分部工程、分项工程三级。单位工程分为路基工程、路面工程,桥梁工程(大、中桥)、互通立交工程、隧道工程和交通安全设施等六类。在单位工程中，按结构部位、路段长度及施工特点或施工任务划分若干个分部工程。

在分部工程中，按不同的施工方法、材料、工序及路段长度等划分若干个分项工程。

施工单位应按此种工程划分进行质量自检和资料汇总，质量监督部门按照此种工程划分逐级进行工程质量等级评定。

路基工程包括的路基本体、排水构造物和防护支挡工程三大部分。每一部分检测与评定都应按一般要求、实测项目、外观鉴定这三项进行。

复习思考题

1. 建设项目工程质量等级是如何评定的？
2. 土方路基、石方路基施工质量检查项目有何不同？
3. 分项工程质量检验中为什么要首先检查是否满足基本要求？

第九章　路面工程质量评定

【本章学习要点】　路面工程质量管理的内容是很丰富的，各等级道路路面的质量要求很高，其质量管理工作包括设计、施工过程中的质量管理和检查验收，其中要进行材料试验、铺筑试验路段等一系列工作。为了保证这些工作的质量，必须建立、健全工地试验、质量检查及工序间的交接验收等各项制度。真正做到试验和检验记录齐全，数据真实可靠。本章主要讲述路基路面各项指标的评定方法，各类基层、底基层的质量评定及沥青路面、水泥混凝土面层、路缘石铺设和路肩质量评定。

第一节　路面工程质量的基本要求和检测内容

一、路面工程质量评定与检测的特点

路面工程和路基工程一样，都是道路工程的单位工程。

路面是在路基建成后铺筑的，路面质量的评定与检测通常是道路竣工验收工作的一部分。因此，路面的质量水平就是道路质量的最终体现，既表现道路的外观状态，又包含了它的内在质量。

由于交通量大小的不同，可能取得的材料来源不同，路面所采用的材料多种多样，形成了不同类型的结构，如中低级道路的砂石路面，高等级道路的水泥混凝土路面和沥青路面，目前普遍应用的各种稳定土结构等。不同类型路面的质量评定与检测内容有较大的差异，宽严要求也不一样。

由上述对质量的基本要求可见，由于路面受行车和外界条件的影响，尤其对高等级道路，其质量评定与检测要求高，项目多。

现代化道路路面的修筑，一般是机械化施工，部分路面材料已实行工厂化生产，路面施工质量的管理及其评定与检测工作趋向于更为严格、完善和规范化。

二、检验与评定的一般要求

路面工程的实测项目规定值或允许偏差按高速公路、一级公路和其他公路(指二级及以下公路)两档设定。对于在设计和合同文件中提高了技术要求的二级公路，其工程质量检验评定按设计和合同文件的要求进行，但不应高于高速公路、一级公路的检验评定标准。

路面工程实测项目规定的检查频率为双车道公路每一检查段内的检查频率(按 m^2 或 m^3 或工作班设定的检查频率除外)，多车道公路的路面各结构层均须按其车道数与双车道之比，相应增加检查数量。

各类基层和底基层压实度代表值(平均值的下置信界限)不得小于规定代表值，单点不得小于规定极值。小于规定代表值 2 个百分点的测点，应按其占总检查点数的百分率计算合格率。垫层的质量要求同相同材料的其他公路的底基层；联结层的质量要求同相应的基层或面层；中级路面的质量要求同相同材料的其他公路的基层。

路面表层平整度检查测定以自动或半自动的平整度仪为主，全线每车道连续测定按每100m输出结果计算合格率。采用3m直尺测定路面各结构层平整度时，以最大间隙作为指标，按尺数计算合格率。路面表层渗水系数宜在路面成型后立即测定。

路面各结构层厚度按代表值和单点合格值设定允许偏差。当代表值偏差超过规定值时，该分项工程评为不合格；当代表值偏差满足要求时，按单个检查值的偏差不超过单点合格值的测点数计算合格率。材料要求和配比控制列入各节基本要求，可通过检查施工单位、工程监理单位的资料进行评定。

(一)路基、路面压实度评定

路基和路面基层、底基层的压实度以重型击实标准为准，沥青层压实度以《沥青路面施工技术规范》的规定为准。

对于特殊干旱、潮湿地区或过湿土，以路基设计施工规范规定的压实度标准进行评定。

标准密度应作平行试验，求其平均值作为现场检验的标准值。对于均匀性差的路基土质和路面结构层材料，应根据实际情况增补标准密度试验，求得相应的标准值，以控制和检验施工质量。

路基、路面压实度以1~3km长的路段为检验评定单元，按本标准各有关章节要求的检测频率进行现场压实度抽样检查，求算每一测点的压实度 K_i。细粒土现场压实度检查可以采用灌砂法或环刀法；粗粒土及路面面层压实度检查可以采用灌砂法、水袋法或钻孔取样蜡封法。应用核子密度仪时，须经对比试验检验，确认其可靠性。

检验评定段的压实度代表值 K(算术平均值的下置信界限)为：

$$K = \overline{k} - \frac{t_a}{\sqrt{n}}S \geqslant K_0 \tag{9-1}$$

式中：$\overline{k}$——检验评定段内各测点压实度的平均值；

t_a——t 分布表中随测点和保证率(或置信度 a)而变的系数；t_a见表9-1采用的保证率：

高速公路、一级公路：基层、底基层为99%；路基、路面面层为95%；

其他公路：基层、底基层为95%；路基、路面面层为90%；

S——检测值的标准差；

n——检测点数；

K_0——压实度标准值。

路基、基层和底基层：$K \geqslant K_0$，且单点压实度 K_i 全部大于等于规定值减2个百分点时，评定路段的压实度合格率为100%；当 $K \geqslant K_0$，且单点压实度全部大于等于规定极值时，按测定值不低于规定值减2个百分点的测点数计算合格率。

$K < K_0$或某一单点压实度 K_i 小于规定极限值时，该评定路段压实度为不合格，相应分项工程评为不合格。

路堤施工段较短时，分层压实度应点点符合要求，且样本数不少于6个。

沥青面层：当 $K \geqslant K_0$且全部测点大于等于规定值减1个百分点时，评定路段的压实度合格率为100%；当 $K \geqslant K_0$时，按测定值不低于规定值减1个百分数点的测点数计算合格率。

$K < K_0$时，评定路段的压实度为不合格，相应分项工程评为不合格。

(二)水泥混凝土弯拉强度评定

(1)水泥混凝土弯拉强度试验方法应使用标准小梁法或钻芯劈裂法，试件使用标准方法制作，标准养生时间28d，按表9-1所列检查频率，高速公路和一级公路每工作班制作2~4组；日进度大于等于1000m取4组，大于等于500m取3组，小于500m取2组；其他公路每工作班制作1～3组；日进度大于等于1000m取3组，大于等于500m取2组，小于500m取1组。每组3个试件的平均值作为一个统计数据。

$t_a/\sqrt{n}$ 值　　表9-1

保证率 n	99%	95%	90%	保证率 n	99%	95%	90%
2	22.501	4.465	2.176	21	0.552	0.376	0.289
3	4.021	1.686	1.089	22	0.537	0.367	0.282
4	2.270	1.177	0.819	23	0.523	0.358	0.275
5	1.676	0.953	0.686	24	0.510	0.350	0.269
6	1.374	0.823	0.603	25	0.498	0.342	0.264
7	1.188	0.734	0.544	26	0.487	0.335	0.258
8	1.060	0.670	0.500	27	0.477	0.328	0.253
9	0.966	0.620	0.466	28	0.467	0.322	0.248
10	0.892	0.580	0.437	29	0.458	0.316	0.244
11	0.833	0.546	0.414	30	0.449	0.310	0.239
12	0.785	0.518	0.393	40	0.383	0.266	0.206
13	0.744	0.494	0.376	50	0.340	0.237	0.184
14	0.708	0.473	0.361	60	0.308	0.216	0.167
15	0.678	0.455	0.347	70	0.285	0.199	0.155
16	0.651	0.438	0.335	80	0.266	0.186	0.145
17	0.626	0.423	0.324	90	0.249	0.175	0.136
18	0.605	0.410	0.314	100	0.236	0.166	0.129
19	0.586	0.398	0.305	>100	$\frac{2.3265}{\sqrt{n}}$	$\frac{1.6449}{\sqrt{n}}$	$\frac{1.2815}{\sqrt{n}}$
20	0.568	0.387	0.297				

(2)水泥混凝土弯拉强度的合格标准：

①试件组数大于10组时，平均弯拉强度合格判断式为：

$$f_{cs} \geqslant f_r + K\sigma \tag{9-2}$$

式中：f_{cs}——水泥混凝土合格判定平均弯拉强度，MPa；

f_r——设计弯拉强度标准值，MPa；

K——合格判定系数(见表9-2)；

σ——强度标准差。

合格判定系数　　表9-2

试件组数 n	11～14	15～19	≥20
合格判定系数 K	0.75	0.70	0.65

当试件组数为 11～19 组时，允许有一组最小弯拉强度小于 $0.85 f_r$，但不得小于 $0.80 f_r$。当试件组数大于 20 组时，其他公路允许有一组最小弯拉强度小于 $0.85 f_r$，但不得小于 $0.75 f_r$；高速公路和一级公路均不得小于 $0.85 f_r$。

②试件组数等于或少于 10 组时，试件平均强度不得小于 $1.10 f_r$，任一组强度均不得小于 $0.85 f_r$。

(3)当标准小梁合格判定平均弯拉强度 f_{cs} 和最小弯拉强度 f_{min} 中有一个不符合上述要求时，应在不合格路段每公里每车道钻取 3 个以上 ϕ150mm 的芯样，实测劈裂强度，通过各自工程的经验统计公式换算弯拉强度，其合格判定平均弯拉强度 f_{cs} 和最小值 f_{min} 必须合格，否则，应返工重铺。

(4)实测项目中，水泥混凝土弯拉强度评为不合格时相应分项工程评为不合格。

(三)水泥混凝土抗压强度评定

(1)评定水泥混凝土的抗压强度，应以标准养生 28d 龄期的试件为准。试件为边长 150mm 的立方体。试件 3 个为 1 组，制取组数应符合下列规定：

①不同强度等级及不同配合比的水泥混凝土应在浇筑地点或拌和地点分别随机制取试件。

②浇筑一般体积的结构物(如基础、墩台等)时，每一单元结构物应制取 2 组。

③连续浇筑大体积结构时，每 80～200m³ 或每一工作班应制取 2 组。

④上部结构，主要构件长 16m 以下应制取 1 组，16～30m 制取 2 组，31～50m 制取 3 组，50m 以上者不少于 5 组。小型构件每批或每工作班至少应制取 2 组。

⑤每根钻孔桩至少应制取 2 组；桩长 20m 以上者不少于 3 组；桩径大、浇筑时间很长时，不少于 4 组。如换工作班时，每工作班应制取 2 组。

⑥构筑物(小桥涵、挡土墙)每座、每处或每工作班制取不少于 2 组。当原材料和配合比相同、并由同一拌和站拌制时，可几座或几处合并制取 2 组。

⑦应根据施工需要，另制取几组与结构物同条件养生的试件，作为拆模、吊装、张拉预应力、承受荷载等施工阶段的强度依据。

(2)水泥混凝土抗压强度的合格标准：

①试件≥10 组时，应以数理统计方法按下述条件评定：

$$R_n - K_1 S_n \geqslant 0.9 R \tag{9-3}$$

$$R_{min} \geqslant K_2 R \tag{9-4}$$

$$S_n = \sqrt{\frac{\sum R_i^2 - nR_n^2}{n-1}} \tag{9-5}$$

式中：n ——同批水泥混凝土试件组数；

R_n——同批 n 组试件强度的平均值，MPa；

S_n——同批 n 组试件强度的标准差，MPa，当 $S_n < 0.06 R$ 时，取 $S_n = 0.06 R$；

R——水泥混凝土设计强度等级，MPa；

R_i——第 i 组水泥混凝土的抗压强度，MPa；

R_{min}—— n 组试件中强度最低一组的值，MPa；

K_1, K_2——合格判定系数，见表 9-3。

K_1, K_2 的 值 表 9-3

n	10 ~ 14	15 ~ 24	≥25
K_1	1.70	1.65	1.60
K_2	0.9	0.85	

②试件少于 10 组时，可用非统计方法按下述条件进行评定：

$$R_n \geqslant 1.15R$$

$$R_{min} \geqslant 0.95R$$

(3)实测项目中，水泥混凝土抗压强度评为不合格时，其相应分项工程为不合格。

(四)水泥砂浆强度评定

(1)评定水泥砂浆的强度，应以标准养护 28d 的试件为准。试件为边长 70.7mm 的立方体。试件 6 个为 1 组，制取组数应符合下列规定：

①不同强度等级及不同配合比的水泥砂浆应分别制取试件，试件应随机制取，不得挑选。

②重要及主体砌筑物，每工作班制取 2 组。

③一般及次要砌筑物，每工作班可制取 1 组。

④拱圈砂浆应同时制取与砌体同条件养护试件，以检查各施工阶段强度。

(2)水泥砂浆强度的合格标准。同强度等级试件的平均强度不低于设计强度等级。任意一组试件的强度最低值不低于设计强度等级的 75%。

(3)实测项目中，水泥砂浆强度评为不合格时，其相应分项工程为不合格。

(五)喷射混凝土抗压强度评定

(1)喷射混凝土抗压强度系指在喷射混凝土板件上，切割制取边长为 100mm 的立方体试件，在标准养护条件下养生至 28d，用标准试验方法测得的极限抗压强度，乘以 0.95 的系数。

(2)双车道隧道每 10 延米，至少在拱脚部和边墙各取 1 组(3 个)试件。

其他工程，每喷射 50 ~ 100m^3 混合料或小于 50m^3 混合料的独立工程，不得少于 1 组。

材料或配合比变更时需重新制取试件。

(3)喷射混凝土强度的合格标准：

①同批试件组数 $n \geqslant 10$ 时。

试件抗压强度平均值不低于设计值；

任一组试件抗压强度不低于 0.85 设计值。

②同批试件组数 $n < 10$ 时。

试件抗压强度平均值不低于 1.05 设计值；

任一组试件抗压强度不低于 0.9 设计值。

(4)实测项目中，喷射混凝土抗压强度评为不合格时，其相应分项工程为不合格。

(六)半刚性基层和底基层材料强度评定

(1)半刚性基层和底基层材料强度，以规定温度下保湿养生 6d、浸水 1d 后的 7d 无侧限抗压强度为准。

(2)在现场按规定频率取样，按工地预定达到的压实度制备试件。每 2000m^2 或每工作班制备 1 组试件：不论稳定细粒土、中粒土或粗粒土，当多次偏差系数 $C_V \leqslant 10\%$ 时，可为 6 个试件；$C_V = 10\% \sim 15\%$ 时，可为 9 个试件；$C_V > 15\%$ 时，则需 13 个试件。

(3)试件的平均强度 $\overline{R}$ 应满足下式要求：

$$\overline{R} \geqslant R_d/(1 - Z_a C_V) \tag{9-6}$$

式中：R_d——设计抗压强度，MPa；

C_V——试验结果的偏差系数(以小数计)；

Z_a——标准正态分布表中随保证率而变的系数。高速公路、一级公路：保证率95%，$Z_a = 1.645$；其他公路：保证率90%，$Z_a = 1.282$。

(4)评定路段内半刚性材料强度为不合格时，其相应分项工程为不合格。

(七)路面结构层厚度评定

(1)评定路段内路面结构层厚度按代表值和单个合格值的允许偏差进行评定。

(2)按规定频率，采用挖验或钻取芯样测定厚度。

(3)厚度代表值为厚度的算术平均值的下置信界限值，即：

$$X_L = \overline{X} - \frac{t_a}{\sqrt{n}}S \tag{9-7}$$

式中：X_L——厚度代表值(算术平均值的下置信界限)；

$\overline{X}$——厚度平均值；

S——标准差；

n——检测点数；

t_a——t分布表中随测点和保证率(或置信度a)而变的系数，可查表9-1。

采用的保证率：高速公路、一级公路：基层、底基层为99%，面层为95%。

其他公路：基层、底基层为95%，面层为90%。

(4)当厚度代表值大于或等于设计厚度减去代表值允许偏差时，则按单个检查值的偏差不超过单点合格值来计算合格率；当厚度代表值小于设计厚度减去代表值允许偏差时，相应分项工程评为不合格。

代表值和单点合格值的允许偏差见以下各节实测项目表。

(5)沥青面层一般按沥青铺筑层总厚度进行评定，高速公路和一级公路分2~3层铺筑时，还应进行上面层厚度检查和评定。

(八)路基、柔性基层、沥青路面弯沉值评定

(1)弯沉值用贝克曼梁或自动弯沉仪测量。每一双车道评定路段(不超过1km)检查80~100个点，多车道公路必须按车道数与双车道之比，相应增加测点。

(2)弯沉代表值为弯沉测量值的上波动界限，用下式计算：

$$l_r = \overline{l} + Z_a S \tag{9-8}$$

式中：l_r——弯沉代表值，0.01mm；

$\overline{l}$——实测弯沉的平均值，0.01mm；

S——标准差；

Z_a——与要求保证率有关的系数，见表9-4。

Z_a 值 表9-4

层位	Z_a	
	高速公路、一级公路	二、三级公路
沥青面层	1.645	1.5
路基	2.0	1.645

(3)当路基和柔性基层、底基层的弯沉代表值不符合要求时,可将超出 $\overline{l} \pm (2 \sim 3)S$ 的弯沉特异值舍弃,重新计算平均值和标准差。对舍弃的弯沉值大于 $\overline{l} \pm (2 \sim 3)S$ 的点,应找出其周围界限,进行局部处理。

用两台弯沉仪同时进行左右轮弯沉值测定时,应按两个独立测点计,不能采用左右两点的平均值。

(4)弯沉代表值大于设计要求的弯沉值时,其相应分项工程为不合格。

(5)测定时的路表温度对沥青面层的弯沉值有明显影响,应进行温度修正。当沥青面层厚度小于或等于 5cm 时,或路表温度在 20±2℃范围内,可不进行温度修正。

若在不利季节测定时,应考虑季节影响系数。

(九)路面横向力系数评定

(1)评定路段内的路面横向力系数按 SFC 的设计或验收标准值进行评定。

(2) SFC 代表值为 SFC 算术平均值的下置信界限值,即:

$$SFC_r = \overline{SFC} - \frac{t_a}{\sqrt{n}}S \tag{9-9}$$

式中: SFC_r —— SFC 代表值;

$\overline{SFC}$—— SFC 平均值;

S——标准差;

n——检测点数;

t_a——t 分布表中随测点数和保证率(或置信度 a)而变的系数,可查表 9-1。采用的保证率:高速公路、一级公路为 95%;其他公路为 90%。

(3)当 SFC 代表值不小于设计或验收标准时,按单个 SFC 值计算合格率;当 SFC 代表值小于设计或标准值时,相应分项工程评为不合格。

第二节　块(碎)石结构层质量评定

一、填隙碎石(矿渣)基层和底基层

(一)基本要求

(1)粗粒料应为质坚、无杂质的轧制石料或分解稳定的轧制矿渣,填缝料为 5mm 以下的轧制细料或粗砂。

(2)应用振动压路机碾压,使填缝料填满粗粒料空隙。

(二)实测项目

填隙碎石(矿渣)基层和底基层实测项目见表 9-5。

(三)外观鉴定

表面平整坚实,边线整齐,无松散现象。不符合要求时,每处减 1~2 分。

二、级配碎(砾)石基层和底基层

(一)基本要求

(1)选用质地坚韧、无杂质碎石、砂砾、石屑或砂,级配应符合要求。

(2)配料必须准确,塑性指数必须符合规定。

填隙碎石(矿渣)基层和底基层实测项目 表 9-5

项次	检查项目		规定值或允许偏差				检查方法和频率	权值
			基层		底基层			
			高速公路一级公路	其他公路	高速公路一级公路	其他公路		
1△	固体体积率(%)	代表值	—	85	85	83	灌砂法:每 200m 每车道 2 处	3
		极值	—	82	82	80		
2	弯沉值(0.01mm)		符合设计要求		符合设计要求		按路基、柔性基层、沥青路面弯沉值评定检查	2
3	平整度(mm)		—	12	12	15	3m 直尺:每 200m 测 2 处×10 尺	2
4	纵断高程(mm)		—	+5,-15	+5,-15	+5,-20	水准仪:每 200m 测 4 断面	1
5	宽度(mm)		符合设计要求		符合设计要求		尺量:每 200m 测 4 处	1
6△	厚度(mm)	代表值	—	-10	-10	-12	按路面结构层厚度评定检查,每 200m 每车道 1 点	2
		合格值	—	-20	-25	-30		
7	横坡(%)		—	±0.5	±0.3	±0.5	水准仪:每 200m 测 4 断面	1

(3)混合料应拌和均匀,无明显离析现象。

(4)碾压应遵循先轻后重的原则,洒水碾压至要求的密实度。

(二)实测项目

级配碎(砾)石基层和底基层实测项目见表 9-6。

级配碎(砾)石基层和底基层实测项目 表 9-6

项次	检查项目		规定值或允许偏差				检查方法和频率	权值
			基层		底基层			
			高速公路一级公路	其他公路	高速公路一级公路	其他公路		
1△	压实度(%)	代表值	98	98	96	96	按路基、路面压实度评定检查,每 200m 每车道 2 处	3
		极值	94	94	92	92		
2	弯沉值(0.01mm)		符合设计要求		符合设计要求		按路基、柔性基层、沥青路面弯沉值评定检查	3
3	平整度(mm)		8	12	12	15	3m 直尺:每 200m 测 2 处×10 尺	2
4	纵断高程(mm)		+5,-10	+5,-15	+5,-15	+5,-20	水准仪:每 200m 测 4 个断面	1
5	宽度(mm)		符合设计要求		符合设计要求		尺量:每 200m 测 4 处	1
6△	厚度(mm)	代表值	-8	-10	-10	-12	按路面结构层厚度评定检查,每 200m 每车道 1 点	2
		合格值	-15	-20	-25	-30		
7	横坡(%)		±0.3	±0.5	±0.3	±0.5	水准仪:每 200m 测 4 断面	1

(三)外观鉴定

表面平整密实,边线整齐,无松散。不符合要求时,每处减 1~2 分。

第三节 路面基层与底基层的质量评定

一、石灰土基层和底基层

(一)基本要求

(1)土质应符合设计要求,土块应经粉碎。

(2)石灰质量应符合设计要求,石灰块须经充分消解才能使用。

(3)石灰和土的用量应按设计要求控制准确,未消解的生石灰块必须剔除。

(4)路拌深度要达到层底。

(5)混合料应处于最佳含水量状况下,用重型压路机碾压至要求的压实度。

(6)保湿养生,养生期要符合规范要求。

(二)实测项目

石灰土基层和底基层实测项目见表 9-7。

石灰土基层和底基层实测项目　表 9-7

项次	检查项目		规定值或允许偏差				检查方法和频率	权值
			基层		底基层			
			高速公路 一级公路	其他公路	高速公路 一级公路	其他公路		
1△	压实度(%)	代表值	—	95	95	93	按路基、路面压实度评定检查,每 200m 每车道 2 处	3
		极值	—	91	91	89		
2	平整度(mm)		—	12	12	15	3m 直尺:每 200m 测 2 处×10 尺	2
3	纵断高程(mm)		—	+5,-15	+5,-15	+5,-20	水准仪:每 200m 测 4 个断面	1
4	宽度(mm)		符合设计要求		符合设计要求		尺量:每 200m 测 4 处	1
5△	厚度(mm)	代表值	—	-10	-10	-12	按路面结构层厚度评定检查,每 200m 每车道 1 点	2
		合格值	—	-20	-25	-30		
6	横坡(%)		—	±0.5	±0.3	±0.5	水准仪:每 200m 测 4 个断面	1
7△	强度(MPa)		符合设计要求		符合设计要求		按半刚性基层和底基层材料强度评定检查	3

(三)外观鉴定

(1)表面平整密实、无坑洼。不符合要求时,每处减 1~2 分。

(2)施工接茬平整、稳定。不符合要求时,每处减 1~2 分。

二、石灰稳定粒料(碎石、砂砾或矿渣等)基层和底基层

(一)基本要求

(1)粒料应符合设计和施工规范要求,矿渣应分解稳定后才能使用。

(2)石灰质量应符合设计要求,石灰块须经充分消解才能使用。

(3)石灰的用量应按设计要求控制准确,未消解生石灰块必须剔除。

(4)路拌深度要达到层底。

(5)混合料应处于最佳含水量状况下,用重型压路机碾压至要求的压实度。

(6)保湿养生,养生期应符合规范要求。

(二)实测项目

石灰稳定粒料基层和底基层实测项目见表 9-8。

石灰稳定粒料基层和底基层实测项目 表 9-8

<table>
<tr><th rowspan="3">项次</th><th rowspan="3" colspan="2">检查项目</th><th colspan="4">规定值或允许偏差</th><th rowspan="3">检查方法和频率</th><th rowspan="3">权值</th></tr>
<tr><th colspan="2">基层</th><th colspan="2">底基层</th></tr>
<tr><th>高速公路
一级公路</th><th>其他公路</th><th>高速公路
一级公路</th><th>其他公路</th></tr>
<tr><td rowspan="2">1△</td><td rowspan="2">压实度(%)</td><td>代表值</td><td>—</td><td>97</td><td>96</td><td>95</td><td rowspan="2">按路基、路面压实度评定检查,每 200m 每车道 2 处</td><td rowspan="2">3</td></tr>
<tr><td>极值</td><td>—</td><td>93</td><td>92</td><td>91</td></tr>
<tr><td>2</td><td colspan="2">平整度(mm)</td><td>—</td><td>12</td><td>12</td><td>15</td><td>3m 直尺:每 200m 测 2 处×10 尺</td><td>2</td></tr>
<tr><td>3</td><td colspan="2">纵断高程(mm)</td><td>—</td><td>+5,-15</td><td>+5,-15</td><td>+5,-20</td><td>水准仪:每 200m 测 4 个断面</td><td>1</td></tr>
<tr><td>4</td><td colspan="2">宽度(mm)</td><td colspan="2">符合设计要求</td><td colspan="2">符合设计要求</td><td>尺量:每 200m 测 4 处</td><td>1</td></tr>
<tr><td rowspan="2">5△</td><td rowspan="2">厚度(mm)</td><td>代表值</td><td>—</td><td>-10</td><td>-10</td><td>-12</td><td rowspan="2">按路面结构层厚度评定检查,每 200m 每车道 1 点</td><td rowspan="2">2</td></tr>
<tr><td>合格值</td><td>—</td><td>-20</td><td>-25</td><td>-30</td></tr>
<tr><td>6</td><td colspan="2">横坡(%)</td><td>—</td><td>±0.5</td><td>±0.3</td><td>±0.5</td><td>水准仪:每 200m 测 4 个断面</td><td>1</td></tr>
<tr><td>7△</td><td colspan="2">强度(MPa)</td><td colspan="2">符合设计要求</td><td colspan="2">符合设计要求</td><td>按半刚性基层和底基层材料强度评定检查</td><td>3</td></tr>
</table>

(三)外观鉴定

(1)表面平整密实、无坑洼。不符合要求时,每处减 1~2 分。

(2)施工接茬平整、稳定。不符合要求时,每处减 1~2 分。

三、水泥土基层和底基层

(一)基本要求

(1)土质应符合设计要求,土块应经粉碎。

(2)水泥用量应按设计要求控制准确。

(3)路拌深度应达到层底。

(4)混合料应处于最佳含水量状况下,用重型压路机碾压至要求的压实度。从加水拌和到碾压终了的时间不应超过 3~4h,并应短于水泥的终凝时间。

(5)碾压检查合格后立即覆盖或洒水养生,养生期应符合规范要求。

(二)实测项目

水泥土基层和底基层实测项目见表9-9。

水泥土基层和底基层实测项目　　表9-9

项次	检查项目		规定值或允许偏差				检查方法和频率	权值
			基　层		底 基 层			
			高速公路一级公路	其他公路	高速公路一级公路	其他公路		
1△	压实度(%)	代表值	—	95	95	93	按路基、路面压实度评定检查,每200m每车道2处	3
		极值	—	91	91	89		
2	平整度(mm)		—	12	12	15	3m直尺:每200m测2处×10尺	2
3	纵断高程(mm)		—	+5,-15	+5,-15	+5,-20	水准仪:每200m测4个断面	1
4	宽度(mm)		符合设计要求		符合设计要求		尺量:每200m测4个断面	1
5△	厚度(mm)	代表值	—	-10	-10	-12	按路面结构层厚度评定检查,每200m每车道1点	2
		合格值	—	-20	-25	-30		
6	横坡(%)		—	±0.5	±0.3	±0.5	水准仪:每200m测4个断面	1
7△	强度(MPa)		符合设计要求		符合设计要求		按半刚性基层和底基层材料强度评定检查	3

(三)外观鉴定

(1)表面平整密实、无坑洼。不符合要求时,每处减1~2分。

(2)施工接茬平整、稳定。不符合要求时,每处减1~2分。

四、水泥稳定粒料(碎石、砂砾或矿渣等)基层和底基层

(一)基本要求

(1)粒料应符合设计和施工规范要求,并应根据当地料源选择质坚干净的粒料;矿渣应分解稳定,未分解渣块应予剔除。

(2)水泥用量和矿料级配应按设计控制准确。

(3)路拌深度应达到层底。

(4)摊铺时应注意消除离析现象。

(5)混合料应处于最佳含水量状况下,用重型压路机碾压至要求的压实度。从加水拌和到碾压终了的时间不应超过3~4h,并应短于水泥的终凝时间。

(6)碾压检查合格后立即覆盖或洒水养生,养生期要符合规范要求。

(二)实测项目

水泥稳定粒料基层和底基层实测项目见表9-10。

水泥稳定粒料基层和底基层实测项目　表 9-10

项次	检查项目		规定值或允许偏差				检查方法和频率	权值
			基层		底基层			
			高速公路 一级公路	其他公路	高速公路 一级公路	其他公路		
1△	压实度(%)	代表值	98	97	96	95	按路基、路面压实度评定检查,每 200m 每车道 2 处	3
		极值	94	93	92	91		
2	平整度(mm)		8	12	12	15	3m 直尺:每 200m 测 2 处×10 尺	2
3	纵断高程(mm)		+5,-10	+5,-15	+5,-15	+5,-20	水准仪:每 200m 测 4 个断面	1
4	宽度(mm)		符合设计要求		符合设计要求		尺量:每 200m 测 4 处	1
5△	厚度(mm)	代表值	-8	-10	-10	-12	按路面结构层厚度评定检查,每 200m 每车道 1 点	3
		合格值	-15	-20	-25	-30		
6	横坡(%)		±0.3	±0.5	±0.3	±0.5	水准仪:每 200m 测 4 个断面	1
7△	强度(MPa)		符合设计要求		符合设计要求		按半刚性基层和底基层材料强度评定检查	3

(三)外观鉴定

(1)表面平整密实、无坑洼、无明显离析。不符合要求时,每处减 1~2 分。

(2)施工接茬平整、稳定。不符合要求时,每处减 1~2 分。

五、石灰、粉煤灰土基层和底基层

(一)基本要求

(1)土质应符合设计要求,土块应经粉碎。

(2)石灰和粉煤灰质量应符合设计要求,石灰须经充分消解后才能使用。

(3)混合料配合比应准确,不得含有灰团和生石灰块。

(4)碾压时应先用轻型压路机稳压,后用重型压路机碾压至要求的压实度。

(5)保湿养生,养生期应符合规范要求。

(二)实测项目

石灰、粉煤灰土基层和底基层实测项目见表 9-11。

(三)外观鉴定

(1)表面平整密实、无坑洼。不符合要求时,每处减 1~2 分。

(2)施工接茬平整、稳定。不符合要求时,每处减 1~2 分。

六、石灰、粉煤灰稳定粒料(碎石、砂砾或矿渣等)基层和底基层

(一)基本要求

(1)粒料应符合设计和施工规范要求,并应根据当地料源选择质坚干净的粒料。矿渣应分解稳定,未分解渣块应予剔除。

石灰、粉煤灰土基层和底基层实测项目 表 9-11

项次	检查项目		规定值或允许偏差				检查方法和频率	权值
			基层		底基层			
			高速公路 一级公路	其他公路	高速公路 一级公路	其他公路		
1△	压实度(%)	代表值	—	95	95	93	按路基、路面压实度评定检查,每200m每车道2处	3
		极值	—	91	91	89		
2	平整度(mm)		—	12	12	15	3m直尺:每200m测2处×10尺	2
3	纵断高程(mm)		—	+5,-15	+5,-15	+5,-20	水准仪:每200m测4个断面	1
4	宽度(mm)		符合设计要求		符合设计要求		尺量:每200m测4处	1
5△	厚度(mm)	代表值	—	-10	-10	-12	按路面结构层厚度评定检查,每200m每车道1点	2
		合格值	—	-20	-25	-30		
6	横坡(%)		—	±0.5	±0.3	±0.5	水准仪:每200m测4个断面	1
7△	强度(MPa)		符合设计要求		符合设计要求		按半刚性基层和底基层材料强度评定检查	3

(2)石灰和粉煤灰质量应符合设计要求,石灰须经充分消解后才能使用。

(3)混合料配合比应准确,不得含有灰团和生石灰块。

(4)摊铺时应注意消除离析现象。

(5)碾压时应先用轻型压路机稳压,再用重型压路机碾压至要求的压实度。

(6)保湿养生,养生期应符合规范要求。

(二)实测项目

石灰、粉煤灰稳定粒料基层和底基层实测项目见表 9-12。

石灰、粉煤灰稳定粒料基层和底基层实测项目 表 9-12

项次	检查项目		规定值或允许偏差				检查方法和频率	权值
			基层		底基层			
			高速公路 一级公路	其他公路	高速公路 一级公路	其他公路		
1△	压实度(%)	代表值	98	97	96	95	按路基、路面压实度评定检查,每200m每车道2处	3
		极值	94	93	92	91		
2	平整度(mm)		8	12	12	15	3m直尺:每200m测2处×10尺	2
3	纵断高程(mm)		+5,-10	+5,-15	+5,-15	+5,-20	水准仪:每200m测4个断面	1
4	宽度(mm)		符合设计要求		符合设计要求		尺量:每200m测4处	1
5△	厚度(mm)	代表值	-8	-10	-10	-12	按路面结构层厚度评定检查,每200m每车道1点	3
		合格值	-15	-20	-25	-30		
6	横坡(%)		±0.3	±0.5	±0.3	±0.5	水准仪:每200m测4个断面	1
7△	强度(MPa)		符合设计要求		符合设计要求		按半刚性基层和底基层材料强度评定检查	3

(三)外观鉴定

(1)表面平整密实、无坑洼、无明显离析。不符合要求时,每处减1~2分。

(2)施工接茬平整、稳定。不符合要求时,每处减1~2分。

第四节　沥青路面的质量评定

一、沥青表面处治面层

(一)基本要求

(1)在新建或旧路的表层进行表面处治时,应将表面的泥砂及一切杂物清除干净,底层必须坚实、稳定、平整,保持干燥后才可施工。

(2)沥青材料的各项指标和石料的质量、规格、用量应符合设计要求和施工规范的规定。

(3)沥青浇洒应均匀,无露白,不得污染其他构筑物。

(4)嵌缝料必须趁热撒铺,扫布均匀,不得有重叠现象,压实平整。

(二)实测项目

沥青表面处治面层实测项目见表9-13。

沥青表面处治面层实测项目　　表9-13

项次	检查项目		规定值或允许偏差	检查方法和频率	权值
1	平整度	σ(mm) IRI(m/km)	4.5 7.5	平整度仪:全线每车道连续按每100m计算IRI或σ	2
		最大间隙h(mm)	10	3m直尺:每200m测2处×10尺	
2	弯沉值(0.01mm)		符合设计要求	按路基、柔性基层、沥青路面弯沉值评定	2
3△	厚度(mm)	代表值	-5	按路面结构层厚度评定检查,每200m每车道1点	3
		合格值	-10		
4	沥青总用量(kg/m^2)		±0.5%	每工作日每层洒布查1次	2
5	中线平面偏位(mm)		30	经纬仪:每200m测4点	1
6	纵断高程(mm)		±20	水准仪:每200m测4个断面	1
7	宽度(mm)	有侧石	±30	尺量:每200m测4处	2
		无侧石	不小于设计要求		
8	横坡(%)		±0.5	水准仪:每200m测4个断面	1

(三)外观鉴定

(1)表面平整密实,不应有松散、油包、油丁、波浪、泛油、封面料明显散失等现象,有上述缺陷的面积之和不超过受检面积的0.2%。不符合要求时,每超过0.2%减2分。

(2)无明显碾压轮迹。不符合要求时,每处减1~2分。

(3)面层与路缘石及其他构筑物应密贴接顺,不得有积水现象。不符合要求时,每处减1~2分。

二、沥青贯入式面层(或上拌下贯式面层)

(一)基本要求

(1)沥青材料的各项指标应符合设计要求和施工规范。

(2)各种材料的规格和用量应符合设计要求和施工规范,上拌沥青混凝土混合料每日应做抽提试验和马歇尔稳定度试验。

(3)碎石层必须平整坚实,嵌挤稳定,沥青贯入应渗透,浇洒应均匀,不得污染其他构筑物。

(4)嵌缝料必须趁热撒铺,扫料均匀,不应有重叠现象。

(5)上层采用拌和料时,混合料应均匀一致,无花白和粗细分离现象,摊铺平整,接茬平顺,及时碾压密实。

(6)沥青贯入式面层施工时,应先做好路面结构层和路肩的排水。

(二)实测项目

沥青贯入式面层(或上拌下贯式面层)实测项目见表 9-14。

沥青贯入式面层(或上拌下贯式面层)实测项目　　表 9-14

项次	检查项目		规定值或允许偏差	检查方法和频率	权值
1	平整度	σ(mm) IRI(m/km)	3.5 5.8	平整度仪:全线每车道连续按每 100m 计算 IRI 或 σ	3
		最大间隙 h(mm)	8	3m 直尺:每 200m 测 2 处×10 尺	
2	弯沉值(0.01mm)		符合设计要求	按路基、柔性基层、沥青路面弯沉值评定	2
3△	厚度(mm)	代表值	−8% H 或 −5mm	按路面结构层厚度评定检查,每 200m 每车道 1 点	3
		合格值	−15% H 或 −10mm		
4	沥青用量(kg/m^2)		±0.5%	每工作日每层洒布查 1 次	3
5	中线平面偏位(mm)		30	经纬仪:每 200m 测 4 点	1
6	纵断高程(mm)		±20	水准仪:每 200m 测 4 断面	2
7	宽度(mm)	有侧石	±30	尺量:每 200m 测 4 处	2
		无侧石	不小于设计要求		
8	横坡(%)		±0.5	水准仪:每 200m 测 4 断面	2

注:①当设计厚度≥60mm 时,按厚度百分率控制;当设计厚度<60mm 时,按厚度不足的毫米数控制。H 为厚度(mm)。

②沥青总用量按《公路路基路面现场测试规程》中 T0892 的方法,每工作日每层洒布沥青检查一次,并计算同一路段的单位面积的总沥青用量。

(三)外观鉴定

(1)表面应平整密实,不应有松散、裂缝、油包、油丁、波浪、泛油等现象,有上述缺陷的面积之和不超过受检面积的 0.2%。不符合要求时,每超过 0.2%减 2 分。

(2)表面无明显碾压轮迹。不符合要求时,每处减 1~2 分。

(3)面层与路缘石及其他构筑物应密贴接顺,无积水现象。不符合要求时,每一处减 1~2 分。

三、沥青混凝土面层和沥青碎(砾)石面层

(一)基本要求

(1)沥青混合料的矿料质量及矿料级配应符合设计要求和施工规范的规定。

(2)严格控制各种矿料和沥青用量及各种材料和沥青混合料的加热温度,沥青材料及混合料的各项指标应符合设计和施工规范要求。沥青混合料的生产,每日应做抽提试验、马歇尔稳定度试验。矿料级配、沥青含量、马歇尔稳定度等结果的合格率应不小于 90%。

(3)拌和后的沥青混合料应均匀一致,无花白、无粗细料分离和结团成块现象。

(4)基层必须碾压密实,表面干燥、清洁、无浮土,其平整度和路拱度应符合要求。

(5)摊铺时应严格控制摊铺厚度和平整度,避免离析,注意控制摊铺和碾压温度,碾压至要求的密实度。

(二)实测项目

沥青混凝土面层和沥青碎(砾)石面实测项目见表 9-15。

沥青混凝土面层和沥青碎(砾)石面层实测项目 表 9-15

<table>
<tr><th rowspan="2">项次</th><th rowspan="2" colspan="2">检查项目</th><th colspan="2">规定值或允许偏差</th><th rowspan="2">检查方法和频率</th><th rowspan="2">权值</th></tr>
<tr><th>高速公路一级公路</th><th>其他公路</th></tr>
<tr><td>1△</td><td colspan="2">压实度(%)</td><td colspan="2">试验室标准密度的 96%(*98%);
最大理论密度的 92%(*94%);
试验段密度的 98%(*99%);</td><td>按路基、路面压实度评定检查,每 200m 测 1 处</td><td>3</td></tr>
<tr><td rowspan="3">2</td><td rowspan="3">平整度</td><td>σ (mm)</td><td>1.2</td><td>2.5</td><td rowspan="2">平整度仪:全线每车道连续按每 100m 计算 IRI 或 σ</td><td rowspan="3">2</td></tr>
<tr><td>IRI(m/km)</td><td>2.0</td><td>4.2</td></tr>
<tr><td>最大间隙 h (mm)</td><td>—</td><td>5</td><td>3m 直尺:每 200m 测 2 处 × 10 尺</td></tr>
<tr><td>3</td><td colspan="2">弯沉值(0.01mm)</td><td colspan="2">符合设计要求</td><td>按路基、柔性基层、沥青路面弯沉值评定</td><td>2</td></tr>
<tr><td>4</td><td colspan="2">渗水系数</td><td>SMA 路面 200mL/min;
其他沥青混凝土路面 300 mL/min</td><td></td><td>渗水试验仪:每 200m 测 1 处</td><td>2</td></tr>
<tr><td rowspan="2">5</td><td rowspan="2">抗滑</td><td>摩擦系数</td><td rowspan="2">符合设计要求</td><td rowspan="2">—</td><td>摆式仪:每 200m 测 1 处;
横向力系数测定车:全线连续,按路面横向力系数评定</td><td>2</td></tr>
<tr><td>构造深度</td><td>铺砂法:每 200m 测 1 处</td><td>3</td></tr>
<tr><td rowspan="2">6△</td><td rowspan="2">厚度(mm)</td><td>代表值</td><td>总厚度:
设计值的 -5%
上面层:
设计值的 -10%</td><td>-8% H</td><td rowspan="2">按路面结构层厚度评定检查,双车道每 200m 测 1 处</td><td rowspan="2">1</td></tr>
<tr><td>合格值</td><td>总厚度:
设计值的 -10%
上面层:
设计值的 -20%</td><td>-15% H</td></tr>
<tr><td>7</td><td colspan="2">中线平面偏位(mm)</td><td>20</td><td>30</td><td>经纬仪:每 200m 测 4 点</td><td>1</td></tr>
<tr><td>8</td><td colspan="2">纵断高程(mm)</td><td>±15</td><td>±20</td><td>水准仪:每 200m 测 4 断面</td><td>1</td></tr>
<tr><td rowspan="2">9</td><td rowspan="2">宽度(mm)</td><td>有侧石</td><td>±20</td><td>±30</td><td rowspan="2">尺量:每 200m 测 4 断面</td><td rowspan="2">1</td></tr>
<tr><td>无侧石</td><td colspan="2">不小于设计要求</td></tr>
<tr><td>10</td><td colspan="2">横坡(%)</td><td>±0.3</td><td>±0.5</td><td>水准仪:每 200m 测 4 处</td><td>1</td></tr>
</table>

注:1.表内压实度可选用其中的 1 个或 2 个标准评定,选用两个标准时,以合格率低的作为评定结果。带 * 号者是指 SMA 路面,其他为普通沥青混凝土路面。

2.表列厚度仅规定负允许偏差。其他公路的厚度代表值和合格值允许偏差按总厚度计,当总厚度 ≤60mm 时,允许偏差分别为 -5mm 和 -10mm;总厚度 >60mm 时,允许偏差分别为 -8% 和 -15% 的总厚度,H 为总厚度(mm)。

(三)外观鉴定

(1)表面应平整密实,不应有泛油、松散、裂缝和明显离析等现象。对于高速公路和一级公路,有上述缺陷的面积(凡属单条的裂缝,则按其实际长度乘以 0.2m 宽度,折算成面积)之和不得超过受检面积的 0.03%,其他公路不得超过 0.05%。不符合要求时每超过 0.03%或 0.05%减2 分。

半刚性基层的反射裂缝可不计作施工缺陷,但应及时进行灌缝处理。

(2)搭接处应紧密、平顺、烫缝不应枯焦。不符合要求时,累计每 10m 长减 1 分。

(3)面层与路缘石及其他构筑物应密贴接顺,不得有积水或漏水现象。不符合要求时,每处减 1~2 分。

第五节 水泥混凝土路面的质量评定

一、水泥混凝土面层

(一)基本要求

(1)基层质量必须符合规定要求,并应进行弯沉测定,验算的基层整体模量应满足设计要求。

(2)水泥强度、物理性能和化学成分应符合国家标准及有关规范的规定。

(3)粗细集料、水、外掺剂及接缝填缝料应符合设计和施工规范要求。

(4)施工配合比应根据现场测定水泥的实际强度进行计算,并经试验,选择采用最佳配合比。

(5)接缝的位置、规格、尺寸及传力杆、拉力杆的设置应符合设计要求。

(6)路面拉毛或机具压槽等抗滑措施,其构造深度应符合施工规范要求。

(7)面层与其他构造物相接应平顺,检查井盖顶面高程应高于周边路面 1~3mm。雨水口标高按设计比路面低 5~8mm,路面边缘无积水现象。

(8)混凝土路面铺筑后按施工规范要求养生。

(二)实测项目

水泥混凝土面层实测项目见表 9-16。

水泥混凝土面层实测项目 表 9-16

<table>
<tr><th rowspan="2">项次</th><th rowspan="2" colspan="2">检查项目</th><th colspan="2">规定值或允许偏差</th><th rowspan="2">检查方法和频率</th><th rowspan="2">权值</th></tr>
<tr><th>高速公路一级公路</th><th>其他公路</th></tr>
<tr><td>1△</td><td colspan="2">弯拉强度(MPa)</td><td colspan="2">在合格标准之内</td><td>按水泥混凝土弯拉强度评定检查</td><td>3</td></tr>
<tr><td rowspan="2">2△</td><td rowspan="2">板厚度(mm)</td><td>代表值</td><td colspan="2">-5</td><td rowspan="2">按路面结构层厚度评定检查,每 200m 每车道 2 处</td><td rowspan="2">3</td></tr>
<tr><td>合格值</td><td colspan="2">-10</td></tr>
<tr><td rowspan="3">3</td><td rowspan="3">平整度</td><td>σ (mm)</td><td>1.2</td><td>2.0</td><td rowspan="2">平整度仪:全线每车道连续检测,每 100m 计算 σ 或 IRI</td><td rowspan="3">2</td></tr>
<tr><td>IRI(m/km)</td><td>2.0</td><td>3.2</td></tr>
<tr><td>最大间隙 h (mm)</td><td>—</td><td>5</td><td>3m 直尺:半幅车道板带每 200m 测 2 处×10尺</td></tr>
</table>

续上表

项次	检查项目	规定值或允许偏差		检查方法和频率	权值
		高速公路一级公路	其他公路		
4	抗滑构造深度(mm)	一般路段不小于0.7,且不大于1.1;特殊路段不小于0.8,且不大于1.2	一般路段不小于0.5,且不大于1.0;特殊路段不小于0.6,且不大于1.1	铺砂法:每200m测1处	2
5	相邻板高差(mm)	2	3	抽量:每条胀缝2点;每200m抽纵、横缝各2条,每条2点	2
6	纵、横缝顺直度(mm)	10		纵缝20m拉线,每200m测4条;横缝沿板宽拉线,每200m测4条	1
7	中线平面偏位(mm)	20		经纬仪:每200m测4点	1
8	路面宽度(mm)	±20		抽量:每200m测4处	1
9	纵断高程(mm)	±10	±15	水准仪:每200m测4断面	1
10	横坡(%)	±0.15	±0.25	水准仪:每200m测4断面	1

注:表中σ为平整度仪测定的标准差;IRI为国际平整度指数;h为3m直尺与面层的最大间隙。

(三)外观鉴定

(1)混凝土板的断裂块数,高速公路和一级公路不得超过评定路段混凝土板总块数的0.2%,其他公路不得超过0.4%.不符合要求时每超过0.1%减2分。对于断裂板应采取适当措施予以处理。

(2)混凝土板表面的脱皮、印痕、裂纹和缺边掉角等病害现象,对于高速公路和一级公路,有上述缺陷的面积不得超过受检面积的0.2%,其他公路不得超过0.3%。不符合要求时每超过0.1%减2分。

对于连续配筋的混凝土路面和钢筋混凝土路面,因干缩、温缩产生的裂缝,可不减分。

(3)路面侧石直顺、曲线圆滑,越位20mm以上者,每处减1~2分。

(4)接缝填筑饱满密实,不污染路面。不符合要求时,累计长度每100m减2分。

(5)胀缝有明显缺陷时,每条减1~2分。

二、路缘石铺设

(一)基本要求

(1)预制缘石的质量应符合设计要求。

(2)安砌稳固,顶面平整,缝宽均匀,勾缝密实,线条直顺,曲线圆滑美观。

(3)槽底基础和后背填料必须夯打密实。

(4)现浇路缘石材料应符合设计要求。

(二)实测项目

路缘石铺设实测项目见表9-17。

路缘石铺设实测项目 表 9-17

项次	检查项目		规定值或允许偏差	检查方法和频率	权值
1	直顺度(mm)		10	20m 拉线:每 200m 测 4 处	3
2	预制铺设	相邻两块高差(mm)	3	水平尺:每 200m 测 4 处	2
		相邻两块缝宽(mm)	±3	尺量:每 200m 测 4 处	1
		宽度(mm)	±5	尺量:每 200m 测 4 处	2
3	顶面高程(mm)		±10	水准仪:每 200m 测 4 点	2

(三)外观鉴定

(1)勾缝密实均匀,无杂物污染。不符合要求时,每处减 1~2 分。

(2)缘石与路面齐平,排水口整平、通畅,无阻水现象。不符合要求时,每处减 1~2 分。

三、路肩

(一)基本要求

(1)路肩表面应平整密实,不积水。

(2)肩线应直顺,曲线圆滑。

(3)硬路肩质量要求应与路面结构层相同。

(二)实测项目

路肩实测项目见表 9-18。

路肩实测项目 表 9-18

项次	检查项目		规定值或允许偏差	检查方法和频率	权值
1	压实度(%)		不小于设计要求	按路基、路面压实度评定检查,每 200m 测 2 处	2
2	平整度(mm)	土路肩	20	3m 直尺:每 200m 测 2 处×4 尺	1
		硬路肩	10		
3	横坡(%)		±1.0	水准仪:每 200m 测 2 处	1
4	宽度(mm)		符合设计要求	尺量:每 200m 测 2 处	2

(三)外观鉴定

(1)路肩无阻水现象。不符合要求时,每处减 1~2 分。

(2)路肩边缘直顺,无其他堆积物。不符合要求时,单向累计长度每 50m 每处减 1~2 分。

本章小结

路面工程和路基工程一样,都是作为道路工程的单位工程。路面工程质量的评定与检测是道路竣工验收工作的一部分。

现代化道路路面的修筑,一般是机械化施工,部分路面材料已实行工厂化生产,路面施工质量的管理及其检验评定工作趋向于更为严格、完善和规范化。

路面工程的质量检验评定内容包括各类基层、底基层,各类沥青混合料面层,水泥混凝土面层、路缘石铺设和路肩,其中每一部分的检测与评定都按基本要求、实测项目、外观鉴定这三项进行。

本章所列的各类基层、底基层结构类型为当前常用和考虑今后发展的典型结构，并根据其材料特性、施工要求、质量标准等作了合理归并。

复习思考题

1. 各类基层、底基层的实测项目中权值最高的指标是什么？

2. 通过各类沥青混合料面层质量评定的基本要求，指出沥青路面质量的基本保证是什么？

3. 水泥混凝土路面检测列入前三项的重要质量指标有哪些？

4. 某高速公路，用连续式平整度仪对其沥青混凝土路面面层作了测定，测得该路段的平整度标准差分别为：0.49mm、0.48mm、0.53mm、0.56mm、0.65mm、1.77mm（桥头伸缩缝）、1.20mm(桥头伸缩缝)、0.73mm、0.56mm、0.58mm、0.55mm、0.65mm、0.98mm(路面污染)，试判断路面面层平整度合格与否（平整度规定值为$[\sigma]=0.7$mm）。

正态分布概率系数表

k_q	0.00	0.01	0.02	0.03	0.04	0.05	0.06	0.07	0.08	0.09
0	0.5	0.496	0.492	0.488	0.484	0.480 1	0.476 1	0.472 1	0.468 1	0.464 1
0.1	0.460 2	0.456 2	0.452 2	0.448 3	0.444 3	0.440 4	0.436 4	0.432 5	0.428 6	0.424 7
0.2	0.420 7	0.416 8	0.412 9	0.409	0.405 2	0.401 3	0.397 4	0.393 6	0.389 7	0.385 9
0.3	0.382 1	0.378 3	0.374 5	0.370 7	0.366 9	0.363 2	0.359 4	0.355 7	0.352	0.348 3
0.4	0.344 6	0.340 9	0.337 2	0.333 6	0.33	0.326 4	0.322 8	0.319 2	0.315 6	0.312 1
0.5	0.308 5	0.305	0.301 5	0.298 1	0.484	0.291 2	0.287 7	0.284 3	0.281	0.277 6
0.6	0.274 3	0.270 9	0.267 6	0.264 3	0.444 3	0.257 8	0.254 6	0.251 4	0.248 3	0.245 1
0.7	0.242	0.238 9	0.235 8	0.232 7	0.405 2	0.226 6	0.223 6	0.220 6	0.217 7	0.214 8
0.8	0.211 9	0.209	0.206 1	0.203 3	0.366 9	0.197 7	0.194 9	0.192 2	0.189 4	0.186 7
0.9	0.184 1	0.181 4	0.178 8	0.176 2	0.33	0.171 1	0.168 5	0.166	0.163 5	0.161 1
1	0.158 7	0.156 2	0.153 9	0.151 5	0.294 6	0.146 9	0.144 6	0.142 3	0.140 1	0.137 9
1.1	0.135 7	0.133 5	0.131 4	0.129 2	0.261 1	0.125 1	0.123	0.121	0.119	0.117
1.2	0.115 1	0.113 1	0.111 2	0.109 3	0.229 7	0.105 6	0.103 8	0.102	0.100 3	0.098 5
1.3	0.096 8	0.095 1	0.093 4	0.091 8	0.200 5	0.088 5	0.086 9	0.085 3	0.083 8	0.082 3
1.4	0.080 8	0.079 3	0.077 8	0.076 4	0.173 6	0.073 5	0.072 2	0.070 8	0.069 4	0.068 1
1.5	0.066 8	0.065 5	0.064 3	0.063	0.149 2	0.060 6	0.059 4	0.058 2	0.057	0.055 9
1.6	0.054 8	0.053 7	0.052 6	0.051 6	0.127 1	0.049 5	0.048 5	0.047 5	0.046 5	0.045 5
1.7	0.044 6	0.043 6	0.042 7	0.041 8	0.107 5	0.040 1	0.039 2	0.038 4	0.037 5	0.036 7
1.8	0.035 9	0.035 2	0.034 4	0.033 6	0.090 1	0.032 2	0.031 4	0.030 7	0.03	0.029 4
1.9	0.028 7	0.028 1	0.027 4	0.026 8	0.074 9	0.025 6	0.025	0.024 4	0.023 8	0.023 3
2	0.022 8	0.022 2	0.021 7	0.021 2	0.061 8	0.020 2	0.019 7	0.019 2	0.018 8	0.018 3
2.1	0.017 9	0.017 4	0.017	0.016 6	0.050 5	0.015 8	0.015 4	0.015	0.014 6	0.014 3
2.2	0.013 9	0.013 6	0.013 2	0.012 9	0.040 9	0.012 2	0.011 9	0.011 6	0.011 3	0.011
2.3	0.010 7	0.013 1	0.010 2	0.009 9	0.032 9	0.009 4	0.009 1	0.008 9	0.008 7	0.008 4
2.4	0.008 2	0.008	0.007 8	0.007 5	0.026 2	0.007 1	0.006 9	0.006 8	0.006 6	0.006 4
2.5	0.006 2	0.006	0.005 9	0.005 7	0.020 7	0.005 4	0.005 2	0.005 1	0.004 9	0.004 8
2.6	0.004 7	0.004 5	0.004 4	0.004 3	0.016 2	0.004	0.003 9	0.003 8	0.003 7	0.003 6
2.7	0.003 5	0.003 4	0.003 3	0.003 2	0.012 6	0.003	0.002 9	0.002 8	0.002 7	0.002 6
2.8	0.002 6	0.002 5	0.002 4	0.002 3	0.009 6	0.002 2	0.002 1	0.002 1	0.002	0.001 9
2.9	0.001 9	0.001 8	0.001 8	0.001 7	0.007 3	0.001 6	0.001 5	0.001 5	0.001 4	0.001 4
k_q	0	0.1	0.2	0.3	0.4	0.5	0.6	0.7	0.8	0.9
3	0.001 35	$0.0^{3}968$	$0.0^{3}687$	$0.0^{3}483$	$0.0^{3}337$	$0.0^{3}233$	$0.0^{3}159$	$0.0^{3}108$	$0.0^{3}723$	$0.0^{3}481$
4	$0.0^{4}317$	$0.0^{4}207$	$0.0^{4}133$	$0.0^{5}854$	$0.0^{5}541$	$0.0^{5}340$	$0.0^{5}211$	$0.0^{5}130$	$0.0^{6}793$	$0.0^{6}479$
5	$0.0^{6}287$	$0.0^{6}170$	$0.0^{7}996$	$0.0^{7}579$	$0.0^{7}333$	$0.0^{7}190$	$0.0^{7}107$	$0.0^{8}599$	$0.0^{8}332$	$0.0^{8}182$
6	$0.0^{9}87$	$0.0^{9}530$	$0.0^{9}282$	$0.0^{9}149$	$0.0^{10}777$	$0.0^{10}402$	$0.0^{10}206$	$0.0^{10}104$	$0.0^{11}523$	$0.0^{11}260$

注:1. 表中数字为 β。

2. $0.0^{3}968$ 为 0.000968;其他依此类推。

附录二

t 分布概率系数表

n	双边置信水平			单边置信水平		
	99%	95%	90%	99%	95%	90%
	$t_{0.995}/\sqrt{n}$	$t_{0.975}/\sqrt{n}$	$t_{0.95}/\sqrt{n}$	$t_{0.995}/\sqrt{n}$	$t_{0.975}/\sqrt{n}$	$t_{0.95}/\sqrt{n}$
2	45.012	8.985	4.465	22.501	4.465	2.176
3	5.730	2.484	1.686	4.201	1.686	1.089
4	2.921	1.591	1.177	2.270	1.177	0.819
5	2.059	1.242	0.953	1.676	0.953	0.686
6	1.646	1.049	0.823	1.374	0.823	0.603
7	1.401	0.925	0.734	1.188	0.734	0.544
8	1.237	0.836	0.670	1.060	0.670	0.500
9	1.118	0.769	0.620	0.966	0.620	0.466
10	1.028	0.715	0.580	0.892	0.580	0.437
11	0.955	0.672	0.546	0.833	0.546	0.414
12	0.897	0.635	0.518	0.785	0.518	0.393
13	0.847	0.604	0.494	0.744	0.494	0.376
14	0.805	0.577	0.473	0.708	0.473	0.361
15	0.769	0.554	0.455	0.678	0.455	0.347
16	0.737	0.533	0.438	0.651	0.438	0.335
17	0.708	0.514	0.423	0.626	0.423	0.324
18	0.683	0.497	0.410	0.605	0.410	0.314
19	0.660	0.482	0.398	0.586	0.398	0.305
20	0.640	0.468	0.387	0.568	0.387	0.297
21	0.621	0.455	0.376	0.552	0.376	0.289
22	0.604	0.443	0.367	0.537	0.367	0.282
23	0.588	0.432	0.358	0.523	0.358	0.275
24	0.573	0.422	0.350	0.510	0.350	0.269
25	0.559	0.413	0.342	0.498	0.342	0.264
26	0.547	0.404	0.335	0.487	0.335	0.258
27	0.535	0.396	0.328	0.477	0.328	0.253
28	0.524	0.388	0.322	0.467	0.322	0.248
29	0.513	0.380	0.316	0.458	0.316	0.244
30	0.503	0.373	0.310	0.449	0.310	0.239
40	0.428	0.320	0.266	0.383	0.266	0.206
50	0.380	0.284	0.237	0.340	0.237	0.184
60	0.344	0.258	0.216	0.308	0.216	0.167
70	0.318	0.238	0.199	0.285	0.199	0.155
80	0.297	0.223	0.186	0.266	0.186	0.145
90	0.278	0.209	0.175	0.249	0.175	0.136
100	0.263	0.198	0.166	0.236	0.166	0.129

附录三

相关系数检验表(γ_β)

$n-2$	显著性水平 β		$n-2$	显著性水平 β		$n-2$	显著性水平 β	
	0.01	0.05		0.01	0.05		0.01	0.05
1	1.000	0.997	15	0.606	0.482	29	0.456	0.355
2	0.990	0.950	16	0.590	0.468	30	0.449	0.349
3	0.959	0.878	17	0.575	0.456	31	0.418	0.325
4	0.917	0.811	18	0.561	0.444	32	0.393	0.304
5	0.874	0.754	19	0.549	0.433	33	0.372	0.288
6	0.834	0.707	20	0.537	0.423	34	0.354	0.273
7	0.798	0.666	21	0.526	0.413	35	0.325	0.250
8	0.765	0.632	22	0.515	0.404	36	0.302	0.232
9	0.735	0.602	23	0.505	0.396	37	0.283	0.217
10	0.708	0.576	24	0.496	0.388	38	0.267	0.205
11	0.684	0.553	25	0.487	0.381	39	0.254	0.195
12	0.661	0.532	26	0.478	0.374	40	0.181	0.138
13	0.641	0.514	27	0.470	0.364	41	0.148	0.113
14	0.623	0.497	28	0.463	0.361	42	0.128	0.098

主要参考文献

[1] 中华人民共和国交通部标准.JTJ 059—95 公路路基路面现场测试规程.北京:人民交通出版社,1995
[2] 中华人民共和国行业标准.JTJ 051—93 公路土工试验规程.北京:人民交通出版社,1993
[3] 中华人民共和国行业标准.JTG B01—2003 公路工程技术标准.北京:人民交通出版社,2004
[4] 中华人民共和国行业标准.JTG F80/1—2004 公路工程质量检验评定标准.北京:人民交通出版社, 2004
[5] 中华人民共和国行业标准.JTJ 052—2000 公路工程沥青及沥青混合料试验规程.北京:人民交通出版社,2000
[6] 中华人民共和国行业标准.JTG E30—2005 公路工程水泥及水泥混凝土试验规程.北京:人民交通出版社, 1994
[7] 中华人民共和国行业标准.JTJ 057—94 公路工程无机结合料稳定材料试验规程.北京:人民交通出版社,1994
[8] 邓学钧等.路面设计原理与方法.北京:人民交通出版社,2001
[9] 邓学均等.刚性路面设计.北京:人民交通出版社,1992
[10] 洪航康.土质学与土力学.2 版.北京:人民交通出版社,1990
[11] 李宁岬等.路基路面工程试验.长沙:长沙交通学院,1991
[12] 徐培华等.路基路面试验检测技术.北京:人民交通出版社,2002
[13] 饶鸿雁.数理统计在道路工程中的应用.北京:人民交通出版社,1983
[14] 茅梅芬.路基路面工程质量检测.南京:东南大学出版社,1998
[15] 李宇峙,邵腊康,编.路基路面工程检测技术.北京:人民交通出版社,2003